启真馆出品

浙江大学语言与认知研究中心著作

第1辑

一般集成论研究

唐孝威 主编

ZHEJIANG UNIVERSITY PRESS
浙江大学出版社

图书在版编目（CIP）数据

一般集成论研究. 第1辑／唐孝威主编. —杭州：
浙江大学出版社，2013.11
ISBN 978-7-308-12474-4

Ⅰ.①一… Ⅱ.①唐… Ⅲ.①科学学－研究Ⅳ.
①G301

中国版本图书馆CIP数据核字（2013）第260596号

一般集成论研究. 第1辑
唐孝威 主编

责任编辑	叶　敏	
文字编辑	张海容	
装帧设计	杨新新	
出版发行	浙江大学出版社	
	（杭州天目山路148号　邮政编码310007）	
	（网址：http://www.zjupress.com）	
制　作	北京百川东汇文化传播有限公司	
印　刷	浙江印刷集团有限公司	
开　本	640mm×960mm　1/16	
印　张	19.75	
字　数	275千	
版 印 次	2013年12月第1版　2013年12月第1次印刷	
书　号	ISBN 978-7-308-12474-4	
定　价	52.00元	

目　录

人机集成论

语言集成论

Contents

Human-machine integratics

From Human-Computer Interaction to Human-Computer Integration

Language integratics

Integration Mechanism of Word Category in the Brain: From ERP Evidence of Neural Distinction between Nouns and Verbs in Chinese

On the Integration of Code-switching in EFL Class

《一般集成论研究丛书》总序

唐孝威

　　脑是自然界最复杂的系统，脑的活动是自然界最复杂的物质运动形式。脑的结构和功能具有许多不同的层次；在脑的不同层次，存在着多种类型和多种形式的集成作用和集成过程。

　　集成和整合两词的意义相同，在英文中都是 integration。集成现象不但在脑的活动中起着重要作用，而且在自然界、科学技术和人类社会中广泛存在。在各种集成现象中，不同层次和不同种类的集成成分，基于它们之间的各种相互作用，集成为不同层次和不同形式的集成统一体，并且在一定条件下涌现新的特性。

　　2011 年出版的《一般集成论——向脑学习》一书提出，需要创建一个新的学科来研究不同领域的集成现象，特别是研究不同领域中，多种多样的集成作用和集成过程的一般性规律以及它们的实际应用，把这个学科命名为"一般集成论"，它的英文名称是 general integratics；同时把研究各个专门领域中的集成现象、集成规律及实际应用的各种子学科称为各种专门集成论，如：工程集成论、教育集成论等。

　　一般集成论和各种专门集成论的研究领域十分宽广，需要许多学科的专家紧密合作，进行长期探讨。浙江大学语言与认知研究国家创新基地一直致力于多学科的实质交叉和学科集成。创新基地将组织不同学科的专家对自然界、科学技术和人类社会的不同领域的集成现象及其应用

I

进行系统的研究。为了开展这方面的学术交流，计划以丛书方式分辑介绍相关的研究成果。欢迎国内外学者参加合作研究，共同促进一般集成论这个新学科及其子学科群的发展。

本辑编者说明

在自然、科技和人类社会的广泛领域中，存在大量由功能各异的成分所构建形成的新集成体，这些新集成体的构建过程就是集成过程。集成过程是一个动态的结构、功能或信息的整合过程，集成的结果是形成有别于集成成分个体功能的具有新功能的集成体。集成过程在具有共同的一般性规律的同时，不同的集成成分、集成成分之间的相互作用、集成体的新功能又都具有各自的特殊性规律，因此不仅需要对集成现象进行一般性研究，也需要对各种不同的集成现象进行具体的个别探讨。

本专辑编录的文章以不同视角、对不同领域中集成现象的特殊规律以及各种集成现象的一般规律进行了研究和分析。

《一般集成论理论》一文从宏观的角度，综合分析了广泛存在的集成现象及其特点，给出"一般集成论"明确的定义，指明了一般集成论的研究内容、研究方向和研究价值。

《生态集成——生物系统谱的自组织演化》一文，讨论了生态领域中的集成现象。该文打破了传统理论而从多细胞个体的结构以及各个分类学单元方面入手对生物系统进行研究，从集成论的角度，探讨了不同等级层次的各种生物系统之间结构上的异同，在总结这些系统结构相似性上有周期性变化的基础上，建立起一个全新类型的生物系统周期表。

　　《神经整合的解剖学和生理学基础》和《神经元以及神经回路的信息整合机制》两篇论文，探讨了神经领域中的整合现象和整合规律，整合就是集成。其中，《神经整合的解剖学和生理学基础》一文，在综述脑科学研究的发展历程和神经整合理论内涵的基础上，详细介绍了神经元和神经回路的集成机制、听觉和视觉系统以及视—听多层次、多感觉整合的集成机制和生理学基础。《神经元以及神经回路的信息整合机制》一文，详细阐释了神经元及其集成的局部神经回路水平上的信息处理机制，尤其细致地分析了神经元单细胞的信息集成机制和大脑海马组织及其神经回路的信息集成机制。

　　在心理领域，集成过程涉及各种心理活动的相互作用。《心理学中的集成现象》一文，通过对认知中的集成、动机和情绪中的集成、人格中的集成、心理发展中的集成、智能中的集成等重要问题的分析，阐述了心理领域中的集成现象和相关机制。《记忆机制在语言理解信息集成中的作用》一文，结合相关的行为学和近年来神经电生理学方面的实验证据，较为细致地论证了在语言理解中，短时记忆机制和长时记忆机制对于信息集成所发挥的重要作用，并对语言理解信息集成中记忆机制的性质以及相关的理论争议等问题进行了总结与分析。

　　在人机交互领域中存在各种集成现象，该学科本身与计算机科学、信息科学、行为科学、工业和艺术设计以及社会学等学科相交叉，研究成果包括：软硬件的设计原则和实现，交互理论以及人类社会信息技术服务等，因而，人机交互属于综合性学科，该领域本身具有集成的突显特征。《从人机交互到人机集成》一文，通过人机交互到人机集成以及人类信息通信技术集成对传统社会的冲击两个方面，论证了人机交互领域中的集成观和集成现象。

　　本辑还收录了多篇和语言集成论相关的研究成果。《人脑词类信息的集成加工机制——来自汉语名动分离的 ERP 研究》一文，采用事件相关电位技术以实证性研究方法对语言词类范畴信息的集成加工机制进行了探讨。《隐喻认知集成观》以隐喻认知作为切入口，在对相关隐喻认知理论和隐喻多模态研究的基础上，综合讨论了在大脑神经网络中隐喻概念形成的集成机制。《论教师课堂语码转换的集成性》一文，从集成论的角度分析了教师课堂语法转换的集成性。

本专辑收录论文涉及面较广，学科跨度较大，但都集中探讨了在各个学科领域中的集成现象和集成机制。希望本专辑能够起到抛砖引玉的作用，促进对集成论理论的更广泛、更热烈、更深入的讨论。

本专辑的出版得到了浙江省基金项目"意识问题研究（107 202+J51101）"和"心智解读的脑功能成像（107202+J51202）"资助，在此深表谢意！

唐孝威 赵 鸣

2012 年 11 月

一般集成论理论

唐孝威*

集成是过程，是大量集成成分基于它们之间的相互作用建构具有新功能的集成统一体的过程。我们对集成现象的研究是在向脑学习的基础上发展的；这些集成过程不仅在脑内存在，而且在自然界、技术领域和人类社会中广泛存在。

在自然界中有大量的、不同层次的集成作用和集成过程。在自然界，包括物理世界、生物世界和精神世界中，多种多样的事物组成不同层次的、多种多样的集成统一体；它们分别具有不同的性质。从人的精神世界来看，人的心智活动中存在许多不同的集成过程，人的意识也是在脑功能集成过程中产生的。在人类社会活动中，有各种集成过程，人类个体间相互作用，组成集体和社会。

不同的集成成分及其相互作用具有各自的特性，不同种类的集成过程也各有其特殊的性质和不同的规律，需要对它们分别进行具体的分析和研究。而从一般的集成过程来说，各种集成过程有着共同的特性，并且涉及一些相同的概念。一般集成论要考察各个不同领域中的各种集成作用和集成过程，并且通过综合研究，找出它们的共同特性和规律；再从这些一般特性和规律出发，讨论它们在各个具体领域中的应用。

* 唐孝威，浙江大学教授，中国科学院院士，浙江大学语言与认知研究国家创新基地学术委员会主任。

人们早就有集成的观念，对集成或整合的名词并不生疏，在许多不同场合都提到集成或整合，例如集成电路、集装箱等已是人们的常识，但这些名词都是分散使用的。集成和整合两词的意义相同，两者是通用的，在英文中都是 integration。因为中国古代就有集大成的提法，所以我们把集成和整合两词统称为集成。

各种集成现象的共同特点是什么？这个问题需要通过专门的研究来回答。我们的任务是把存在于自然界、技术领域和人类社会中的各种集成现象汇集在一起，把各种集成现象当作专门的科学研究的对象，建立一门新的学科，对它们进行专门的研究。

一般集成论指出，集成现象是复杂系统的普遍现象。在集成过程中，许多集成成分在一定环境中，通过它们之间的相互作用以及它们和环境之间的相互作用，组织成为协调活动的统一整体。

集成是一个动态过程。集成统一体是一个整体。集成统一体内的许多成分称为集成成分，集成统一体内的相互作用称为集成作用，集成过程发生的环境称为集成环境，集成成分组织成为集成统一体的过程称为集成过程，集成过程的产物称为集成统一体。

集成过程常有大量集成成分参与。不同种类的集成成分及其相互作用是集成过程的基础。集成成分是参与集成过程并组成集成统一体的单元。复杂系统内部不是单一成分，它们是由多种成分集成的统一体。一些复杂系统具有层次性结构。在每一层次，都有不同的集成作用、集成过程和不同的集成统一体。

集成成分有许多不同的种类。在物理世界和生物世界中，集成成分有物质、能量、结构、功能、信息等，因而集成过程有物质集成、能量集成、结构集成、功能集成、信息集成等。在精神世界和人类社会中还有其他各种集成过程。

在日常生活中，人们对集成的理解较多侧重在结构集成方面，例如集成电路和集装箱等。一般集成论不仅研究结构集成，而且研究物质集成、能量集成、信息集成等。

向脑学习为一般集成过程的研究提供了丰富的资料。因为脑和心智的研究不但是脑的结构与功能的研究，还有生理、心理和病理的研究，其中包括主观体验、认知、情感、意志、意识和行为的研究。所以脑的集成过程既有物质集成、能量集成、结构集成、功能集成、信息集成，又有心理集成、行为集成，以至脑和心智与社会的集成。

集成不是集成成分的简单堆积。集成过程的进行要以集成成分之间的相互作用为基础，彼此毫无相互作用的成分是不会进行集成的。集成过程是在一定环境中进行的，系统内部的集成成分通过内部的集成作用以及和环境的相互作用集成为统一体。

集成是一种发展过程，大量的集成成分是在这个动态的发展过程中构建成为具有新功能的集成统一体的。可以用一些参量来描述集成过程的特性，如集成度（集成的程度）和集成速度（集成过程的速度）等。

以神经系统为例，Tononi 等曾经讨论过神经系统的整合程度 $I(X)$ [1]。系统 X 由 n 个单元 x_i 组成，各个独立组成单元的熵是 $H(x_i)$，系统 X 作为整体的熵是 $H(X)$。他们把系统 X 的整合程度定义为所有 $H(x_i)$ 之总和与 $H(X)$ 之差，即：

$$I(X) = \sum_{i=1}^{n} H(x_i) - H(X)$$

$I(X)$ 表示由组成单元的相互作用导致的熵的减少。组成单元间的相互作用越强，则 $I(X)$ 的值越大。

在集成过程中，集成体的集成度提高，并在一定条件下展现新现象，使集成统一体出现原来成分并不具有的新的特性，这称为涌现（emergence）。

总之，集成过程是通过多种多样的集成成分之间各种不同的相互作用实现的。集成成分和相互作用具有多样性，因此会存在不同类型和多种形式的集成过程，它们具有各自的特点；集成过程中形成不同层次和不同特性的模块和网络，最后产生集成统一体。不同类型和多种形式的集成过程，形成千差万别的集成统一体。在集成统一体内部，各个部分在集成作用下协调地活动。

鉴于自然界、技术领域和人类社会中广泛存在各种集成现象的事实，我们认为有必要建立一门称为一般集成论的学科，来专门研究集成现象。一般集成论是一门研究自然界、技术领域和人类社会中各种集成现象的一般特性和规律及其应用的学科。这门学科不仅研究集成作用和集成过程的一般特性和规律，而且探讨如何依据事物本身的性质有效地进行集成和创新的方法。

von Bertalanffy 把他研究的系统论称为一般系统论（general system theory）[2,3]，因为他所讨论的不是某类特定的系统，而是普遍存在于自然界和人类社会中的一般系统。同样的，我们在一般集成论中所讨论的不是某类特定的集成现象，而是普遍存在于自然界、技术领域和人类社会中的一般性集成现象。因此我们把所研究的理论称为一般集成论。

我们把一般集成论的英文名称命名为 general integratics。选择这个名词是借鉴了信息学的英文名称。信息学是研究信息（information）的科学，英文名称是 informatics。一般集成论研究集成（integration）现象，因此命名为 integratics。

一般集成论作为一门学科，具有确定的研究对象、研究目标、研究内容和核心概念。

一、研究对象。一般集成论以自然界、技术领域和人类社会中不同层次和不同性质的集成现象为研究对象，从大量集成现象的事实出发，概括它们的共同特征。

二、研究目标。一般集成论以建立一门新的学科为目标，这门学科研究各种集成现象的一般特性和规律；还要将一般集成论应用于自然界、科学技术和人类社会的有关领域，分别研究各个具体领域中集成现象的特性和规律，从而建立一个研究各类集成现象的学科群。

三、研究内容。一般集成论以各种集成现象的共性，作为主要的研究内容，着重研究不同领域中不同层次和不同种类的集成现象的共同特性和共同概念，并且在同一个学科中，把集成现象的共同特性和共同概念汇集起来，进行综合的研究。

四、核心概念。一般集成论的主要概念是集成。对各种集成现象，都要考察其集成成分、集成作用、集成过程和集成统一体。要讨论物质集成、能量集成、结构集成、功能集成、信息集成、心理集成、知识集成、环境集成、社会集成等，还可以归纳许多集成现象的共同概念，如全局、全局化、模块、模块化、还原、合理还原、综合、有机整合、绑定、联合、联想、建构、重建、优化、临界、涌现、互补、协调、符合、同步、和谐、流畅、适应、同化、顺应、集大成、大统一等。

这里要说明，一般集成论和数学中的集合论是两回事。集合论（set theory）是数学的一个分支[4,5]。在集合论中，把凡是具有某种性质的、确定的、有区别的事物的全体称为一个集合（set）。这个数学分支不考虑构成集合的事物的特殊性质，只研究集合本身的性质。

集合论中集合的概念和一般集成论中集成的概念不同。数学中的集合是数学概念，强调数的汇集；而一般集成论中的集成指自然界、技术领域和人类社会中的各种集成现象，特别是其中的集成作用和集成过程。但集成的概念和集合的概念既有区别又有联系。因为集成统一体是包括集成成分的全体，所以集成概念和集合概念之间也有联系。

集合论的理论和一般集成论的理论是不同的理论。集合论是研究集合的数学性质的数学分支；而一般集成论则是讨论自然界、技术领域和人类社会中集成现象及其规律的学科，着重研究这些集成现象的特性，特别是集成作用和集成过程的特性。当然，在一般集成论的研究中，可以利用集合论中相关的一些数学工具。

一般集成论是关于集成现象一般规律的理论，它为我们提供了观察世界和研究事物的理论依据，也为我们提供了处理事件和解决问题的一种方法。

集成不仅是一般性原理，而且是观察世界和研究事物的观点。既然集成现象是在自然界、技术领域和人类社会中普遍存在的，就要用集成的观点去观察和研究那些包含集成现象的各种复杂事物。

对于复杂的事物，要从多个方面考察它们所包含的各种集成现象，特别是其中的集成成分、集成作用、集成过程和形成的集成统一体。例如研究一种复杂的生物体，不仅要考察生物体内的物质集成、能量集成、结构集成、功能集成和信息集成，而且要考察生物体与其他物体的集成，以及生物体与环境的集成。

结构集成、功能集成、信息集成等各类集成过程都是复杂的过程。对于特定的集成过程，要考察哪些集成成分参与了这种集成过程，这些集成成分有哪些相互作用，这些相互作用有哪些特性，这种集成过程内部的具体机制是什么，等等。这里涉及集成现象中绑定、建构等许多概念。

集成过程是动力学过程。对于特定的集成过程，要考察与这种过程有关的一系列时间特性和集成动力学问题。如集成过程的时间特征是怎样的，集成过程中集成统一体的组织结构是怎样随着时间变化的，集成过程中新的功能是在哪些条件下以及怎样出现的，等等。这里涉及集成现象中同步、涌现等许多概念。

对于复杂的集成统一体，都要将其看作是它内部的各种成分通过集成作用而组成为集成统一体。要考察统一体内部各种成分是怎样相互作用的，统一体的各部分是怎样互相配合和协同运行的，等等。这里涉及集成现象中互补、协调等许多概念。

集成不仅是观察世界和研究事物的观点，而且是处理事件和解决问题的方法。既然集成过程在自然界、技术领域和人类社会中广泛存在，就要应用集成的方法，处理和解决那些包含集成现象的各种复杂问题。

集成是将分散的各种成分构建为集成统一体的方法。实现集成的一个问题是：如何对具有各种特性的成分进行有效的集成而构建成高效的集成统一体。在许多集成过程中，往往根据全局的目标，构筑不同层次和不同性质的模块和网络，最后产生集成统一的产物或输出。这里涉及集成现象中模块化、全局化、优化等概念。

　　研究复杂事物时，常常面临如何分析和还原，以及如何联系和综合等问题。一般集成论提供的方法是合理还原和有机整合的方法，即对复杂事物各部分进行合理的还原，分别对它们进行深入的研究，再根据它们固有的联系与作用，对它们进行有机整合。这里涉及集成现象中还原、合理还原、综合、有机整合等概念。

　　处理复杂事件和解决复杂问题，先要分析、讨论，再评估、决策，最后组织、实施。在这些过程中都可以运用一般集成论的方法。例如在分析过程中要掌握全面情况，对各种信息进行集成，得到正确的认识；在决策过程中要集思广益，对各种意见进行集成，形成妥善的方案；在组织工作中要合理配置，对各个部门进行集成，组建协调的团队；在实施过程中要统一指挥，对各个步骤进行集成，达到圆满的结果。

　　对于包含集成过程的各种事物和事件，应用一般集成论的观点和方法，有助理解和解决相关集成过程的许多实际问题。当然，在不同的具体领域中，各种集成过程是各不相同的，所以要对不同的具体的集成过程分别进行具体的研究。

参考文献

[1] Tononi, G., Sporns, O., & Edelman, G. M. (1994). A measure for brain complexity: Relating functional segregation and integration in the neurons system. *Proceedings of the National Academy of Sciences, 91*, 5033—5037.

[2] von Bertalanffy, L. (1950). An outline of general system theory. *British Journal for the Philosophy of Science, 1*, 139—165.

[3] von Bertalanffy, L. (1976). *General system theory: Foundation, development, applications*. New York: George Braziller.

[4] 方嘉琳 .(1982). 集合论 . 长春：吉林人民出版社 .

[5] 齐纳，约翰逊 . (1986). 集合论初步 . 麦卓文，麦绍文 译 . 北京：科学出版社 .

（原载《一般集成论——向脑学习》（浙江大学出版社，2010）
第 49—55 页，选入本论文集时有改动）

第一篇　生物集成论

生态集成——生物系统谱的自组织演化

常 杰 葛 滢*

100 多年前，门捷列夫创建的元素周期表，使当时杂乱无章的众多元素"有家可归"，为化学研究开辟了规律性研究的正确途径。生物学家也将这一目标作为理想，多年来一直试图建立生物学中的周期表，但始终没有成功。

以往对生物周期表的尝试，主要从多细胞个体的结构以及各个分类学单元方面入手，目前还看不到这方面的希望。然而，我们从集成论的角度发现了曙光——不同等级层次的各种生物系统之间的结构，有相同也有差异，并且这些系统在结构相似性上有周期性的变化，由此我们可以建立一个全新类型的生物系统周期表。

1 等级层次生命系统的周期螺旋结构

1.1 等级层次理论和生物系统谱

在生物学中，我们已经清楚地意识到生命是由一系列在尺度上从小到大的具有组织层次（levels of organization）的系统构成的一个等级

* 常杰，浙江大学生命科学学院教授；葛滢，浙江大学生命科学学院教授。

层次结构（hierarchical structure），Odum 等曾将各层次系统排列成为一个"生物学谱"（biological spectrum）[1,2]。然而，在生态学以外的其他生物学及医学文献中经常使用的概念与生态学上的这个概念并不相同。鉴于这个情况，应该对名词加以改变，我们建议用"生物系统谱"（biosystem spectrum），这更加符合生态学中这个概念的含义。根据 20 世纪末的知识，生物系统谱可以表示成图 1。值得注意的是，该谱中除了增加一些层次以外，还对有些层次进行了归并。

图 1　由一系列从小到大的组织层次系统构成的生物系统谱的一级结构[4]

注：BM：生物大分子，MP：大分子种群，CO：细胞器，CL：细胞，TI：组织，OG：器官，MO：多细胞有机体，PO：种群，ES：生态系统，GS：全球系统。

1.2　等级层次系统理论与生物系统谱中的难题

等级层次结构（hierarchical structure）是一系列尺度从小到大的各类系统构成的具有组织结构的多级结构系统。事实上，Odum 等的生物学谱已经在描述不同系统具有尺度，也明确了其包含关系，尽管没有明确使用"等级层次"这个术语。

等级层次系统的特点是：多层次、尺度从小到大、嵌套、自相似、多样性、复杂性和同一性等。从生物大分子到生物圈的各级生物系统都具有等级结构，即任何等级（n）上的生物系统（Sn），都由比其低一等级水平上的组分、同时又是低一等级（n−1）系统（Sn−1）构成；Sn−1 同样由更低一级子系统（n−2）所组成，依此类推。不同等级层次上的系统具有特定的时间和空间尺度（scale）。

Odum 等提出生物学谱的贡献是加深了人们对生物学等级层次系统概念的理解，当时认清了对于尺度不同的系统应采取不同的方法进行研究。由于不同等级系统的尺度不同，因而在研究中也需要用不同的方法去认识。例如，在生物种群层次上的问题，不能用个体的特征衡量。生物学上过去的许多争论是尺度混淆造成的，如群落（生态系统）的边界是连续还是间断，争论了几十年，在适合尺度问题明确后基本得到解决。

系统自组织理论给等级层次理论充实了更多的内容，它将成为研究系统跨尺度性质最有用的工具，使尺度上推（scaling up）和尺度下推（scaling down）成为可能[3]。虽然自相似性在一般系统（主要是物理系统）的等级系统之间有较好的应用，然而从图1谱带显示的情况看，种群与生态系统之间的自相似性并不好，个体的新陈代谢、生长、发育和繁殖等特征很难在其上一层次——种群，或下一层次——器官中找到相似的过程，即便是与之有些相似的生态系统，也有许多不同，因而有关"超有机体"的假说始终存有争议；同样，种群的许多数量特征，如出生率、死亡率、迁移率等也很难向生态系统或个体系统上推或下推。个体与种群、器官与个体也是这样，或者说对于某一尺度外推时遇到了极大的困难。实际上，这条谱带上相邻层次系统之间的自相似性均不好。所以，从一个等级水平系统的性质来推测另一等级水平系统的性质是困难的，其结果是常常导致错误的结论。因而，系统自组织理论迄今为止，仍未能解决生物系统谱中尺度外推的困难。那么，目前的生物系统谱上，为什么会出现相邻层次系统自相似性不好的情况？造成尺度推演困难的原因何在？我们还能从等级层次理论中得到更多的东西吗？

1.3 等级层次生命系统的螺旋上升——生物系统谱的二级结构

深入分析图1，可以发现这条生物系统谱带上的各种系统的结构特征并不相同，生物大分子、细胞和多细胞个体是自持系统（self-maintaining system），即能够适应环境并相对持久地维持完整的结构和功能的生态系统；而细胞器和器官则不是自持系统，他们的结构和过程都受大系统影响；组织和种群则仅仅由同类系统联合而成。实际上，它们分属于三种类型，我们将其定义为完全系统（perfect system）、服务系统（service system）和同形系统（isomorphism system）。三类系统在直线排列图上仅仅表现出周期性交替出现，如果这些系统按螺旋方式排列（图2），问题就豁然开朗了：这些系统在垂直方向上有3列，我们定义为3个"族"。位于同族的各层次系统为同一类型，之间具有很好的相似性——由于是在等级系统之间，系统是包含与被包含的关系，因而它们之间的关系是自相似。因此我们提出两个推论：

推论1 我们原来认识的生物系统谱只是"一级结构"，事实上还存在着"二级结构"——谱带螺旋上升，各个系统的尺度逐渐加大。

推论2 不同类型的系统按一定规律交替，同一类型的系统周期性出现，回到原来方位，但提高了一个周期层次。

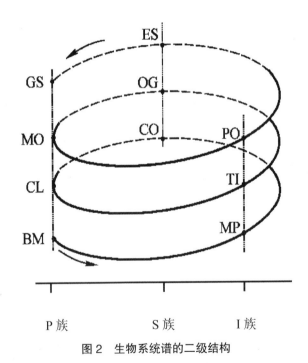

图2 生物系统谱的二级结构

注：P族：完全系统族；S族：服务系统族；I族：同形系统族；图中字母缩写同图1。

2 推论的实证

类比生物大分子的结构，线性的生物系统谱相当于等级层次系统的一级结构，而螺旋结构就是二级结构。从系统谱系变化上看，是一个自组织升级的进化过程；而从系统类型的交替变化看，同一类系统周而复始地出现（表1），构成一个周期表。

表1 生物系统周期表

周期	完全系统族	同形系统族	服务系统族
1	生物大分子	大分子群	细胞器
2	细胞	组织	器官
3	多细胞个体	种群	破缺生态系统
4	（生物圈）		

2.1 同族系统之间的自相似

三类系统在结构上的自相似是最基本的。属于同族的系统尽管处于不同的周期上，但具有明确的结构相似性（表2），可以由一个周期上的系统结构推测上下层——我们把这种跨层次推理称为"统合"。

P族 即完全系统（perfect system）族。该类型的系统由多个不同结构和功能的子系统构成，子系统之间相互联系、相互协同、相互制约、相互补充，通过结构功能的耦合形成一个大系统（表2）。这个族包括生物大分子、细胞和多细胞个体三个层次。完全系统是生命系统发育和进化的高级阶段和成熟形式，是可以独立行使功能、独立生存的自持单元，也就是说这类系统可以不依赖于更上一个层次的系统而存在。其共同特点是：

（1）组织化程度高，系统结构和过程极为有序，组分间关系复杂，是和谐的耦合关系。

表2　完全系统族的结构过程自相似

系统	结构特性	主要过程	对外关系
生物大分子	由亚基构成 核苷酸——核酸 氨基酸——蛋白质 糖原——糖	结构建成 结构调整和修复 结构复制 生化过程	能量物质交换 信息模板和传递 相互关系（促进、竞争和抑制）
细胞	由细胞器构成 细胞核——信息和物质交换中心 非核细胞器 细胞质——细胞器环境	细胞器之间协作 结构建成 结构调整与修复 繁殖 生理过程	摄取资源 排泄废物 胞间干涉（促进、竞争和捕食等）
多细胞有机体	U型——单体生物 单中心控制器官，摄食、吸收、转化、排放器官，运动、生殖、防御器官 M型——构件生物 构件（芽——分枝元）是一个亚个体，由器官构成构件嵌套构成超个体，构件之间有优势等级的差异 半独立构件（如压条生根——基株）	信息中心对各部分的紧密调控 摄食、吸收、转化、排放 运动、防御、繁殖 构件自身利益与整个个体利益协调 构件生物不断更替优势构件，调控能力不强	摄食资源 排泄废物 竞争 捕食 种间关系

（2）自我调节能力很强，有一个明确的调控中心，有内稳态，即系统内部理化因子（如水、盐、温度等）的变化幅度小。

（3）有完整典型的系统生活史，在生长和发育完成后都会有死亡。

（4）系统弹性强，但再生能力差（对于外部环境的改变可以通过内稳态和反作用抵抗，对于系统少量组分的缺损可以修补，但对于较大组分的缺失难以再生）。

（5）同一周期上的完全系统的结构具有多样性。完全系统会遍历该系统空间结构的所有可能性，因而一个周期上的完全系统往往存在着大量的有结构差异的种类，这些有差异的种类在多细胞有机体层次上就是物种。同一种又存在大量的个体，构成同形系统。完全系统是分类学研究对象，但在多细胞有机体以外的其他层次还缺乏深入研究。

有机体层次具有两类差异很大的构型，即单体生物型（U型）和构件生物型（M型）。单体生物是典型的单中心控制—多器官耦合系统，而构件生物是复合系统，每一个芽（分枝元）是一个亚个体，即构件，构件再由茎、叶、根、化等器官构成，这个构件生物是超个体。

S族　即服务系统（service system）族。该系统也是由几个不同结构和功能的子系统构成，子系统之间也有一定程度的耦合，但整个系统不是一个自持单元（表3）。从经济学角度看，这些子系统在大系统中是分工的关系，分工后的系统需要彼此合作；从自组织理论来说，这类系统的结构和功能是破缺的，破缺系统之间可以耦合。例如，细胞中是由叶绿体、线粒体等多种细胞器耦合而成的，整个细胞具有高效、完整的功能；城市和农业生态系统都是由自然生态系统改造而来，其结构和功能都不如自然生态系统完全，但都有比自然生态系统更高的生产力，城市与农业生态系统耦合成大系统——城乡复合系统后，就有了相对完整的结构和功能。事实上，已经有相当多的自然生态系统，破缺为服务性生态系统。在第三章中，我们会对此进行详细讨论。

服务系统族包括细胞器、器官和生态系统被人类分工后又重建的结构——生态器。这类系统的特点是：

（1）有比较复杂的结构和过程，如生长、发育、生产和一定的自我调节等，但不完善。

（2）不是自持单元——功能比较单一，并且是为大系统服务（产出／自身消费比很高，产物主要为其他系统使用）。

（3）系统结构由大系统决定、过程也是受控运行。

（4）这类系统有一定再生能力，但内稳态不完善。

（5）具有自己半独立的信息系统，即专一性生产服务信息的模板。

表3　服务系统族的结构和过程自相似

系统	结构特性	主要过程	对外关系
大分子亚基	具有完整分子的一部分结构 具有与其他亚基结合的结构	生化过程 结构建成和调整 复制	与其他亚基联合
细胞器	与原核细胞相比，细胞器中的一些结构强化，一些弱化（保留有痕迹） 细胞核—质边界处是生产型细胞器集中的场所 细胞质是各种细胞器活动场所	细胞器之间分工协作达到整个系统的生存目的 摄食、转化、排放、运动、繁殖（生殖） 破缺—耦合能够更专化、高效地行使功能，结构的目的性明确	不同类型的细胞器具有专一功能 细胞核对外发出信息，各细胞器相互耦合
器官	与细胞器相似，每个器官具有与单一功能适应的结构	摄食、吸收、转化、排放、运动等过程	相互之间合作

续表

系统	结构特性	主要过程	对外关系
生态系统（破缺）	与细胞器的情形十分相似：人工生态系统和人干预生态系统结构破缺，如农田强化了作物，其他生物和系统结构缺失；城市主要是人类，其他生物缺失	作物生态系统只进行单一的第一性生物生产 养殖场进行高级生物量的生产 城市生态系统进行信息调控和物质能量调控	相互之间合作

Ⅰ族　即同形系统（isomorphism system）族。该系统由多个同结构的完全系统构成，因而同形系统内各组分的结构和功能都相同（表4）。这类系统中组分之间的关系比其他两类系统弱，与其说是"系统"，其实更接近于"集合"。同形系统族包括：生物大分子群（某一类蛋白质、DNA等生物大分子也由大量相同的组分构成的群）、组织和种群。同形系统的共同特点是：

（1）结构简单，组分之间差异小，甚至由完全相同的单一组分构成。

（2）系统过程主要以组分数量变化为核心，自我调节体现在密度和数量的自稳定方面，总体来说自我调节能力不强。

（3）这类系统因为没有非生物组分，因而也就没有内稳态（内稳态指理化性状的稳定）。

（4）系统组分可以分离和扩散，一部分散布到新地点，扩大系统规模或建立新系统。

（5）与生物环境的相互作用明显而形式多样，研究最清楚的是种间关系。

（6）同形系统自身没有寿命可言，只要有完全系统，就存在同形系统。

（7）在受干扰后或被去除后，只要再恢复原来条件和种源，就可以再生（如组织培养中的愈伤组织最容易形成，种群也可以通过再引入而恢复）。

表4　同形系统族的结构、过程和功能自相似

系统	结构特性	主要过程	对外关系	典型层次与典型过程
生物大分子群	大量同类分子构成的群 共同发挥作用 时间结构	生化过程 分子数量调整 分群（复制）	催化（相当于生产）、信息模板与传递相互促进、竞争和抑制	待研究
组织	大量同类细胞构成的群 共同发挥作用 空间和时间结构待研究	细胞数量变化与调节：指数曲线与Logistic曲线 细胞也可以移动	细胞间关系有待研究	癌相当于种群爆发
种群	每一种生物由多个个体构成结构和功能单位，只有群体才能够延续下来 空间与年龄结构 遗传与性别结构	个体数量变化与调节：个体数量指数曲线与Logistic曲线 密度调节 自疏与自激励	对非生物环境的反作用 与生物环境的关系：竞争、共生、捕食、寄生等	生活史策略 种群维持 外来种入侵 濒危与灭绝 种群爆发

2.2　同族系统之间的差异性

每一个族的生命系统自组织升级到一个新的周期，一方面在结构和功能等基本方面与原有层次自相似，另一方面新的、更高层次系统在结构和功能上有进一步的发展，对于外部环境更适应。具体来说，主要有：

（1）体积显著增大：大的体积是子系统分化和功能群形成的必要条件。以完全系统族为例，原核细胞的线度一般为10^{-7}m，通常说真核细

胞的线度比原核细胞大一个数量级（为 10^{-6}m）；多细胞个体长度的众数在 10^{-3}m，变化幅度在 $10^{-3}\sim10^{2}$m，比单细胞增加了 3~8 个数量级；生物圈附着在地球表面，将地球的表面积看作一个圆，则其直径为 10^{13}m，这比多细胞个体增加了 13~19 个数量级。

（2）组分增多：所包含的等级层次增多，每一层次的组分数也增多。例如，城核系统中具有大量的新型物质产品——楼房、道路、交通设施、生产机构、各种用品等等，比细胞多得多。

（3）结构与功能的复杂化：生物个体在细胞组织分化的基础上形成功能专化的器官系统，提高了生物适应能力并扩大了对环境适应的范围。

（4）系统结构发育过程涉及的调控机制复杂化：如，单细胞生物只涉及细胞内调控，多细胞个体又涉及细胞间的调控，而全球生命系统除了前面两个层次的调控以外，又有个体间、种内和种间、生态系统之内等等复杂的调控机制。后增加的调控机制既受较低层次的影响，同时也反过来制约较低层次的过程和调控。

（5）系统内部状态的相对更稳定：随着内稳态越来越强，系统内部组分的物理、化学和生物条件越有利于各组分的功能和过程进行。

（6）寿命延长：特别是对于升级前的系统来说，新系统的生命相对来说几乎是"无限"的。例如，单细胞个体的寿命通常只有数小时到数日，与多细胞个体的数月、数年、甚至数百年的寿命相比，后者在时间上极长。较长的寿命有利于生态上的竞争[4]。

（7）增加单位土地面积上的生命物质密度（生物量），更充分利用空间等资源。

（8）原来低层次没有的新特征出现——自组织突生（这也是各层次研究必须分别进行的根本原因）。

然而，系统的组织化程度却不是越向上越高。这是因为越是高的等级层次系统，形成越晚，发育程度越低。例如，真核细胞的组织化程度已经进化到接近完善的水平，而多细胞个体的组织化仍有提高的空间，至于全球生命系统，则尚处于形成初期，并且由于其时间尺度很长，因而还需要经过很长时间的进化后才能达到类似细胞那样高度的组织化。

一个新层次自组织系统诞生，总是比原有层次系统的寿命长，使这一层次以下的子系统获得了长期生存的机会。蓝菌为主体的光合生物完成了自身层次以上的自组织升级，在升级后的真核生物继续以细胞器方式生存，扩大了生存空间和生存的寿命。人类可能成为这次自组织系统升级——城核系统和全球生命系统形成后借大系统而长存的又一类生命。

表 5　生物系统谱螺旋结构假说的解释力

同族系统存在着结构和过程的自相似；

同族系统在二级结构中，周期性回复到同一列，周期为 3；

二级结构中，同族系统的结构可统合，即可以推理：同族系统中的共同结构组成成分和组成方式；

二级结构中，相邻系统的过程可整合，即可以由下一层次的生理强度推算成上一层次的强度。

3　城核系统——生命系统最晚近的集合事件

在地球生命进化过程中，自从真核细胞产生和多细胞生物诞生的上一个突生事件以来，人类又促成了一次新的突生事件。生态系统在人类的作用下发生了分工：许多原来的森林转化为农田，许多原来的草地转化为牧场，突生出自然界原本没有的工厂和城市，城市作为核与周边生态器及田野中的自然生态系统——生态质构成了城乡复合系统（urban-rural complex）。进一步，进入信息时代后，生态核、生态器等系统相互耦合，并与生态质一起，集合成比城乡复合系统更紧密的系统——城核系统（urkaeco）。这是地球生命系统进化历程中最晚近的一次自组织升级。

3.1 城核系统的功能组分

根据自组织理论，原生态系统是大系统中形成分工、发生破缺前的自然生态系统。分工后产生破缺的原生态系统成为大系统的各个子系统，并彼此合作。从经济学角度看，正是这种分工—合作关系促进了系统的效率大大提高。这可以类比细胞中的叶绿体、线粒体等多种细胞器耦合形成的高效、完整且具有更强功能的系统。城市和农业生态系统都是由自然生态系统改造而来，其结构和功能都不如自然生态系统完全，但都有比自然生态系统有更高的单一目标的生产力，城市与农业生态系统耦合成大系统——城乡复合系统后，就有了相对完整的结构和功能。进一步，服务性生态系统专业化成为多个生态器后，整个系统就发育成为城核系统。

3.1.1 初级生产生态器

城核系统的初级生产者是将生态系统初级生产者选择、破缺、组合、强化和管理来为人类和其他消费者（例如宠物和伴人动物）提供食物、能源以及可以被再次加工的初级产品。例如种植业生态器以生态系统的初级生产者为主体，一些服务性结构与其耦合，如原材料（水肥）辅助供应、产品输出、人工辅助防御和免疫（除草、除病虫害）、人工辅助内稳态调控（温室）等。

农田生态器　在以作物为中心的农田中，优势群落往往只有一种或数种作物；伴生生物为杂草、昆虫、土壤微生物、鼠、鸟及少量其他小动物；大部分经济产品随收获而移出系统，留给腐解链的物质较少；养分循环主要靠系统外投入而保持平衡。农田生态系统中人的作用非常关键，其功能（经济生产力）的稳定有赖于一系列耕作栽培措施的人工投入。在相似的水热条件下，单位土地面积生产力远高于自然生态系统。

工业化农业，是指在农业领域广泛采用现代化科学技术和现代工业提供的技术装备，使传统的、以体力劳动为主的农业转变为知识密集的农业的过程。设施农业是工业化农业的一种典型形式。设施农业是利用现代工程技术手段和工业化生产方式，为动植物生产提供可控制的适宜生长环境，充分利用土壤、气候和生物潜能，在有限的土地上获得较高产量、品质和效益的一种高效、集约化的农业。许多发达国家设施农业已经达到很高水平，工厂化农业已发展成为由多种学科技术综合支持和资本密集型产业，它以高投入、高产出、高效益为特征，发展迅速。设施栽培技术比较先进的国家有荷兰、法国、英国、西班牙、意大利、美国、加拿大、日本、韩国、澳大利亚、以色列、土耳其等国家。这些国家由于政府重视设施栽培的发展，设施栽培研究起步早，发展快，综合环境控制技术水平高。

近 30 年来，我国设施栽培生产规模迅速扩张。其中以生产蔬菜为主体的温室、大棚等设施栽培面积在 2008 年已发展到 330 万 km^2，面积占世界温室总面积的 90%[5]，比 1980 年增长约 360 倍[6]，全国人均拥有设施栽培面积达 25 m^2，设施生产的蔬菜人均占有量已突破 120 kg[5,7]，比 1980 年增长近 400 倍。我国设施农业从生产角度来看，设施农业内部气象因子如温、光、湿和气流等参数的控制技术是生产者迫切需要的，也正是实现设施农业产品生产高效、高产的关键。此外，我国温室还能提供固碳、保肥、保土、节水，防止沙尘暴和阻挡酸雨等生态系统服务，同时也会带来温室气体排放，土壤盐渍化和酸化等生态系统负服务。[8,9,10]

播种、施肥、灌溉、除草和防治病虫害等活动使农田生态系统在一定程度上受人工控制。一旦人的作用消失，农田生态系统就会很快退化；占优势地位的作物就会被杂草和其他植物所取代。农业活动的增强也产生了许多环境后果（图 3），如土壤侵蚀增加、土壤肥力降低、地表和地下水枯竭、地下水污染以及河流和湖泊富营养化等，这些还只是部分后果。据估计，由于风蚀和水蚀的作用，每年农田中会损失 250 亿吨土壤。这种侵蚀引起表土损失和河流、水库、河口、湿地的淤积，也会由于土壤营养进入水体而造成富营养化污染。这些损失的最终后果是农作物减产，全球相当于每年减少 15 万 km^2 农田，或者说是减少世界农田面积的 1%。在美国，40% 的农田中土壤遭到侵蚀的速度比形成的速度快，有些地区的土壤侵蚀速度位于世界前列，欧洲殖民以前存在的表层土大约有一半已经被侵蚀掉了。

图 3　农田生态器的环境效应（仿 Foley et al., 2005 [11]）

　　实际上，在现有的农田中施以适当的肥料、适当的灌溉、种植高产的作物并加以适当管理，粮食生产就可能发展得相当好。如果人口数量像在 20 世纪内一样持续增长，这个方法将会很重要。全球气候改变可能对世界粮食供给造成破坏性的影响，同时可能需要将森林和草地变成农田，以满足世界人口对粮食的需求。在耕作中，有许多新的、改良的方法可以利用，这可以减少土壤侵蚀、避免危险的化学制品、提高产量、使农业生产能够可持续发展。

　　如何使农业系统保持可持续性、生态系统更健康，同时又能保证足够的产量，则具有很大的挑战性。在如何权衡农业生产和环境保护方面存在两种相反的观点："土地释放"和"土地共享"。"土地释放"主张通过提高已有土地上单位土地和时间的产量来减少农业对土地的需求，减少对自然栖息地的开垦，从而保护自然。但是其强度生产方式会对周围环境造成负面影响。而"土地共享"认为人类活动和自然共存于复杂的社会生态，应该回归到低投入再生性的有机耕作，提高系统的生物多样性，减少农药和肥料的输入，强调保持生态系统的自然恢复力。多数国家和地区采用的集约化生产模式属于"土地释放"农业模式，而"土地共享"在欧洲及某些发达国家发展。由于"土地共享"造成单产的降低，不适于在多数发展中国家大规模推广。

生态农业是利用生态学的原理、系统工程的方法，遵循自然规律建立起来的农业生产体系，它的主要特点是结构协调、合理种养、全面发展、应用现在技术、资源高效利用、内部良性循环，稳定持续发展。如，桑基鱼塘是工业化以前中国农业生产发展出的最优化可持续模式，在使用机械耕作、化肥、锄草剂等高产的现代技术前提下，如何构建新的可持续农业模式是需要加速研究的。

在一些地区，特别是在非洲撒哈拉附近，食物产量并不与迅速增长的人口同步增加。这个地区的40个国家中，有35个国家在过去的20年里，按人口平均计算的食物产量减少了。下降最多的情况发生在安哥拉、埃塞俄比亚、苏丹、索马里和莫桑比克等国家，由于干旱、战争、贫穷和政府管理不当，已造成严重的饥饿和痛苦。1992年解体的前苏联也造成了食物产量的急速崩溃——在中国农田包产到户使产量急剧增加的同时，前苏联却有相反的结果。这些都说明社会经济因素的驱动作用。

草场生态器　在城核系统中的草场生态系统，指城核系统水平边界内有人类活动直接干预的产草生态器，其余人类未直接干扰到或纳入生产草料的部分仍属于生态质。草场属于初级生态器，因为其为牲畜提供了草料需求。人类活动对草地的适度干扰可以促进草地的生产力，有研究表明适度放牧可以提高草地的产草量。同时牲畜的粪便还草又为草地提供了营养供给，构建了一个新的营养循环过程。人工草地则完全是在人类管理之下运行的系统，除了提供营养供给外，种子、杀虫、灌溉等管理措施使人工草地成为为人类提供优质高产饲草的高效生态器。

　　人类的过度索取在部分地区也会对草地生态器造成破坏，形成以聚落为核心的干扰同心圆。过度放牧引起产草量下降，牲畜践踏增加使得物种组成变化，适口性牧草的比例下降，退化的草地会逐渐沙化使得草地的环境进一步恶化，给牧民造成重大的损失，同时对周边甚至更远地区的环境造成影响。目前，全世界1/3的草地由于过度放牧正在退化，并导致与森林破坏相似的灾难性环境后果。中国天然草原面积居世界第二（仅次于澳大利亚），占中国国土面积的41.7%，主要分布于东北的西部、内蒙古、西北荒漠地区的山地和青藏高原一带。但是，中国人均草地拥有量却不到世界平均值的一半，因此许多草场被利用而成为生态器。从20世纪80年代初开始，中国草地以每年大约15 000 km^{2}的速度减少。由于过度放牧、气候变化、采矿和其他各种形式的开发和生产，中国90%的草原已经呈现不同程度的退化。自20世纪50年代以来，每公顷草产量减少了40%，单位面积草地产值只相当于澳大利亚的1/10，美国的1/12，荷兰的1/50，杂草和毒草蔓延危害高质量草种。中国草原的退化影响广泛深远，不仅涉及中国农牧民，也影响草原地区以外的人们和其他国家。例如，青藏高原的草原既是中国主要河流的源头，也是印度、巴基斯坦、孟加拉、泰国、老挝、柬埔寨、越南的主要河流的源头。

　　林地生态器　同牧场生态器类似，森林生态系统中也仅有部分属于林地生态器，例如用材林、经济林等和人类活动直接相关的林地，其余部分长期不受人类活动干扰的森林仍属于生态质。地球上大约32%的土地被森林和林地覆盖着。这些生态系统和生态器提供了多种有用的产品，比如，木材、造纸用木和薪柴。在世界上大多数地区，北方森林的生长率低于被砍伐率，看起来几乎有被砍伐殆尽的危险。作为半数以上生物物种的家园，这些不可替代的生态系统正遭受破坏。眼前的利益促使了这种开发，但在这很小的短期增长的背后，隐藏着巨大损失，如野生动物栖息地丧失、水土流失等其他灾难性的环境破坏。

　　渔业捕捞生态器　在城核系统中，湖泊和河流等淡水系统为鱼类等水生生物提供了丰富的营养，而捕捞则将这种生产力输入到消费者——
人类，成为初级的渔业捕捞生态器。远洋捕捞不属于该生态器，虽然它
同淡水捕捞性质相同，但是由于其位于系统外，不能计算在内。随着社
会的不断富足，肉类和鱼类消费量增加。中国在过去的 25 年中，人均
鱼类消费量几乎增长了 5 倍。20 世纪 80 年代以来，捕捞能力迅速增加。
不幸的是，与过度捕获和栖息地破坏已威胁到世界大多数野生渔场一
样，中国鱼类消费量的急剧增加和过度捕捞使得淡水渔业资源遭到严重破
坏。中国著名的舟山渔场曾经几乎消失，以前中国沿海产量丰富的黄鱼和
带鱼等鱼类现在却需要进口，白鱀接近灭绝，长江野生鱼类的捕捞量已减
少了 75%。为了防止渔业资源的崩溃，2003 年长江第一次禁止捕捞。

　　矿物采掘生态器　城核系统矿物采掘生态器，是指那些开采历史地
质作用下天然形成的矿物（如铁矿、铜矿等），来为其他系统提供生产
原料的产业。这里只计算城核系统内的采矿区，系统外的矿物采掘不计
算在内。

　　能源开采生态器　能源开采生态器，是指将自然界中的一次能源
（自然界存在的不经过人类修饰的能源）经过人类收集、转换等，转变
为可利用能源或者可以被进一步加工成能源原料的产业。一次能源来源
分为三类：（1）太阳能及其衍生能源，包括化石能源、水能、风能、生
物能等；（2）地能，包括核能、地热等；（3）地球和其他天体相互作用
而产生的能量，如潮汐能。利用技术上成熟、使用上比较普遍的能源叫
做常规能源，包括一次能源中的可再生的水力资源和不可再生的煤炭、
石油、天然气等资源。新近利用或正在着手开发的能源叫做新型能源，
包括太阳能、风能、地热能、海洋能、生物能、氢能以及用于核能发电
的核燃料等。由于新能源的能量密度较小、或品位较低、或有间歇性，
按已有的技术条件转换利用的经济性尚差，还处于初期发展阶段，只能
因地制宜地开发和利用。但新能源大多数是再生能源，资源丰富，分
布广阔，是未来的主要能源之一。随着全球各国经济发展对能源需求
的日益增加，现在许多发达国家都更加重视对可再生环保的新型能源

的开发与研究；同时随着人类科学技术的不断进步，会不断开发研究出更多新能源来替代现有能源，以满足全球经济发展与人类生存对能源的高度需求。

3.1.2 高级生产生态器

城核系统高级生产者是直接或间接将初级生产产品加工成新产品的各种系统。其产品为人类和其他消费者提供高级食物供应（如肉类、水产品、蛋奶类）、能源及其他工业产品。如养殖业是以高速率养殖动物的方式为人类提供肉类食品的产业，一些服务性结构与其耦合，如原材料（食物和水）辅助供应、产品输出、人工辅助防御和免疫（病虫害防治）、人工辅助内稳态调控等。

畜牧养殖生态器　畜牧养殖生态器是指采用畜、禽等已经被我们人类人工饲养驯化的动物，或者半驯化的野生动物，通过人工饲养、繁殖，使其将牧草和饲料等植物能转变为动物能，完成取得肉、蛋、奶、毛等畜产品等生产过程的产业。是人类与自然界进行物质交换的极重要的环节。畜牧主要包括猪、鸡、牛、马、羊、驴、鸭、鹅、兔、骡、骆驼等家畜家禽饲养和鹿、鹌鹑等野生经济动物驯养。这是集约化的高效养殖生态器，这个系统不但为纺织、油脂、食品、制药等工业提供原料，也为人民生活提供肉、乳、蛋、禽等丰富食品，还为农业提供役畜和粪肥。

牛、绵羊、山羊、骆驼、水牛以及其他牲畜在草场生态器，和部分舍饲设施工厂把植物转变成蛋白质含量丰富的奶和肉类，为人们提供充足的营养，而这些土地如果采用别的方法是不能为人类生产食物的。如果牧群管理得好，它们有可能提高牧场的质量。草地上的牧草资源是放牧家畜的主要食物来源，草地放牧系统可持续发展的前提条件就是草地的健康或不退化。在经济利益驱使下，人们为了获得量多质好的畜产品，无限制地追求更多的存栏量，这样，不仅不会增加畜产品产量，反而会增加维持营养消耗，减少畜产品数量和导致生态环境的破坏。

中国的草地畜牧业养活了全国 26% 的牛、35% 的羊，产出了 44%

的牛羊肉、26% 的奶、44% 的羊毛。但是草地退化使草食肉类生产急剧下降，牛羊胴体重每 10 年下降 9.8%。我国每公顷草地牛羊肉、奶、毛产量仅 1.8 kg、3.6 kg、0.45 kg，而美国为 40.6 kg、231.6 kg、1.8 kg，澳大利亚为 5.7 kg、13.0 kg、1.5 kg。中国的人均牛羊肉、奶类的消耗量的增长速度是十分惊人的。自从改革开放以来，人均牛羊肉、奶类的消耗量增长了 4~8 倍（2004 年统计），这些极大地提高了人们的生活水平。但是，生产这些畜产品也付出了高昂的环境代价。考虑到目前中国是世界上城市化速度最快的国家之一，随着经济的富足，中国人对牛羊肉、奶类畜产品的人均消费还将相应地增加 2~5 倍。人口和消费的共同增长带来的草料需求量的增长，与此同时过度利用造成草地退化、荒漠化带来的供草量的下降，供需之间将形成巨大缺口，这个潜在的缺口也将会对世界食品安全构成威胁。

水产养殖生态器　水产养殖，是人为控制下繁殖、培育和收获水生动植物的生态器。一般包括人工饲养生产水产品的全过程。水产养殖有粗养、精养和高密度精养等方式。粗养是在中、小型天然水域中投放苗种，完全靠天然饵料养成水产品，如湖泊水库养鱼和浅海养贝等。精养是在较小水体中用投饵、施肥方法养成水产品，如池塘养鱼、网箱养鱼和围栏养殖等。高密度精养采用流水、控温、增氧和投喂优质饵料等方法，在小水体中进行高密度养殖，从而获得高产，如流水高密度养鱼、虾等。20 世纪 70 年代以来，世界水产养殖产量增长迅速，在水产业中的比重也正在日益提高。水产养殖业为人类贡献大量优质食物蛋白，已成为保障食物安全的重要农业类型。中国是世界上最大的水产养殖国家，也是世界上唯一的水产养殖比野外捕捞提供更多水产品的国家。

在合理的池塘养殖过程中，系统之外输入的饲料、肥料和渔药等，除了转化成养殖产品或可输出的非养殖产品输出系统之外，还有相当多的物质和能量残留在系统之中。对于池塘生态系统而言，水体自身的稳定和自净化能力相对较弱，追求高产的高密度养殖，由于残饵和粪便等有机物的大量存在，往往会造成水体缺氧和富营养化，这种后果除了可能导致养殖动物直接死亡，还可能使呈指数增长的浮游植物短期迅速爆发，形成激烈生态竞争，而间接导致养殖生物严重缺氧大批死亡。此外，渔药和添加剂大量使用造成的水体污染和养殖动物中毒，也是经常出现的污染现象。这个污染往往可人为避免，但水体富营养化和药物等污染问题一旦形成协同效应，将产生更为严重的水域污染。通过水产动物的生长和饲料系数可大体估算出残饵量，而且鱼类的排粪量可通过研究饲料的消化率来计算。鱼类的消化率随食物种类不同差别很大。

杂食性鱼类的消化率一般为80%，植食性和腐食性鱼类的消化率一般低于80%，肉食性鱼类的消化率通常高于90%，未被食用的饲料（残饵）连同动物的粪便一起累积在养殖系统中。虾摄食的饲料中85%的N被虾同化，15%通过粪便排放，但粪便中只有5%的N以氨态氮形式直接排放，其他的有8%为可溶性胺，26%为尿素，61%为其他可溶性有机氮。以上残留饵料及粪便可被水中微生物等分解者利用，最终转化成的无机物被水生植物等通过光合作用固定，而再有过多残余，在没有人为清除的情况下，则累积形成污染。

目前，生态学已经开始关注如何将水产养殖活动与生态可持续发展协调起来，综合考虑生态系统中的生物、非生物和人类之间的相互作用，从而实现不同社会目标之间的最佳平衡。污染本身是一个相对和综合的概念，例如养殖海参或贝类的海区，海星的大量存在就是一种"污染"。可持续发展的水产养殖业最终是要实现一种相对的生态平衡。养殖业和种植业一样，毕竟是人类发展的趋势。如何保证安全、健康和可持续发展的水产养殖业，需要分析具体养殖生态系统，从根源上挖掘产生污染的原因，通过物质合理循环，变污染为资源，最终实现改善和治理的目的。

桑基鱼塘是以塘养鱼，基上种桑，桑叶养蚕，蚕沙喂鱼、鱼泥肥桑，构成一个无废循环系统。桑基鱼塘是工业化以前中国农业生产发展出的最优化渔业可持续模式，在使用机械耕作、化肥、锄草剂等高产现代技术情景下，如何构建新的可持续农业模式是迫切需要研究的。现在新兴的人工湿地与鱼塘耦合可能建立新的大型可持续养殖模式。由于国际贸易对丝绸需求的扩大，种桑养蚕的获利大大超过了水果的收益，不少地区从原来的果基鱼塘生产形式大量改为桑、塘专业性生产，充分地利用土地的空间与轮作的时间，以求经济效益最大化。

能源加工生态器　能源加工生态器是指利用能源开采生态器获得的一次能源，经过提炼、转换等加工成更加适宜人类使用的二次以及更高层次能源的产业，例如石油冶炼厂等。二次能源则是指由一次能源直接或间接转换成其他种类和形式的能量资源，例如：电力、煤气、汽油、柴油、焦炭、洁净煤、激光和沼气等能源都属于二次能源。人类社会的发展离不开优质能源的出现和先进能源技术的使用。

制造业生态器　指通过自然资源以及原材料进行加工或装配的过程，将采集来的原料或者初级产品经物理或化学变化后生产成产品的部门。工业决定着国民经济现代化的速度、规模和水平，在当代世界各国国民经济中起着主导作用。工业还为自身和国民经济其他各个部门提供原材料、燃料和动力，为人民物质文化生活提供工业消费品；它还是国家财政收入的主要源泉，是国家经济自主、政治独立、国防现代化的根本保证。

直到18世纪英国出现工业革命，使原来以手工技术为基础的工场手工业逐步转变为机器大工业，工业才最终从农业中分离出来，成为一个独立的物质生产部门。随着科学技术的进步，19世纪末到20世纪初，进入了现代工业的发展阶段。从20世纪40年代后期开始，以生产过程自动化为主要特征，采用电子控制的自动化机器和生产线进行生产，改变了机器体系。从70年代后期开始，进入80年代后，以微电子技术为中心，包括生物工程、光导纤维、新能源、新材料和机器人等新兴技术和新兴工业蓬勃兴起。这些新技术革命正在改变着工业生产的基本面貌。

在过去的产业经济学中，往往根据产品单位体积的相对重量将工业划分为轻、重工业。产品单位体积重量大的工业部门就是重工业，重量轻的就属轻工业。属于重工业的工业部门有钢铁工业、有色冶金工业、金属材料工业和机械工业等。由于在近代工业的发展中，化学工业居于十分突出的地位，因此，在工业结构的产业分类中，往往把化学工业独立出来，同轻、重工业并列。这样，工业结构就由轻工业、重工业和化学工业三大部分构成。常有人把重工业和化学工业放在一起，合称重化工业，同轻工业相对。另外一种划分轻、重工业的标准是把提供生产资料的部门称为重工业，生产消费资料的部门称为轻工业。制造业生态器也生产农业、畜牧业生态器使用的机械、物质等产品，实现城核系统的新物质循环形式。

3.1.3 分解生态器

自然生态系统中的分解者在城核系统中已经不能承受人类活动产生的污染垃圾，同人工设备整合，升级为城核系统中将废物进行无害化处理和降解的产业。例如污水处理厂对生活污水的净化过程、垃圾在处理厂被焚烧发电或者填埋等。目前的垃圾处理厂是城核系统中固体垃圾的主要分解生态器，固体垃圾的处理方式主要有：焚烧或者焚烧来发电、直接填埋、垃圾堆肥、垃圾回收利用等。垃圾处理过程中焚烧会带来二噁英等大气污染，填埋的垃圾渗滤液可能对地下水造成污染，这些问题都亟待完善和解决。

城核系统中废物和污染物处理及再资源化工厂（垃圾处理厂、污水处理厂等）是针对生产和消费过程产生的污染物而建立的，人工将自然系统中的净化能力（例如细菌）组配起来，然后通过提供辅助能源将这种净化能力提升强化到最大，来加速完成污染的净化过程，形成城核系统中高效的分解生态器。但是，废物处理工厂处理废物和污染物的能力还远远赶不上生产者、消费者产生垃圾的速度，达不到原生态系统中的生产——分解平衡。

近十几年来发展起来的人工湿地污水处理系统，是原生态系统污水处理功能群生物集约化的产物，是城核系统中一个符合自然经济规律的服务系统，同污水处理厂一并成为城核系统中污水的主要分解生态器。

据统计，欧洲有 6 000 多个潜流人工湿地污水处理系统，北美有 1 000 多个。20 世纪 90 年代初期此技术被传入中国。1996 年开始在欧盟资助下，中国与欧洲同行合作，在世界各国人工湿地研究的基础上，研制成功的新型人工湿地：复合垂直流人工湿地，即地面无积水（经常水位距地表 20 cm）、处理能力更强的人工湿地。这种新型人工湿地在净化污水的同时还可与园林绿化结合，产生生态和经济效益，符合物质循环使用、能量节约的原则，比国际上运行的一般人工湿地具有更好的净化效果，更高的水力负荷，处理同样水量占地面积更少，对中国人多地少的国情更适合；地表没有积水，杜绝了一般人工湿地蚊虫滋生等负面效应，大部分面积接近中生环境，适合更多植物种类的生长和根际微生物种类的生活，从而有更好的处理效果。目前，中国约有 200 个处于运行状态的人工湿地[12]，分布在深圳、杭州、武汉、宁波、沈阳、北京、昆明、成都、南京、长春、辽河油田、山东省荣成等地，其中大多数是用来处理生活、农业污水，一般是建造在公园里面、住宅区周围、乡村、污水处理厂、旅游景区、河滨等地。现在，人工湿地处理城市污水已达到了较大规模，可用于处理 10 万人口以下的中小城市（镇）的城市污水。同时中小城市（镇）的水体环境污染严重，亟须治理，且污水处理率提升空间较大；基建投资和运行费用比较缺乏、专业技术人员不够，污水处理收费提高幅度有限；而人工湿地用地土地与绿化用地结合，比较好解决。因此，人工湿地的发展前景十分广阔。

气体污染物的分解处理过程较为复杂。目前主要采用前期控制，减少排放策略。气体污染物的排放多半具有分散不易收集（工厂的烟囱）、移动不易控制（汽车）等特点。这使得大气污染物的分解处理过程有自己的特点，例如从源头进行控制，降低燃料中的氮硫等含量；分散处理设备，对电厂燃炉在燃烧过程中进行脱硫脱氮以减少硫化物、氮氧化物等的排放；提高机动车的燃烧效率，减少燃料燃烧过程中污染物的产生，例如 N_2O，主要的温室气体之一。

3.1.4 调控生态器——生态核

城市是城核系统信息的中央处理器，类似细胞的细胞核，已经成为生态核——信息处理、管理、交换、调控中心，同时也是能流和物流的集中交换中心。城市核发布的信息对其他生态系统，甚至对全球生命系统都会有重大的影响。在城核系统中，人是无可非议的调控者，是信息的产生者和发布者。政府、银行、商业、学校、研究机构接收、处理并发布大量信息。目前世界人口的一半以上居住在城市，其中发达国家的人口中有 70%～80% 住在城市中，发展中国家也有 40%～50%。城市生态系统已经成为与人类关系最密切的所在，因此生态学一定要越来越重视城市的作用。调控的基础是人类的文字信息。储存在纸张和各种介质中的文因被分段复制成传递因子，传递到各处，指令各种活动，包括生物产品的生产（包括植物性物质和动物性物质）和结构的构建（建筑、道路、电力和通信线路、输油管线），以及各种功能器的制造（交通工具、制造厂、机器、文化设施、高校和研究机构），并指令生产的产品种类和数量（产品的设计和交易），同时，也要建立分解生态器，及时治理废物使其再资源化。

城核同时也是物质和能量的调控中心。城核高的人口密度需要大量的物质和能量输入，这种需求驱动各个生态器的物质和能量产出输入到城核，例如粮食和燃料的需求。同时城核产生的垃圾和污水会被输送到城郊或者更远的地方去处理。而在城核加工生产的工业产品也会被运输到农村地区消费。

3.1.5 生态质——生命支持系统

生态质的作用：一方面是给生态器提供活动空间，另一方面更重要的是维持生态核和其他生态器适合的理化状态，这就如同细胞中细胞质的作用。城核系统形成后，将会有大量的土地被释放出来——生态释放（ecological releasement）。这些土地在工业化以前非集约的用于农作物、畜牧业和林业生产，生产效率不高，但在低人口状况下可以维持一个"田园牧歌"式的平衡。最近一个世纪以来，面临越来越大的人口压力，不得不扩大农业生产用土地面积，利用了几乎所有可用的土地（例如中国的梯田和大江大河陡岸边的种植，热带雨林的开垦，等等），这实际上是占用了生态质。人们感到环境状况变差，实际上就是城核系统赖以生存的质被破坏了！原来低效率的生产方式——大面积、低收获逐渐向具有高效、小面积专业生产的生态器浓缩。目前中国已经开始的退耕还林、还草工程就是在文因调控下，将生产效益低并受过度利用的原生态系统还原为生态质的行动。另外，城市中可以集中75%以上的人口（欧洲国家长时期维持的水平），也可以释放土地成为生态质。

根据真核细胞中细胞器分散在细胞质中的情形，可以推测未来的农场和养殖场、经营性林场等将相对独立，而田野与山地的大部分地方将空闲出来，承担起"细胞质"的功能，从人类的角度上看，就是提供改善大气环境和水环境等非直接产品的生态服务功能。中国的城市化水平在70年代只有不足15%，在80年代后迅速提高，现在已经超过40%，但比起发达国家（平均75%~80%）仍然很低，预计还会保持较快增长。这些生态释放将80%左右的土地归还出来成为只利用其间接效益、很少（或适当）利用其直接生物产品的生态质，将使中国的自然环境有良好的改进。

3.2 城核系统的空间结构

城核系统由生态核、生态器和生态质构成。城核系统的空间尺度大致在 $10^5 \sim 10^6$ m（数百到数千平方米），没有明确的包络一周的膜（城市原来有城墙也只相当于核膜，后多拆除），但在交通要道口有检查站、收费站等控制点，类似细胞膜上的"进出口"。事实上，城核系统这种没有可见膜的边界与原子的边界与电子云更加相似。真核细胞中充满了水和蛋白质等组成的胶状物质，细胞中所有的细胞器等均悬浮其中。与之相似，城核系统中充满了空气、土壤、水和各种生物，各种建筑、设施和机构都分布在这个生态质中。信息处理组织——生态核的出现是城核系统形成调控的基础。生命是碳基础的，人类开发出来以硅为基础的可以处理信息的计算机。人类的智能和计算机的发展，最终导致通信网络的形成。

城核系统的空间结构虽然受地理因素的影响而表现各异，但是功能群结构却基本一致。例如，城核系统一般会具有提供食物的生态器——农田，提供多种生态系统服务的森林、草地，提供生命支持需求的河流等。农田作为提供食物的主要生态器，一般分布在水源充足的平地；城核则一般位于交通便利、相对安全、资源丰富（食物和能源等）的地方，如农田周边。森林和草地多位于丘陵和山地，全球主要的城市化方式是侵占农田来建立城市。道路和河流连通了系统内的各个组分，特别是连通了城核和其他组分。

城核系统的水平边界同市级政府的行政边界一致，包括城市核心及其周边的农村以及田野，因为这些组分都强烈地受到城核的调控影响，而变得具有不同于其他城核控制区域的自身特点。城核系统的尺度大于生态系统，是全球系统的一个功能单元。一个城核系统中可以包括农田及被该城市核调控的森林、草地、河流等生态系统。

人类在地球上绝大多数地方成为主宰，城市化主要集中于水热、地形、人文、经济区位好的地方。例如，中国的城市主要集中在东部沿海。尽管人类在很大程度上控制或干扰了陆地生态系统，但并非所有的陆地都属于城核系统。极地、冻原、高山、大森林及自然保护区等地方还不属于城核系统，由于这些地方不受城市核政策的直接影响。当然，这并不意味着人类对这些地方没有影响。通过直接消费、生产和利用，或通过改变物种组成等过程，人类优先占有了生物圈中陆地初级生产力的40%。影响程度最深的地区是欧洲、亚洲和北美，影响最大的植被类型是温带阔叶林（几乎完全由人类的城市调控），因为这些森林的气候和土壤尤其适宜人类居住。在北美东部或欧洲大部分地区，只有少部分原始森林的遗迹；气候类似于地中海地区的地方也是人类向往的居住地，因为这些地区生物多样性水平很高。温带草地、温带雨林、热带雨林和许多岛屿都被人为活动严重干扰。

在垂直方向上，可根据城核系统主要组成部分（例如城市建筑物、碳、氮、磷元素等）的活跃程度和其来源来确定上下边界。考虑大气环流和沉降，系统上边界一般在地面以上 1 000 米。高于 1 000 米的空间一般被认为受地面影响很小，同时它对地面的影响也不局限在垂直下方（例如高空的云层往往产生跨区域的影响，尺度远大于城核系统）。对于下边界来说，岩床上的所有物质都属于系统内，包括山区的薄层土壤，低地的深层地下水等等，这些往往可以受到地面活动的影响，例如地下水的硝酸盐富集，而岩层以下不属于系统内。例如矿藏，它们的产生形成不受到目前地面的影响。在一个城核系统中，城市核相对垂直高度最高，向郊区逐渐降低。

在城核系统中，人、能量、物质和信息在城市核之内及城乡之间的流动、传播和变化构成了极其复杂的网络结构，其中主要包括交通网络、能量网络、物流网络、信息互联网络、物质代谢网络。

交通网络是指为城核系统服务的，由包括公路、水路、轨道交通等各种运输方式及其所属站、港、场和线路所组成的网络体系。城核系统交通网络的特征是集群性、无标度性和自相似性。与交通网络密切相关的是物流网络——由执行物流运动使命的线路和执行物流停顿使命的结点两种基本元素所组成的网络结构。物流网络的线路基本和交通网络是一致的。物流结点是物流网络中连接物流线路的结节之处，包括：交通站点、仓库、配送中心、零售终端等。城核系统的能量网络主要包括电网、煤气与天然气网络、输供油网络等。

信息互联网络的主体是由人控制的各类计算设备组成，如手机、计算机以及大量的信息传感器（包括交通流量传感器，温度传感器、噪声传感器等）。这些设备间的信息流动在城核系统中形成了一个庞大而无形的信息互联网络。

交通网络、物流网络和信息互联网络的复合，使一个全新的"物联网"在城核系统中凸现出来。物联网,指的是通过射频识别(RFID)、红外感应器、全球定位系统、激光扫描器等信息传感设备,按约定的协议,把任何物品与互联网连接起来,进行信息交换和通信,以实现智能化识别、定位、跟踪、监控和管理的一种网络。

在城核系统中,人类活动也极大地改变了自然营养物质变化的形式、强度和速度。例如:人工合成氨极大地增加了陆地 N 源的输入,同时大气和水体中的 N、P 含量也大幅提高。因此,由人类活动调控的城核营养物质的活动形成了一个新型的网络——城核系统物质代谢网络。这个代谢网络的特征包括:高通量、短路径以及低稳定性。

城核系统中的各类网络的静态结构和动力学不但关系着系统本身,也对系统外部乃至全球范围内的经济和环境状况产生着不可忽视的影响。

4 人类主导的信息流

生命进化史上的第三次飞跃的重要标志,是产生了新型可遗传信息——文字。文字是生物的体外信息,文化基因——文因(Meme)的全球性传播和及时的传递,导致城核系统和全球生命系统的形成。正是由于人类精神和文因的产生,才形成了结构复杂的社会,形成了语言、文学、艺术和科学——宇宙的精神之花,这个世界变得更加丰富多彩。

自 20 世纪中叶以来,计算机、网络及通信技术的快速发展,对城核系统的发展产生了极大的冲击力。首先,人际交流的方式中电话、传真、电子邮件迅速普及,部分取代了面对面交谈、通信等固有的方式,但同时增强了人们之间联系的频度,扩大了城核系统的信息范围。交流方式的改变使得社会生活的各个层面出现了新的内容,如网络购物、远程医疗、GPS 与 GIS 支持下的智能交通系统等。这些信息流的出现都深刻改变着城核系统的运行模式。信息技术对城市的作用可概括为四种效应:协作效应、替代效应、衍生效应和增强效应。

协作效应（cooperation effect）指信息技术的发展与城核系统发展呈现一种协同并进的趋势，在空间上表现为信息空间的扩展与系统空间的延伸复合。通信网络的建设总是随着城核系统触角的延伸而逐渐向外扩展。而新兴的传感器网络更是广泛分布在城核系统内的道路、饮水、煤气等管网系统，以及关键的监控地点中。

增强效应（enhancement effect）指的是信息技术可以扩大原有物质形态网络的能力和功效。随着1999年物联网概念的提出，这种增强效应被推到一个更高的层面，人们试图扩展信息网络的触角到任何可以达到的物件（如交通工具、商品、家用电器等），让信息网络起到对实体的智能控制。

替代效应（replacement effect）指的是信息技术可以克服原本存在的一些时间和空间上的障碍。例如，网络购物的出现改变城核系统的物流方式，而办公的无纸化和电子化或可以减少人员在城核系统内部的活动频率。

衍生效应（derivative effect）表现为信息技术的发展可以促进城市经济的发展。以交通业为例，电信的发展在替代部分交通行为的同时，衍生出一些新的交通需求，并通过改革原有交通管理模式来扩大其系统容量，从而满足高人口密度的城核系统发展的需要。

因此，城核信息流强化的结果不但是加速了信息本身的传播，而且也影响和改变着城核系统中原有能量流和物质流的行为。

参考文献

[1] Odum, H. T. (1951). The stability of the world's strontium cycle. Science, 114: 407—411.

[2] Odum, E. P. (1971). Fundamentals of ecology(3rd edition). Philadelphia and London: W. B. Saunders Company, 5—11.

[3] 常杰, 陈刚, 葛滢. (1995). 植物结构的分形特征及模拟. 杭州：杭州大学出版社.

[4] 常杰, 葛滢. (2001). 生态学. 杭州：浙江大学出版社.

[5] Hickman, G. W.（2001）. Greenhouse Vegetable Production Statistics: a review of current world-wide data and research reports on the commercial production of greenhouse vegetables. Mariposa, California, USA: Cuesta Roble Greenhouse Consultants.

[6] Jiang, W., Qu, D., Mu, D., & Wang, L.（2004）. China's Energy-Saving Greenhouses. Chronica Hort, 44, 15—17.

[7] NBS (National Bureau of Statistics). (2009). China statistical year book, Beijing, Beijing: China Statistics Press.

[8] Guo, J. H., Liu, X. J., Zhang, Y., Shen, J. L., Han, W. X., Zhang, W. F., et al. (2010). Significant acidification in major Chinese croplands. Science, 327, 1008—1010.

[9] Chang, J., Wu, X., Liu, A., Wang, Y., Xu, B., Yang, W., et al. (2011). Assessment of net ecosystem services of plastic greenhouse vegetable cultivation in China. Ecological Economics, 70, 740—748.

[10] Chang, J., Wu, X., & Wang, Y. (2013). Does plastic greenhouse vegetable cultivation enhance regional ecosystem services beyond the vegetable supply? Frontiers in Ecology and the Environment, 11, 43—49.

[11] Foley, J. A., DeFries, R., Asner, G. P., Barford, C., Bonan, G. B., Carpenter, S. R., et al. (2005). Global consequences of land use. Science, 309, 570—574.

[12] Liu, D., Ge, Y., Chang, J., Peng, C., Gu, B., Chan, G., et al. (2009). Constructed wetlands in China: recent developments and future challenges. Frontiers in Ecology and the Environment, 7, 261—268.

第二篇　神经集成论

神经整合的解剖学和生理学基础

孙　达*

1　引言

　　神经科学是研究人脑的结构与功能，在细胞和分子水平、神经回路和神经网络水平、器官和系统水平、行为和认知水平阐明神经系统，特别是脑的高级认知活动（自我意识、语言、学习、记忆、情绪和思维）规律的学科。脑的认知涉及动机和情绪、学习和记忆、语言与思维等"高级神经活动"，需要边缘系统和大脑皮质的参与才能完成。这些活动与人类的社会性行为关系十分密切，也是神经科学希望探索的终极目标之一。为了这一目标我们的先人前赴后继，付出了心血，甚至生命。最初，是在整体的水平研究脑，大多从现象（脑病）去寻找本质（脑的功能），为此走了很多弯路，后来转向对脑进行形态和生理基础的分析，促使500年前神经解剖学的问世和200年前神经细胞学、神经生理学和脑功能定位的突破。20世纪50年代以来，对于大脑的高级功能，如感觉和运动控制、学习和记忆、情绪和注意、意识和觉醒、语言和思维等的认识有了重大的进展。在这些研究中，占主导的思潮就是先探查上述认知活动的大脑皮层的定位，然后把这些高级功能还原成局部的神经网

* 孙达，浙江大学医学院第二附属医院核医学科，主任医师。

络，或者是在简单的神经系统中还原成基本的过程或基本的细胞、分子水平。然而，由此产生的新的难题是由基本的细胞和分子事件为基础的局部神经回路，如何能集成为巨大的神经网络和复杂的高级认知功能？进一步讲，当前人类面临的最大科学难题之一就是"智力的产生"。智力是人的各种能力，包括观察分析、思维判断、学习记忆、解决问题等能力的总和。那么，这些看似孤立的、单一的认知活动又如何集成为人的智力？这就需要我们寻求新的观念和可靠的科学手段去解开这些谜团。脑的集成和神经整合就是一些科学家提出的用以研究大脑奥妙的新观念，也是开启脑高级功能研究的最重要的手段。整合论或集成论就是将细胞和分子生物学技术所获得的结果返回到脑的高级功能中去，分析神经元是如何将信息感知、综合、传递，最终集成为脑的高级活动。唐孝威院士[1]指出：脑内不同层次有不同种类的集成成分，基于它们之间的相互作用，构成不同形式和多种功能的集成体。脑的不同层次上存在许多类型和多种形式的集成作用和集成过程。脑内不同层次的集成体进一步集成为统一的，具有复杂结构和复杂功能的整体的脑，涌现出丰富多彩的心智，并且产生多种多样的行为。脑内的集成是随时间发展的动态过程，这种集成过程是通过脑内集成作用以及脑与环境的集成作用实现的。

无论从脑的发育、脑的机构和脑的功能上看，脑都可以看作为自然界最复杂的系统，蕴藏着无穷的奥妙。脑集成和神经整合涉及的内容十分广泛：从感受器到神经通路；从神经细胞到大脑皮层；从行为到意识；从感觉运动到脑的高级认知功能等等。然而，神经元的电生理活动是脑功能活动和神经整合的最基本元素，而听觉和视觉的整合又是一切行为和心智活动的基础。本文拟在回顾脑科学研究进展，学习脑集成和神经整合理论内涵的基础上，简单地介绍神经元和神经回路的整合机制，听觉、视觉系统及视—听多层次、多感觉整合的解剖学和生理性基础研究的进展。

2 神经整合的内涵和意义

2.1 脑研究的历程

脑是人类高级神经活动,意识和思维的器官,也是全身各系统适应外界环境的最高调节机构,关系到人的生命活动,社会活动和生产劳动。人类借助于高度发达的大脑,在认识和改造大自然和社会,探索生命和宇宙奥秘的征途上已经取得了巨大的成绩。但是迄今为止,人类对自己的大脑的了解仍然十分有限。为了探索人脑的奥妙,我们的祖先走过了漫长而曲折的道路[2-6]。随着社会生产力的发展和科学技术的不断进步,人们对自身大脑的认识也不断深化。

2.1.1 脑主神明和心主神明

人类自从意识到自身的存在以来,就受到各种疾病的困扰并逐渐积累了丰富的诊断和治疗疾病的经验。我们的祖先很早就认识到脑病是严重影响人类生命和生活质量的疾病,许多疾病都与脑直接或间接相关。可以说,古人对脑的认识是从脑病开始的。从我国流传至今的最早最全面的医书《黄帝内经》和其他考古发掘中可以确认,我们的祖先早在2 200多年前就已经进行了人脑的解剖,观察到脑髓外形(沟回)"从匕"(像筷子一样排列),用手触摸时呈脂状,如泥丸;还发现脑与脊髓相连,并通过"细络"和内脏相通,说明古人对脑及脊髓、神经已有比较客观的了解。古代的医家在临床实践中也已观察到脑病与人体特定功能之间的关系。例如,《黄帝内经》通过解剖发现人的眼球与脑髓连接相通("目系如线,上通于脑,后出于项中")。而当外邪伤及于脑就会影响视觉功能。《灵枢·经筋》中说"伤左角右足不用",说明《黄帝内经》的作者已经通过解剖和病例的反证,认识到脑神经的左右交叉,支配肢体的运动。《素问·刺禁论》在强调针刺"要害"时指出,针刺"中头入脑户,立死"。由此可见古人已认识到脑在人体生命活动中的重要性,是生命活动的中枢和关键。

　　与此同时，一本可能起源于公元前 2500—3000 年古埃及的抄本，对解剖学、生理学和病理学作了描述，其中在实例描述的病例中有许多与头部外伤直接相关。例如，有一例头部外伤病人头皮下可见颅骨破碎，扪诊可触及有肿胀并向外突出，伤口同侧眼睛斜视，脚只能赘步而行。这是最早的有关脑功能定位的文字记载，说明古埃及人也已注意到身体其他部位的症状与脑部的外伤有关。公元前 6 世纪，古希腊人 Alcmaeon（公元前 572— 公元前 497）通过人体解剖，指出脑是思想和感觉的器官。公元前 4 世纪古希腊著名医生 Hippocrates of Cos（公元前 468— 公元前 377），冲破当时宗教与习俗的禁令，秘密进行了人体解剖，获得了许多关于人体结构的知识，发现癫痫症是患者的脑出了问题，而绝非像当时社会流传的那样是中了邪或鬼魂作怪，并明确"人生喜怒哀乐全部产生于脑"。

　　然而，据史料记载，早在殷商时期，人们就已经有了心主思维、心主神明的观点。古人通过解剖和临床实践了解到心脏位于胸腔的正中，并处于"自充自盈"的状态，一旦心脏停止舒缩搏动，生命也就此停止，从而意识到"心"在人体生命中有突出地位。因此将心与君主帝王相类比，赋予其至高无上的地位。这种由脑主思维，归于心的认识过程，还有另外一个重要影响因素就是"五行说"。"五行说"的构架是五脏六腑，脏为主，腑为辅。心为脏而（脑）髓为奇恒之府，因而主神明、主思维这样重要的功能只能由心脏担任，即所谓"心之官则思"。这种观点至今仍在中医的理论体系中占据着重要位置。

　　心主神明、主思维的观念并非我国古代医学家独创，西方也有人认为心脏是心理活动的器官。其代表人物是古希腊学者 Pythagoras（公元前 572— 公元前 497）和著名的古希腊哲学家 Aristotle（公元前 384— 公元前 322)。前者认为人的灵魂分三部分，其中理性和智慧存在于脑，而情欲则存在于心脏。后者则固执地认为"心脏是智慧之源"，他将毕达格拉斯学派提出的三种灵魂分别称为生殖灵魂、感觉灵魂及理性灵魂。所有生物都有灵魂，植物只有生长的灵魂，动物有生长和感知

两种灵魂，只有人才具备三种灵魂。人的理性又分被动和主动两种，被
动的理性包括从感觉到概念，是心脏的功能；主动的理性能用概念进行
思维，这不是心脏本身的功能，而是外界的理性借助于心脏产生的活动。

　　除心主神明外，在西方学术界还曾流行过脑室中心论。古罗马时
期最著名最有影响的医学大师和解剖学家 Galen（129—199）根据羊的
大脑和小脑的结构不同，推断两者具有不同的功能，并详尽地描述了脑
室，认为智力功能与脑室有关系，液体通过神经到达和离开脑室的过程
使人产生感知和肌体运动。后人在此基础上提出脑室中心论，将心理过
程和精神活动定位于脑室。这一"脑室中心论"或"液体机械论"学说
一直保持其统治地位约 1 000 余年，直至文艺复兴的初期。

2.1.2　神经解剖学和神经生理学的进展

　　虽然中外古人对脑的解剖结构早有描述，但多为零散和表象的，或
来自对脑损伤后所见征象和脑形态的观察，或源于对小动物的解剖。因
此，在 16 世纪以前尚无真正的人体解剖学。欧洲文艺复兴时期，法国
解剖学家 Weisaliusi（1514—1564）和他的学生们不顾教会的反对，进
行了大量的尸体解剖以找出人生病的真正原因，并在此基础上编写成
一本名为《人体构造》（*De Humani Corporis Fabrica*）的解剖名著，于
1543 年发表。书中附有大量图谱，详细地描绘了他对实际的人体，包括
脑解剖标本观察所作的解剖图，并对解剖学命名加以标准化，对近代医
学的发展起了很大作用。至 17—18 世纪，一些科学家摆脱了"脑室中
心论"的传统观念，对脑的解剖和物质构成进行了更为深入的研究，发
现脑组织可以分为灰质和白质；神经系统包括中枢和外周两部分，中枢
部分包括脑和脊髓，外周部分由遍布躯体的外周神经组成；大脑半球的
表面有很多沟和回等等。对大脑皮质表面沟和回的发现，成为神经解剖
学史上的一个重大突破，为脑功能定位研究奠定了基础，开创了神经科
学研究的新时代。

　　19 世纪，人类对脑功能的认识有了巨大的进步，为神经科学的发展

奠定了坚实的基础。法国神经病学家 Pierre Elourens（1794—1867）用局部切除法损毁动物脑的不同部位，发现某一脑区的损伤并不能引起行为上的特定缺陷，并据此提出"大脑机能统一论"，认为大脑的各个区域均等地参与所有的脑功能活动。1861 年，法国神经病学家 Paul Broca（1824—1880）报告了一个病例 [7]，该病人在中风后丧失了言语能力，只能说"tan"一个字。死后解剖发现其左额下回后 2/3 部位已损坏。后来他又发现一些类似的病例，因此得出结论：该部位为运动性语言功能区，并于 1865 年发表了著名的论文 [8]，成为脑功能研究史上的里程碑。在该论文中他写道："我们用大脑左半球说话"。这是第一次在人的大脑皮质上得到机能定位的直接证据，因而 Broca 被誉为"神经科学之父"，该部位被命名为布洛卡区（运动性语言中枢）。与此同时，1874 年德国神经学家 Karl Wernicke（1848—1905）用类似的方法发现大脑左侧颞上回、颞中回后部、顶叶缘上回和角回这一区域与语言理解、组织有关，是语言感受中枢 [9]，该部位被命名为韦尼克区。1879 年，Broadbent 发现左顶下叶角回受损时发生失读症，该区被命名为"阅读中枢"。1881年，Exner 报道左半球额中回后部病变时丧失写字和绘画能力，该区被命名为"书写中枢"。其他还有"概念中枢"、"计算中枢"、"空间定向中枢"等，并逐步形成了"左半球优势"的概念。

20 世纪初期，随着电生理和组织细胞学等先进技术先后问世，神经解剖学和脑功能区的研究又有了飞速的进步。在显微镜发明之后，意大利解剖学家 Golgi 发明了选择性显示神经细胞的银染法，看到完整的神经元，包括胞体、树突和轴突。英国生理学家 Sherrington 对脊髓的生理功能进行了大量的研究，并在 1897 年出版的生理学教科书中，首次把神经元之间的连接点称为"突触"。而 Darwin（1809—1882）在 19 世纪提出的进化论思想成为应用动物实验研究人脑功能的基础，并使心理学从哲学转入实验科学的范畴。1909 年，德国神经解剖学家 Korbinian Brodmann（1868—1918）应用细胞染色方法，用显微镜观察了人脑中的细胞形态，按细胞形态的不同把脑分成了 52 个分区，建立了细致的大脑图谱，即为经典的 Brodmann 分区，它们就像脑中的门牌号码，帮助我们将不同的功能与特定的脑区联系在一起 [10]。随后，很多解剖学家投入此项工作，并予以精确细化，支持不同脑区代表不同功能的定位观点，在现代神经科学上称为局部定位主义，Brodmann 皮质分区图被广泛沿用至今。从上个世纪初开始，脑与行为关系的系统研究方法还包括在脑外科手术时电刺激皮质各部位并观察病人的反应；切除或损毁动物脑的某一部位或通过埋藏电极刺激脑的某一部位以观察动物的行为改变等。20 世纪 30—50 年代，加拿大神经外科医师、神经生理学家 Wilder Graves Penfield（1891—1976）和合作者用弱电流直接刺激开颅手术患者大脑皮质各部位，观察其反应和感受，据此画出了皮质运动区、感觉区、听觉区、视觉区等脑功能区的精确部位，在 1937 年首次报告了人脑的运动图 [11]。在第二次世界大战期间，前苏联心理学家、神经心理学创始人 Luria 通过对伤者脑功能改变的观察和研究，指出心理是复杂的机能系统，不能将它集中在某些被隔开的细胞群或小块的皮质之上。而细胞群必须被置于协同工作的区域内，在复杂的系统中分别起到各自的作用。他把这种机能定位称为系统的动态机能定位理论，即"功能系统学说"，强调一个"功能系统"任何部位损伤都可以引起某一特定脑功能活动的损坏。而不同部位的损伤可引起不同的症状和体症。

2.1.3　实验神经心理学和脑认知功能研究

如前所述，以前的研究，包括 Broca，Wernicke，Luria 等的开创性的研究成果，多是在相对自然的状态下研究单一或部分患者的行为与脑解剖定位的关系，没有预先计划好的方案和定量的测定。在 20 世纪 60 年代，开始用实验方法研究脑和行为的关系，即用预先设计好的方案，对有不同病变部位或不同行为障碍的患者进行探查，并作定量分析，与无脑损伤的对照者进行比较。这一阶段有价值的研究主要包括：由裂脑人的研究发现两半球功能的不对称性，右半球也有语言功能；颞叶内侧部位与记忆功能密切相关。

人脑功能的研究最早和最普遍的方法是临床观察、尸体解剖和动物实验。通过病人生前特异的脑功能损伤的表现和死后病人尸体解剖探查到的脑损伤部位，将两者直接联系起来就可以定位特异的脑功能区。然而用这种方法累积大量相同的病例非常困难，Paul Broca 为了确认左额叶的运动性语言功能区（布洛卡区）收集了 10 余例类似的病例标本，前后用了 20 多年时间。随着认知心理学的确立，脑认知功能实验研究（脑激活实验）的广泛开展及新的功能性脑成像技术（SPECT、PET 和 fMRI）的问世，在过去的 30 年里，脑高级认知功能的研究有了较大的进展[12,13]。我们可以通过无创性地观察正常受试和患者，在各种不同刺激和认知实验中活体脑内的葡萄糖代谢率、氨基酸和蛋白质代谢、氧消耗、脑血流、脑受体、脑电波和血氧依赖水平等功能变化而了解脑的神经活动，在大批量活体样本中探查脑认知功能的神经解剖学基础，使我们对大脑皮层的功能区分布和皮层功能区之间的复杂关系有了更为深入的了解[14,15,16]。fMRI 和 PET 的血液动力学测定揭示它们的部位，脑磁波描记术和脑电图的电磁测定揭示在语言处理期间脑活性的适时，它们结合起来可以显示潜在的神经网络的空间（哪里）和时间（何时）的特征[17]。

2.2 神经整合的概念

2.2.1 神经整合观点的提出

现在我们已经知道人类的神经系统从结构到功能都十分复杂。从微观上看，人脑大约由 10^{12} 个神经细胞组成。每个神经细胞又通过其胞突，与 $10^2 \sim 10^4$ 个细胞形成联系。再加上脑中与信息处理和传递有关的 $10^{13} \sim 10^{14}$ 个胶质细胞，使人脑成为生物体内结构和功能最复杂的组织。从宏观上分析，脑是人体接收内外环境的信息，产生特异性的感觉、知觉，并对这些信息进行存储、处理和协调，产生反射，或进而形成意识，并进行逻辑思维，最终产生思想和行为的最高中枢。除感觉运动外，神经系统的复杂认知功能，如学习、记忆、思维、语言、睡眠和觉醒，情感和行为等都被称为大脑的高级功能，它们在大脑皮层和皮层下结构中都有特定的代表区和辅助、协作区，都具有各自的神经回路和神经网络。现在我们对单一神经细胞的结构和功能、单一感觉器官的组成和传导通路、单一皮质功能区的定位和功能等等，已经有了较为深入的了解。然而这些神经细胞是如何组织在一起完成某一特定的功能？不同功能的神经细胞如何对感觉到的不同信息进行鉴别和归类？不同感觉器官对同时获得的多种感觉信息如何进行分类并准确传递到相应的神经中枢？不同的脑皮层和皮层下中枢相互间有何关系？相互之间又如何协调而产生相应的认知和行为？诸如此类的种种问题仍有待我们解决。当前，人类面临的最大科学难题之一就是"智力的产生"。智力通常认为是人的各种能力的总和，包括观察分析能力、思维判断能力、学习记忆能力等，并与意识情绪和注意力等脑活动密切相关。而这些脑的高级功能是如何协调，组合在一起产生智力？这无疑是当代和未来自然科学面临的最大课题之一，可以说没有哪一门科学研究对人类的重要性能超过对人脑智力，包括人工智力的研究。这也是一个跨学科的领域，涉及神经科学、心理学、信息科学，计算机科学等。脑科学正在把注意力聚焦到脑的高级功能的理论创新，实验研究与开发应用上来。神经整合（neuronal integration）就是在这种情况下由一些科学家提出的用以研究大脑奥妙的新观念，也被看作是当前开辟脑高级功能研究的重要的手段。

"Integration"的意思包含结合、综合、一体化、整合（作用）、集成（化）等。其中"集成"的主要意思是使并入、使一体化、使成一整体，而"整合"除了有使一体化的意思外，更侧重于结合、协作、联合和汇聚的意思。因此，在有关脑研究的文献中，"Integration"大多被翻译为"整合"。

2.2.2 整合观点的进展

事实上，神经整合的观点最初是由英国神经生理学家 Charles Scott Sherrington 在上世纪初提出的。Sherrington 的一生对中枢神经系统生理学研究作出了杰出的贡献。他用长达 10 年的时间系统研究了膝反射赖以发生的肌肉和神经机制，对每条神经根的分布范围进行了深入的探索，阐明了神经生理学所需用的解剖学基础，对神经解剖学作出了贡献。他证实了肌肉中存在感受神经，描述了神经传递的通道和脊髓后根的神经分布情况，发现了神经协调的秘密是反射配合，而反射配合是由反射共同通道周围的反射弧的活动建立的。他就单个神经元的功能，以及信息由一个细胞向另一个细胞传递的机制作了很多实验，首先使用"突触"这一术语来描述两个神经元之间的接点，认为神经细胞通过突触交流信息。1906 年 Sherrington 在总结前期工作的基础上，出版了著名著作《神经系统的整合作用》(*The Integrative Action of the Nervous System*)[18]。该书系统地阐述了中枢神经系统的整合功能，深入分析了脊髓的反射机制，提出了神经元和突触活动的基本概念。认为神经系统（脑）的作用是将不同类型的传入信息加以综合和分析，神经系统的整合作用可能是在兴奋和抑制两者之间择其一，然后决定合适的反应。他认为这种抉择和反应是脑最基本的活动。Sherrington 的这一著作影响深远，对现代神经生理学，特别是脑外科和神经失调的临床治疗，均有重大影响。从 1906—1932 年，Sherrington 又在周密研究的基础上揭示了神经细胞即能量在神经系统中传递的情况。他的一系列研究成果和专著对现代神经生理学有着重大的影响。由于 Sherrington 在神经系统研究工作中的杰出成就，他被人们称为"神经系统的工程师"，并与 Edgar Douglas Adrian 共享 1932 年诺贝尔生理学和医学奖。至 20 世纪 60 年代，通过大量电生理的研究发现，中枢各部分神经元都具有整合功能。这种整合功能和脑内的神经传递有关。一个神经元就相当于一个整合器，随时都在接收成百上千的信息，并同时对所接收的信息进行加工，使相同的信息叠加在一起，相反的信息则相互抵消，然后确定是兴奋还是保持沉默（抑制），这就是神经元的整合作用，也是神经网络对于传入的信息加工处理的基本机制。

2.3 神经系统整合理论和研究的进展

2.3.1 还原论和整合论

大脑的结构和功能十分复杂，之前的研究大多侧重于单个细胞、单一神经回路或单个皮层区功能定位，即将脑的高级功能还原到神经回路或细胞、分子水平，探讨复杂脑认知活动的神经元、分子、基因的活动机制，被称为"还原论"[19,20,21]。生理学、神经心理学和神经影像学的研究结果显示，感知觉、注意、学习、记忆、语言、思维等认知事件在大脑多个不同区域进行着一系列加工和整合，使分散的大脑活动在解剖上和功能上得到了平衡与协调，表现在认知与行为上的一致性和连贯性。因此，越来越多的神经科学家们开始逐渐认识到这种还原论研究途径的局限性，而强调以整合的观点来研究脑和神经系统。对于脑的高级功能，这种整合的观点尤为重要[22]。这是因为神经整合涉及多层次、多方位、多组织、多器官、多系统，神经系统活动，不论感觉、运动，还是脑的高级认知功能（如语言、学习、记忆、思维、情绪、意识等）都需要在多层次上进行有机地整合。

近半个多世纪以来，许多神经和心理学者以系统和整合的观念对神经，特别是脑进行了多层次、多方位的深入研究和讨论，其中不乏诺贝尔生物医学奖获得者和神经科学、神经生理学及心理学领域的先驱。例如，Luria[23]通过在第二次世界大战期间对脑创伤病人功能损伤的系列研究，提出"脑的系统学说"，指出：高级复杂的脑功能活动不可能定位于脑皮质的狭隘区域或孤立的细胞群，而应包括由一系列协同工作的脑区所组成的复杂系统。它们在脑皮质中的定位可以在脑的发育过程中或连续的练习阶段发生变化。在此基础上，Luria 提出人脑可以分为三个"基本机能联合区"，分别起着调节紧张度或觉醒状态；接收、加工和保存来自外部世界信息；制定程序、调节和控制心理活动的作用。每个联合区中的皮质都有层次结构，分别由功能上相互联系又相对独立的三级皮质区组成。第一级区，又称为投射皮质区，它接收并传导冲动；第二级区，又称为投射联络皮质区或认知皮质区，进行信息加工，识别信息；第三级区，又称为重叠区或联合区，负责实现由脑皮质许多协同区参与的心理活动的最复杂形式。Treisman[24,25] 在注意整合作用的研究和讨论中提出"特征整合论（feature integration）"。她吸取了由 Schneider 和 Shiffrin 所提出的自动加工和控制性加工的思想，特别是吸取了 Neisser 所提出的前注意加工和集中注意加工；注意在数据驱动（即自下而上）和概念驱动（即自上而下）的共同作用下引导知觉以及平行加工和系列加工等思想，并进一步发挥了 Neisser 的把注意与知觉操作相联系的思想，力图将注意与知觉的内部过程更紧密地结合起来。

1984 年 Francis Crick 在视知觉整合的讨论中明确支持 Treisman 等人提出的"脑的内在注意的聚光灯"假说[26]。"脑的内在注意的聚光灯"的功能就是将注意从一个视物移到另一个。有例子显示，这一步快到 70 ms。Crick 分析了视觉系统及脑视觉皮层区对视觉"特征"的反应，丘脑及其神经元和神经网络的解剖生理特征，以及与注意力的密切关系，在同时发生但不同水平的刺激下细胞集合和可塑性突触的激活机制等。他指出这个注意的聚光灯由丘脑（包括密切相关的膝周核）的网络控制，而聚光灯的表达是丘脑神经元子集放电的快速突然发作的产物。注意的聚光灯所引起的联结由快速的可塑性突触介导，并通过细胞集合，特别是不同皮层区的细胞集合表达。

Edelman 和 Tononi[27,28,29,30]（1998，2000）在关于意识的整合信息理论的讨论中，针对意识的科学理论、意识如何在脑中实现、无梦时意识消失而做梦时意识又恢复、视觉信息整合等问题，讨论了意识的复杂性问题。他指出意识的特点是整体性和多样性，并提出"动态核心假说"（thedy-namiccorehypothesis）来说明意识的神经基础。Tononi 和 Edelman [31] 在关于意识整合障碍和精神分裂症的讨论中指出，正常人意识的皮层网络包括额顶、颞枕区。一些因素可能影响分布式的丘脑皮层区活性的快速整合，并导致行为执行。动力学模型显示丘脑皮层和皮层—皮层回路的改变可能由传导延缓、依赖电压的连续性阻断、突触密度减少，及单一皮层区局部联系的中断所引起。

可见，整合论已经成为脑科学研究的必然选择。坚持"整合论"的思想，将"还原论"和"整合论"有机地结合，就能够推动脑科学，特别是神经生理学和神经心理学研究的快速进展。

2.3.2 国内研究现状

在我国脑集成和神经整合的理论也日益受到重视。杨雄里院士 [32] 指出："整合观点的含义是多方面的，首先神经活动是多侧面的，在认识这些不同的侧面，就需要多学科的研究途径。神经科学家们越来越清楚地认识到，任何单一方面的研究所能提供的资料在广泛和深度上都有明显的局限性，只有多方面的配合，才能在更深的层次上揭示神经活动的本质。其次，对脑的活动必须是多层次的。神经系统的活动，不论感觉运动，还是脑的高级功能（如学习、记忆、情绪等）都有整体上的表现。在低层次（细胞、分子水平）上的工作为较高层次的观察提供分析的基础。而较高层次的观察有助于引导低层次工作的方向并体现其功能意义。这样才有可能形成完整的认识，有利于问题的阐明。可见，整合论是脑科学研究的必然选择"。近十年来，我国学者对脑整合的理论及其在多层次、多侧面的研究成果进行了大量的介绍和探讨 [33,34,35,36]，并在神经整合的多个领域进行了卓有成效的实验研究 [37,38,39,40]，但尚未形成系统和规模。为此，唐孝威院士 [42] 在讨论向脑学习的基础上，提出了一般集成论的理论，指出："考察脑的结构和功能时，可以看到脑具有许多不同的层次，包括分子、基因、突触、神经细胞、神经回路、功能专一性脑区、脑功能系统、整体的脑，以及心智与行为等。在微观和宏观水平上，神经系统存在各种不同的集成统一体，如突触、神经细胞、神经回路等；而在宏观水平上则有脑功能系统和整体的脑等集成统一体"。唐孝威院士还提出："需要建立一门研究脑的集成现象的特征和规律及其应用的新的学科，可以把它命名为脑集成论。这门学科着重在脑的系统水平上对脑的集成现象的特性和规律及其应用进行研究"。同时"需要建立一门研究神经系统的集成现象的特征和规律及其应用的新的学科，可以把它命名为神经集成论。这门学科涉及神经系统所有各种层次的集成现象，比较侧重在微观和宏观水平上对神经系统的集成现象的特性和规律及其应用进行研究"。

3 细胞和分子水平的神经整合

以大脑整合的观念分析心理的神经机制，可以认为神经元之间的交互和动态联结而构成神经集成是每一个认知活动的基础，大量的相关实验数据也有力地证实了这一点[41,42,43]。美国神经科学会将神经科学的研究目的定义为"了解神经系统内分子水平、细胞水平及细胞之间的变化过程，以及这些过程在中枢控制系统内的综合作用"。这一定义突出了神经细胞和分子水平的整合在神经科学研究中的重要性。

3.1 神经元和突触

3.1.1 神经元（神经细胞）的结构和功能

神经组织的基本结构和功能单位是神经元。神经元是一种高度特化的细胞，具有接受刺激、传递信息和整合信息的机能，即通过接收、整合、传导和输出信息实现信息交换。神经元的形态多种多样，但都可分为胞体和突起两部分，胞体外包被有细胞膜，而神经元突起又分树突和轴突两种。神经元的细胞膜是可兴奋膜，它在接受刺激、传播神经冲动和信息处理中起着重要作用。通常是神经元的树突膜和胞体膜接受刺激或信息，轴突膜（轴膜）传导神经冲动。膜上有电位门控通道和化学门控通道，控制离子通道的开闭。神经元胞体是细胞的营养中心。树突的功能主要是接受刺激，而轴突的主要功能是传导神经冲动。

树突指由细胞本体所延伸出的突起，用以接收包括来自感觉接受器或其他神经细胞的信号。神经元树突形态复杂多样，有些神经细胞有很多很长或很大一片的树突，以增加接收讯号的数量。输入神经细胞的讯息在经过树突及细胞本体整合后，再由轴突送出输出信号（通常为动作电位的形式）。大多数兴奋性和抑制性突触分布在神经元的树突树上，因此，树突具有强大的信号整合功能。在突触电位的整合过程中，树突树的电学特性，主要是突触电位和大量的电压依赖性和电压非依赖性的离子通道，起着关键作用。

神经元和感受器（如视、听、嗅、味、机械和化学感受器），以及效应器（如肌肉和腺体等）形成突触连接，直接或间接（经感受器）地从体内、外得到信息，再用传导兴奋的方式把信息沿着长的纤维（突起）作远距离传送。信息从一个神经元以电传导或化学传递的方式跨过细胞之间的联结（即突触），传给另一个神经元或效应器，最终产生肌肉的收缩或腺体的分泌。神经元还能处理信息，也能以某种尚未清楚的方式存储信息。神经元通过突触的连接使数目众多的神经元组成比其他系统复杂得多的神经系统。一个单独的感受器就能编码刺激的特征，如强度、持续时间、位置，有时还能编码刺激的方向，但一个单独的刺激常常激活很多感受器。中枢神经系统的任务就是分析和综合大量感受器的活动，然后产生一致的感觉。高等动物的神经元可以分成许多类别，各类神经元乃至各个神经元在功能、大小和形态等细节上可有明显的差别。

3. 1. 2 突触和信息传递

神经元之间在结构上并不直接相连，它们之间的联系只是靠彼此接触，即通过一个神经元的突起或胞体与另一个神经元发生接触，并进行信息的传递。神经元之间这种相互接触并传递信息的部位称为突触。神经元与神经元之间的接触联系方式有多种，一个神经元可以以突触的形式与许多神经元发生联系，影响许多神经元的活动，也可接收许多神经元的影响，因此，突触是信息传递和整合的关键部位。

突触可分为化学性突触和电突触两大类。前者是通过化学物质（神经递质）传递信息，简称突触；后者是通过神经元的缝隙传递生物电信息。突触部位有两层膜，分别称为突触前膜和突触后膜，两膜之间为突触间隙。前膜和后膜的厚度一般在 7 nm 左右，间隙为 20 nm 左右。在靠近前膜的轴浆内含有线粒体和突触小泡，小泡的直径为 30~60 nm，其中含有化学递质。当突触前神经元传来的冲动（动作电位）到达轴突之末梢时，动作电位便会消失。但动作电位所造成的正电压会启动轴突末梢内一系列反应，促使轴突末梢内的突触小泡向细胞膜移动，然后打开突触小泡释出其内的神经递质。这些神经递质从前膜释放出来后进入突触间隙，并与后膜上的接收器结合，产生一系列快速反应，进而改变突触后神经细胞的膜电位或引起突触后神经细胞内的生化反应。当这种膜电位的变化或生化反应足够大时，即可引起突触后神经元发生兴奋或抑制反应。不论动作电位最后造成突触后神经细胞的膜电位改变或是启动生化反应，此过程统称为突触传递作用。神经信息是单向传递，兴奋只能从一个神经元的轴突传递给另一个神经元的细胞体或树突。另一个神经元兴奋（或抑制）后，递质分解，突触后神经元的兴奋（或抑制）得以解除。突触就是这样将信息从一个神经元传至另一个神经元，成为神经系统内进行通信、联络、调节活动的基础，也是神经系统内各部分与各感觉器官相互作用的必要条件。

一个突触后动作电位能否促成一个神经元的动作电位输出取决于

几个因素，包括协同起作用的兴奋性突触数目、突触到锋电位起始区的距离，以及树突膜的性质。然而，在大脑中并非所有的突触都是兴奋性的。某些突触的作用是使膜电位远离动作电位的阈值，它们被称为抑制性突触。抑制性突触在控制神经元的输出中起着重要作用。突触后神经元究竟发生兴奋还是抑制，取决于突触小泡释放递质的性质和与之结合的突触受体。突触前神经元兴奋时，由突触小泡释放出具有兴奋作用的神经递质（如乙酰胆碱、去甲肾上腺素、5－羟色胺等）可使突触后神经元产生兴奋；而具有抑制作用的神经递质（如多巴胺、甘氨酸等）不易使突触后神经元发生兴奋，表现出抑制性效应。另外，同一递质在不同的部位由于结合的受体不同，对突触后神经元产生的影响也可能不同，有时起兴奋性影响，有时起抑制性影响。因而，不能简单地将某些递质划入兴奋性或抑制性递质，也不能简单地依照递质不同判断突触后神经元的兴奋或抑制 [3]。

3.1.3　突触整合的机制

由于一个神经细胞平均约有 10 000 个突触小体，这些突触小体均可与其他神经细胞的轴突连接。因此，大多数中枢神经系统的神经元接收成千的突触输入，这些输入信息同时激活不同的递质通道和受体。突触后神经元需要整合所有这些复杂的电和化学信息，然后给出一种简单形式的输出信号——动作电位。这些突触有兴奋性或抑制性的，其活性有强有弱。神经元必须将每个瞬间发生的所有兴奋性突触后电位（EPSP）和抑制性突触后电位（IPSP）进行整合，最后决定是否输出动作电位，这一过程称为突触的整合。将许多突触传入整合成一个简单形式的输出，包含了复杂的神经计算。一个活的有机体，其大脑每秒钟要进行数亿次的神经计算。突触信号整合的生理意义在于，完成了神经信号在单个神经元的输入和输出的信号转换，也被认为是神经系统整合的基础。神经细胞间突触传递作用可以被增强或减弱，而突触内信号"判断"、"整合"的效率也可以调整，这也是神经系统可塑性（plasticity）的细胞和分子学基础。

研究显示，一个神经肌肉接头突触前末梢的动作电位能够触发大约 200 个突触囊泡释放，产生 40 mV 或更大的突触后电位。这是因为神经肌肉接头已经进化到具备自动防止故障的能力。它需要不停地工作，产生一个很大的突触后动作电位。然而，在许多中枢神经系统的突触中，一个突触前动作电位仅引起一个囊泡的释放，产生的突触后电位仅零点几毫伏。事实上，在中枢神经系统内任何单个突触前神经元发放一个动作电位所引起的兴奋性突触后电位或抑制性突触后电位的幅度都很小，对突触后神经元的放电活动几乎没有影响，多数神经元执行信息的感知、处理和传递过程中需要将许多突触后动作电位叠加在一起产生一个有意义的突触后去极化，即必须通过总和才能发挥作用，这就是突触后动作电位总和的意义所在。突触后动作电位的总和（EPSP summation）代表了中枢神经系统突触整合的最简单形式。突触后电位的总和有两种形式：空间总和（spatial summation）和时间总和（temporal summation）。空间总和是指神经元上相邻区的几个不同突触同时活动所产生的多个突触后动作电位进行叠加。时间总和是指神经元上的某一个（或几个）突触连续激活时，时间间隔在 1~15 ms 之内相继产生的一系列突触后动作电位叠加。突触电位的总和是整合作用的基础，但神经元的整合作用不只是突触后电位数学意义上的总和。

3.2 神经回路

脑内信息编码问题，即神经信息在脑内如何编码、表达和加工的问题，是脑内信息集成的基本问题之一[44]。脑内信息编码研究由来已久，从 1949 年 Hebb 提出的经典细胞群假设[45]，到 1972 年 Barlow 的单个神经元的编码假设[46]，以及 1996 年 Fujii 等人[47] 提出的动态神经元集群时空编码假设，不同观点间的争论始终在进行。然而有一点是共识的：仅依靠单一神经元的活动无法完成脑内复杂的功能整合，只有当它们组合在一起，形成巨大的神经网络和神经回路，才能发挥意想不到的神奇作用。

3.2.1 局部回路神经元和局部神经元回路

中枢神经系统中存在长轴突的神经元，也有大量的短轴突和无轴突的神经元。长轴突的神经元是投射性神经元，它们投射到远隔部位，起到联系各中枢部位功能的作用，其轴突末梢通过经典的突触联系和非突触性化学传递的方式，完成神经元间的相互作用。而短轴突和无轴突神经元不投射到远隔部位，它们的轴突和树突仅在某一中枢部位内部起联系作用。这些神经元称为局部回路神经元。局部回路神经元数量极大，广泛存在于神经系统各个部位，如脊髓的中间神经元、丘脑的无轴突神经元、小脑皮层的星状细胞、篮状细胞、海马的篮状细胞、视网膜的水平细胞、嗅球的颗粒细胞等。从进化来看，动物越高等，局部回路神经元数量越多，它们的突起就越发达。局部回路神经元的活动与高级神经功能有密切的关系。

由局部回路神经元及其突起构成的神经元间相互作用的联系通路，称为局部神经元回路。这种回路可由几个局部回路神经元构成，或由一个局部回路神经元构成，也可由局部回路神经元的部分结构（一个树突或树突的某一部分）构成。后一种局部神经元回路通过两个突触的交互性作用实现神经元间的相互作用，因此不需要整个神经元参与活动就能起整合作用。局部神经回路相互联系的通路除了主要属于化学传递性质外，还有属于电传递性质的（电突触）。它们的组合形式也比较复杂，可以形成串联性突触、交互性突触或混合性突触。

3.2.2 神经回路和神经网络

神经元是构成神经系统结构和功能的基本单位。脑内千千万万个神经元是形成情感、语言、记忆、思维以及意识等脑功能活动的基本单元。由于神经元的功能是简单的，单独一个神经元无法完成人类神经系统所具有的高级功能活动。只有当多个神经元以链状或网状等特殊方式连接在一起形成更复杂、更高级的神经结构，才能传递和储存信息，实现一些基本信息的整合。这些由多个神经元相互连接构成的神经结构大致可以分为两类：神经网络和神经回路，但两者之间没有截然不同的分界线。

由多个神经元聚集在一起，形成一个神经集团以完成单独的神经元实现不了的功能。这类神经集团多独立存在，以一个整体发挥作用，有些可以大量重复，是构成更高级功能的神经生理学基础，这样的集团称为神经网络。其中少数几个神经元担当接收信息与输出处理结果的职能，大部分神经元在内部以复杂的方式互相连接，以对不同类型的信息进行不同的处理。神经网络的规模可以很小，也可以很大。对一些简单的神经网络，人们已经进行了详尽的研究，对它们的功能与工作方式有了比较透彻的了解，像脊髓中从事反射这样的运动整合的网络，由两个或三个神经元参与，机制非常简单但很有效。规模很大的神经网络结构比较复杂，如从事感觉整合的某些神经网络，不但信息转换的处理过程复杂，而且同一类的感觉信息由空间上分布在不同部位的多个神经元采集，必须把它们同时进行加工处理才能反映感觉信息的全貌。脑对信息的处理是并行的，大量同类信息的处理不可能仅通过一个小的神经网络完成，而需要通过大量并行的、有类似处理功能的神经元同时处理以实现，这些处理之间又不是毫不相关，而是同时进行横向的关联处理以得到最终的整体结果。有时一个神经节或神经核就可以看成是一个这样的神经网络，对这样的神经网络功能的研究是一件非常困难的事情。

另一类神经元以首尾相连的方式存在，通过突触建立联系，组成一个链路，链路中的神经元有层次之分，通过一层一层的信息传递与转换，输入信息被变换成符合要求的输出信息，同时通过一系列特定的程序，将原始信息加工成成品信息。这样完成特定的信息加工任务的链路，称为神经回路。单个神经元极少单独地执行某种功能，神经回路才是脑内信息传递和加工的基本单位。神经回路中的神经元通常以独立的身份存在，可同时从属于几个神经回路，在不同的神经回路中起不同的作用。

最简单的神经回路就是反射弧，它一般由感受器、传入神经、神经系统的中枢部位、传出神经以及效应器五个基本部分组成。一定的刺激作用于感受器，使感受器产生兴奋，兴奋以神经冲动的方式经传入神经传向中枢，经过中枢处理加工后，又沿着传出神经到达效应器，并支配效应器做出反应。除了一对一的连接之外，神经元的连接方式还有发散式、聚合式、环式等，使得神经冲动能够以各种方式传导。

神经回路和神经网络的形成与神经系统的进化特性有关，越是高等的动物，其神经网络和神经回路越多，结构和功能越复杂。即使原来相同的结构由于在不同神经组织中处理不同的任务，在进化过程中，会发生适应性变化和重塑，从神经元的形态到连接方式都会产生细微的差别。而许多神经回路和神经网络的精确而复杂的组织结构和生理特性，是在个体发育过程中逐渐形成，并在后天的使用中进一步得到优化[48]。加拿大心理学家 Donald O. Hebb [45] 强调早期经验对智力发展的重要性，以及正常环境刺激是保持心理健康的重要因素。他在 1949 年提出了一个简单法则，来说明经验如何塑造某个特定的神经回路。针对巴甫洛夫著名的条件反射实验的启发，Hebb 的理论认为，在同一时间被不同信号激发的神经元间的联系会被强化。比如，铃声可以激发 1 个神经元，而同时出现的食物会激发附近的另一个神经元，久而久之，这 2 个神经元间的联系就会强化，形成一个细胞回路，记住这两个事物之间存在着联系。Hebb 还指出，如果神经元上的一个突触不能和其他的突触同步激发，就会被剔除。而那些能同步激发的突触就会被强化。这样，大脑根据神经冲动流的方向，形成神经回路，并逐步精化和完善，建立起大脑神经元间的网络联系。

神经回路和神经网络不仅能对重要脑区的信息起协调和沟通作用，还可直接参与脑的高级认知功能活动[49,50]。神经回路学说也是解释抑郁症、焦虑症、强迫症等心理障碍和神经精神疾病神经生理病因的新理论，研究显示很多神经精神性疾病都与相关神经回路障碍有关[51,52]。

4 听觉信息整合

4.1 听觉感知和听觉通路

4.1.1 听觉和声音

听觉是声音（声波）作用于听觉器官，使其感受细胞兴奋并引起听神经的冲动发放传入信息，经各级听觉中枢分析后引起的感觉。除了视分析器以外，听分析器是人的第二个最重要的远距离分析器。也就是说听觉是仅次于视觉的重要感觉通道。它在人的生活中起着重大的作用。

听觉的适宜刺激是声音（声波）。不同的声音，由于物理性质的差异，人听觉的感受也不一样。人们所听到的声音具有三个属性，亦称为感觉特性，即音强、音高和音色。音强指声音的大小，由声波的物理特性振幅，即振动的大小所决定。声波振幅大者，感觉声音强。音高指声音的高低，由声波的频率，即每秒振动次数决定，频率高者，感觉音调高。由不同频率与振幅组成的混合音的复合程序与组成形式构成声音的质量特征，称为音色，是人能够区分发自不同声源的同一个音高的主要依据。

4.1.2 听觉器官和听觉通路

听觉是由听觉器官——耳、听神经和听觉中枢的共同活动完成的。听觉的感受器是位于内耳耳蜗的科蒂（Corti）器官内的基底膜毛细胞。外界声波通过介质传到外耳道，再传到鼓膜。鼓膜振动，通过听小骨传到内耳，刺激耳蜗内的纤毛细胞而产生神经冲动。神经冲动沿着听神经传到大脑皮层的听觉中枢，形成听觉。听觉过程包括声波机械振动→电→化学→神经冲动→中枢信息加工等环节。从外耳集声至内耳基底膜的运动都是机械过程，或称为声学过程。基底膜毛细胞受刺激后发生弯曲变形，产生与声波相应频率的电位变化（称为微音器效应），进而化学递质释放、突触兴奋，引起听神经产生冲动，经听觉传导通道传到中枢引起听觉（图1）。

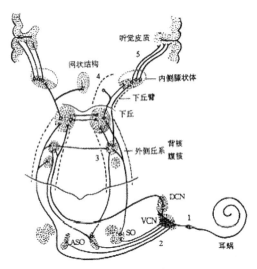

图 1　听觉神经传导通路示意图

当声音由外耳道和中耳传入内耳后，在内耳进行初步分析（主要是频率分析整合）并转化为神经冲动。位于耳蜗的螺旋神经节是听觉传导道的第一级神经元，其树突分布于耳蜗的毛细胞上，其轴突组成耳蜗神经，入桥脑止于延髓和脑桥。听神经在位于脑干的耳蜗核更换神经元（第二级神经元）后，发出纤维横行到对侧组成斜方体，向上行经中脑下丘交换神经元（第三级神经元）后上行止于丘脑后部的内侧膝状体。耳蜗神经元既向同侧，也向对侧脑干核团投射。可直接投射到中脑下丘，也可先投射到上橄榄复合体和外侧丘系，再投射到下丘。其中上橄榄复合体是上行听觉系统中最早整合双耳听觉信息的部位，包括外侧上橄榄核和内侧上橄榄核，它接收来自同侧和对侧耳蜗核神经元的投射。上橄榄复合体的神经元再进一步投射到外侧丘系核。下丘和外侧丘系核主要接收对侧耳蜗前腹核和双侧上橄榄复合体的投射，来自外侧上橄榄核和内侧上橄榄核的上行投射都具有双耳特征。此外，下丘还接收来自双侧外侧丘系的投射。也就是说，下丘神经元接收来自众多听觉核团的直接或间接、单耳或双耳、同侧或对侧的、抑制或兴奋性的投射，这为下丘的双耳信息整合提供了解剖学和生理学基础。听觉信息经过这些核团的分析和整合，在丘脑的内侧膝状体换神经元（第四级神经元）后发出纤维经内囊到达大脑皮层颞叶听觉中枢进行进一步的分析和整合，产生听觉。

4.1.3 听觉中枢

大脑的听觉区是管理两耳听觉的神经中枢。人的听觉皮层代表区位于颞横回和颞上回（41、42 区），电刺激上述区域能引致受试产生铃声或吹风的主观感觉。人的听区又分为第一听区和第二听区。第一听区即初级听皮层（PAC），位于颞横前回的中部和颞横后回的一部分，相当于 41 区。但不同的个体，其左右初级听皮层的范围和大小不尽相同。第二听区位于第一听区的外侧，占颞横回的其余部分（主要在颞横回的侧面及颞上回的前部和后部）以及邻接的额上回，相当于 42 区及其邻近的 22 区。42 区属顶叶型皮质，22 区覆盖颞上回的其余部分。听神经进入脑后终止于耳蜗前腹核和后腹核，这两个核中的细胞轴突部分终止于同侧和对侧的上橄榄核团。从上橄榄核团中的细胞发出的纤维大部分到达同侧和对侧的外侧丘系和下丘，还有侧支直达内膝体。从外侧丘系核发出的纤维主要到达同侧和对侧的外侧丘系和下丘，小部分到内膝体，再经内囊到同侧颞叶听皮质（图 1）。因此，听觉的投射是双侧性的，即每一侧皮层代表区均与两耳的听觉神经连接，具有管理两耳听觉的功能。另外，听觉信号的上行传导不是简单的信号接力，而是信号加工的复杂程度逐渐增加的过程。在听觉系统的低级部位，对声音信号各种特征的加工，往往是采取分离式加工的策略；而听觉系统的脑皮层区，则通过接收从低级结构发来的汇聚性输入来实现更高级的信号整合。

4.2 单耳和双耳听觉信息整合

4.2.1 单耳、双耳及一侧优势的听觉感知

人和动物听觉系统的主要任务是对来自自然环境的嘈杂声音中分辨出行为相关的声信号和信息，经过分析和整合，进而引发听觉中枢的兴奋和主观听觉感受，实现对声信号和声环境的感知，作出进一步的反应。当一侧耳的神经元接收到输入信号时，位于脑干的听觉神经元产生突触后电位，它们将汇集到神经元树突的同一枝上进行时空整合。由于树突的电学特性，这些信号不足以产生足够的电流，以触发胞体产生动作电位。但是，如果另一侧耳的神经元同时收到输入信号，则该神经元的树突也产生突触电位。当两侧的突触电流同时到达胞体时，这些信号将会产生足够的膜电位变化，从而诱发动作电位。

听觉系统的主要功能并不仅仅是对声源的觉察，而是要实现对声源的特性（包括声音的频率、强度、音质、时程等）和空间位置的整合[53]。双耳接收的声信号包含三种基本的参量：频谱（frequency spectrum）、幅度和强度（amplitude）和时程（duration）。时程是声音的持续时间，心理学研究发现，声信号探测阈值、强度辨别阈和频率辨别阈等均与声信号时程长短有关。在一定范围内声信号时程增加时，测试的结果往往得到改善，这说明听觉系统具有时域整合能力，能利用散布在较长时间内的信息来改善信号处理。在声信号识别和声信息承载方面起重要作用。自然界的声音并不是以单个短声单独存在，而是多个声音以一定时相关系共同构成，时程调节神经元对声音时程的编码也受声音的其他参量（如频谱构成、双耳特征、强度、重复率等）的影响，这种影响往往有利于获得行为相关的有意义声信息，并凸显与预期一致的声信号，中枢神经系统的反馈和主动调控显然在其中发挥了重要作用。所以，听觉系统对复杂声音信号（如言语）的神经加工，还要有高级的神经认知活动的参与。

在对声源方位的判断以及在复杂声环境中、感知有意义的听觉信息过程中，脑对来自双耳信息的整合发挥着重要的作用[34]。首先，来自自然环境中偏离头部正中矢状面的某一方位的声音到达双耳的时间和强度存在差别，称为双耳时间差和双耳强度差。人和动物正是利用双耳神经元编码双耳时间差或双耳强度差，从而将其转换为有关空间特征的信息以达到对声音空间位置的编码，判断声源的水平方位。脑对双耳时间差编码的研究思路来源于早期对声源定位的心理物理学研究。20世纪初，Lord Rayleigh等[54]通过实验证实了在声信号为低频时听者对双耳时间差最敏感，而在声音为高频时听者对双耳强度差最不敏感。1948年，Jeffress[55]提出了一个关于编码双耳时间差的巧合探测假说，认为脑将双耳时间差信息以一定的编码方式转换为声音的空间位置信息，从而形成听空间地图。

我们经常身处各种各样的声音之中——从迷人的音乐、亲友同事的谈话到汽车的轰鸣、收音机、电噪声等等。一个人可以选择性的在同一时间内对不同的声音加以注意或忽略。例如，当你全神贯注地阅读一本书时，会将自己封闭在一个十分安静的环境中，对周围嘈杂的声音全然不知，如果中断阅读一小会儿，你又会听到那些曾经被你忽略的声音。当我们所处的自然环境中有多个声源同时出现时，来自各个声源的声波会在外耳道内形成复杂的复合波，因而使得目标信号的声波受到掩蔽作用，其中包括能量掩蔽和信息掩蔽。我们的双耳和大脑通过对这些不同音具的特性，如强度、频率和声源的位置的分析编码重要的声音，同时忽略掉噪音。

4.2.2　单耳听觉信息整合的脑显像研究

在哺乳动物中，耳蜗接收的信息大多数投射到对侧的颞叶听皮层。听觉通路如图1所示，来自一只耳的听觉信号，多数将终止在对侧初级听皮层。基于上述解剖结果，大多数传入听纤维从耳蜗核和上橄榄核投射到对侧的侧丘系和下丘脑。Penfield和Jasper[56]注意到在电刺激经历癫痫脑外科病人的初级听区，常常引起其对侧耳的蜂鸣声或振铃声，这揭示初级听区接收由对侧耳最初接收的声音。MEG 的观察也已经揭示颞叶对一只耳的声音刺激产生双侧性反应，但对侧颞叶的潜伏期更短，振幅更大。Naito 等[57] 用 PET 证实一只耳的噪音刺激在耳蜗植入病人的对侧初级听区引起更大的活性（图 2）。

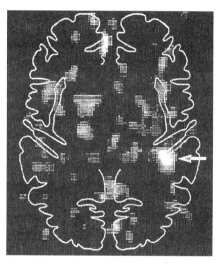

图 2　耳蜗植入单耳刺激所致对侧初级听相关区（箭头所示）激活[57]

初级听区和即刻听相关区定位在颞平面，隐藏于大脑外侧裂中的颞叶平坦的上表面。一些调查者已经对该解剖部位进行了探查。预期当听觉刺激仅仅呈现于一耳时，在对侧初级听区的 rCBF 或 rCMR 增加比同侧更多。Alavi 等[58] 发现，在用单耳听富有意义的英语故事的受试中，对侧上颞叶的活性多于同侧对应皮层的活性，伴有左前下额区（Broca区）的活性增加。当作业被减少，以保持语言的特性但不含有意义的内容（不熟悉的匈牙利语故事），同样观察到双侧颞叶的活性（对侧大于同侧），但在 Broca 区没有见到代谢增加。Reivich 等[59] 最初的听觉刺激研究揭示，呈现于单耳的真实的故事使整个右颞叶 LCMRGlc 增加 20%~25%。Le Scao 等[60] 报告高音调（阈上）刺激后的 HMPAO 显像显示，与刺激前比较，左右颞叶与全脑的活性比分别增加19%和17%。在 Greenberg 等[61]和 Kushner 等[62]的两个实验中，受试单耳听一个英语故事和一个不熟悉语言（匈牙利语）的演讲，结果显示与同侧听皮层比，对侧听皮层的 rCMRgl 明显增高。

4.3 大脑对听觉信息声音感知的分层次或分级处理

一些学者基于功能性神经显像研究的结果，提出了在听觉处理中的多皮层分步的等级制理论。处理等级制的核心，是位于颞平面的颞横回的中部，再由此播散到侧面和中间行后期的处理，即后期的处理建立在早期处理输出的基础上。简单的听觉刺激，像纯音，激活初级听觉皮层的中央，而频谱上更复杂的音调也激活周围更高等级的区。更高层次的听觉刺激研究涉及人类大脑对音乐和语言的听觉感知、鉴别和理解，并与思维、学习和记忆等脑的高级认知活动密切相关，因此也就必然涉及更多的大脑皮层和更复杂的神经回路。

为了探查听觉皮层整合声音信息的神经机理，早期的研究主要集中在初级听区，也涉及次级和周围听觉区的听觉功能表现。后来则是在包括皮层下结构在内的一个更大范围内的神经回路中进行调查研究。研究的方法包括让不同受试接收各种不同模式的非词语类型听觉刺激，如白噪音、纯音、噪音爆发、咔嗒声和脉冲声等，且刺激具有频率、强度、旋律、呈现率和复杂性等因素的变化。然后用功能性脑显像探查脑（主要是上颞区）的激活模式，以揭示皮层对听觉刺激的反应，全面了解人脑的哪些组织机构以及它们又是如何感知、鉴别和理解声音信息的。

4.3.1 噪音

噪音并不传达任何信息，但含有所有的频率和振幅。因此可以认为，噪音是刺激听觉系统（包括初级听觉区）的有效方法。Meyer 等[63]在一个研究中，用75 dB（分贝）宽带噪音刺激正常受试的耳朵使其初级听区的 rCBF 增加。但宽带噪音并不激活听相关区，即使要求受试仔细监听以探查可能的响度变化时[64]。Momose 等[65] 的研究显示,当受试倾听传到耳朵的滴答声,昆虫的声音和音乐而没有作业要求时,颞平面听区的 rCBF 也增加,但颞叶侧面的相关区没有变化。Honjo[66] 用 ^{15}O 作为示踪剂进行 PET 显像研究也显示,当受试听持续的白色噪音时,激活的脑区局限在被刺激耳对侧的初级听区,而当受试听讲话声音时,听相关区及其周围脑区被广泛激活(图 3)。他们认为,脑可以通过不同功能区清楚地鉴别和感知讲话声音和噪音。

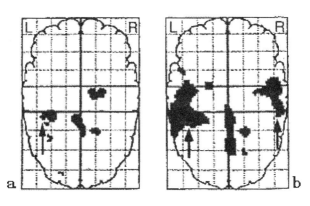

图 3　6 例正常受试用右耳听白色噪音和讲话声音时的脑活性[66]

注:a:当受试听持续的白色噪音时,被刺激耳对侧的初级听区被激活;b:当受试听讲话声音时,双侧听相关区的广泛区域被激活。

4.3.2　非词语听觉信息

为了探查大脑对非词语的听觉信息作出反应时的 rCBF 变化,Roland 等[67,68] 让受试区别音调韵律,发现上颞回,包括听相关区的 rCBF 明显增加,并显示右侧的活性更强,并延伸进入中颞回和下顶叶。下颞回也被很强地激活,其活性与额眼区(frontal eye fields)的活性一样。在实验中双耳同时被刺激,但是右半球似乎呈现为这个非词语材料处理的主要部分。随后,Mazziotta 等[69,70] 又进行了另外两个实验,一个是对仅有程度不同的成对音调进行鉴别的记忆实验,另一个是对成对的单一音的音质区别，即找出和音中一致的或不同的和谐成分。在两个实验中，双侧初级听皮层均被激活，即刻相关皮层也如此。然而成对的音调区别和音质区别实验优先地增加上颞回的右听觉相关皮层和上颞回后部及中颞回的 rCMRgl。在音质区别实验中，下顶叶的 rCMRgl 也增加。

口述语言含有两种信息：带感情的语调和传递的内容。人类最初的思维表达是通过带感情的语调来传递的。至今，当一个人听不懂对方的语言时，通过估价其带感情的语调也可以理解所要传递的信息。例如，让日本受试听意大利语故事，要求注意故事中的情感语调，并与听空白噪音磁带对比，可以看到左后上颞区，右上颞区 rCBF 增加。当要求受试概括故事的要点时，左上颞回，Broca 区，右额极区 rCBF 增加。由此看来，企图解码不熟悉的口述语言时，激活上颞回（中部和后部）、Broca 区和前额皮层的听区。而这些区也有解码熟悉语言的决定性作用[64]。

4.3.3 音乐

音乐是听觉艺术，音乐是听，这是音乐的本质。音乐的基本要素包括音的高低、长短、强弱和音色。由这些基本要素相互结合，形成音乐的节奏、曲调、和声，以及力度、速度、调式、曲式、织体等。而节奏、旋律、和声是构成音乐的三要素。因此有关音乐感知研究的脑激活模式均与上述基本要素密切相关。

众所周知，人脑左、右半球听区的功能有相当大的不同。左半球被认为是主要处理与语言相关的信息，而右半球主管声音和音乐分析。也就是说，语言的音调、韵律和音乐（非词语刺激）可以激活右半球的结构。右半球对音乐处理的相对专化得到来自广泛不同的感知作业的神经显像数据的支持，如在旋律或音质的音高判断、曲调想象或双耳同时刺激的音色判断等听觉，刺激作业中发现许多不同的（亚）皮层区被激活。其总的激活类型类似于语言听觉刺激中所见的等级组织结构制，但是基本在右半球。其初级听区涉及与音调信息的提取和整理有关的低水平的处理，而次级和相关区涉及处理音调类型的更复杂的分析。最后，因为音乐处理涉及声音在时间上的组织结构，在处理音乐时工作记忆被累计，而且与右额叶的功能活动密切相关 [71]。

Zatorre 等 [72] 在一项音乐感知的 PET/ rCBF 研究中显示，相对于听觉上匹配的噪音序列，听曲调导致右上颞和右枕皮层 CBF 增加。相对于被动的听，高记忆负荷情况的分析揭示右额和右颞叶，以及顶和岛叶皮层参与。他们认为，右上颞皮层特异的神经通路参与音调的感知分析。音调比较影响经由右前额皮层的神经网络，但音调的活性记忆涉及右颞和额皮层的相互作用。Tervaniemi 等 [73] 在探查语言和音乐信息自主激活的神经机制是否存在偏侧化的研究中，也发现当呈现给受试的声音序列包括混杂的常见和不常见语音（包括常见和不常见音素）以及音乐声（包括常见和不常见和音），自主的语言处理位于左半球而音乐位于右半球。然而当呈现给受试仅有一种声音（常见和不常见）时，这种偏侧化并不发生。数据揭示，偏侧化神经回路的自主激活需要基于短时声音呈现的声波比较。对右侧大脑中动脉与后动脉梗塞患者的研究发现，其音乐欣赏能力缺乏，但对环境中的声音，包括言语的表现正常，也提示音乐感知的优势半球在大脑的右侧。

然而，并非所有涉及音乐感知的神经显像研究都揭示右半球的优势。如前所述，皮层对听觉刺激的反应依赖于许多因素。同样，人脑对音乐的感知也受多种因素影响。这种影响表现在不同受试和 / 或不同的刺激方法和内容所激活的脑区不尽相同，甚至大相径庭。Parsons 等 [74] 通过对四个音乐演出、感知和理解的神经显像和神经学研究结果的分析发现音乐的音调、旋律、和音、节拍、韵律、节律及期间的不同的神经亚系统，这些与音乐感知和理解相关的潜在的脑区遍布左右大脑和小脑半球，不同的音乐处理涉及独特神经回路的不同方面。Satoh 等 [75] 的研究也显示，与在视觉加工中一样，在音乐加工中，根据听音乐的方式，将激活不同的脑区。大多数参与音乐感知神经显像研究的受试都是非音乐专业工作者，他们未经历音乐的专业培训，因此不存在脑对音乐的特化。他们在执行音乐刺激的听觉作业时，脑的激活类型主要与刺激模式和受试自身的音乐素质（欣赏能力）有关。Mazziotta 等 [69,70] 把受试分为两组，与没有音乐理论背景的一般听众比，在相当熟悉音乐和音乐理论分析的受试中，可以观察到左侧颞上回和颞中回的相关区有更多的激活。Satoh [76] 研究也发现，在听音乐短语的特别声音部分时，音乐工作者和非音乐工作者激活的脑区之间存在明显的差异。Satoh 等 [77] 的 PET/rCBF 研究显示，非音乐专业受试听非常熟悉的摇篮曲时，双颞叶的双侧前部、双上颞区、海马旁回被激活。由此推测：这些脑区可能参与熟悉音乐的长期记忆，以及词和情绪的恢复。同时也支持颞叶参与熟悉音乐认知的假设。而要求被试判断片段中是否有改变的音调时，激活双侧的前楔叶、上 / 下顶叶和额叶侧表面，这些部位似乎显示与音乐分析相关。而非音乐工作者在被动听虽然喜欢但不熟悉的器乐曲期间，除初级听皮层、次级听区和颞极区被激活外，也可以观察到一个边缘和边缘旁区（包括胼胝体下扣带回、前额的前扣带回、后胼胝体压部（retrosplenial）皮层、海马、前岛叶和伏核）自发的反应。研究者认为，这些部位可能与对音乐的认知反应中所引出的愉快的情感模式有关 [78]。Satoh 等 [75] 让受试听知名作曲家的圣歌。在一般性地听和音时颞叶、扣带前部、枕皮层和小脑中部表面双侧均被激活。相比之下，当受试集中注意听女低音时，双侧上顶叶、前契叶、前运动区、眶额皮层 rCBF 双侧性增加。他们认为，上顶叶似乎负责对听觉选择性注意和音中的女低音，以及和音的心理记录分析。前契叶可能参与心理记录的女低音部分的书写音调。其他的研究也显示，非音乐工作者听和音期间，颞叶前部、扣带回和小脑双侧性激活。而在听女高音期间，双侧上顶叶和右楔叶明显激活，表明双颞叶前部对鉴别美的音乐和和音是至关重要的 [76]。也有研究显示，前额皮层的后背外侧选择性的涉及音调（和音）的鉴别 [79]。

这些研究的结果显示，随着音乐听觉任务复杂性增加，不仅参与音乐感知的脑区增加，且变化更复杂。音乐是一种文化，与语言密切相关。无论是音乐创作还是单纯的音乐欣赏，均离不开记忆、学习、思维和想象，同时也伴有创作者或欣赏者情绪上的变化。因此，当对音乐刺激信息的处理进入鉴别和理解的高层次时，参与分析和整合的脑区不再局限于听皮层和右半球也就不足为奇了。

4.3.4　语言

听觉语言加工是将语言信息转换成语义的过程。这个过程首先需要对语音信息进行解码，转换成抽象的词汇表征，然后再提取语义，进行句子的加工，并涉及句法分析。因此，口头语言的感知和理解包含几个处理步骤。语音在初级听皮层的听觉分析是语言感知的第一步。在基本的声学分析后，一个讲话声音在语音和词汇音韵学上被处理，例如构成音素的感知和解码。然后，找到一个词典和语义的入口以恢复呈现的词义。最后，将呈现的词整合成句子。

（1）词语的感知和鉴别

和其他感觉模式一样，听皮质也分为初级听皮质区和第二级或联合听皮质区。人对声音的解码主要在位于颞上回的初级听皮层。第二级或联合听皮质区有明确的定侧特异性。语言优势半球皮质与分析语言声音有关，而非词语信息包括音乐的听觉感知更多的与非优势半球相关。Mazziotta 等 [70,80] 用福尔摩斯故事的刺激以仔细研究听觉区的词语和非词语活性之间的差别。颞横区的初级听皮层和即刻听相关区，在词语和非词语作业间活性无区别。上和中颞回的相关区在非词语刺激时右边的活性更高。而对词语进行分析的任务中，左边被更多地激活。在上颞回的后相关区延伸到下顶皮层，显示为对词语和非词语刺激同样的优先选择边。

除了位于横颞回初级听区周围的即刻听觉相关区外，位于上颞回中部的相关区，在词语和非词语刺激时也被不同程度地激活，该区可能仅仅为边缘相关区。上颞回的后部在一些非词语作业中被激活，但在其他的作业中并不被激活。颞叶的中部和内侧部的后部是一个复杂的多功能区，与额叶上部和下部、听联合区、额叶背外侧面及额叶眶部有广泛的交互联系，在听觉记忆以及辨别和组织言语和其他声音中起着重要作用。

（2）语义加工和言语理解

听觉信息整合还包括一个理解的阶段。也就是说，将所接收到的声音加以辨认，变成可被理解的概念。这个理解的特性，源于位于优势半球颞叶的韦尼克区，即感觉性语言中枢，或称为语言感觉区。在发音之前要先把概念译成字词，而后变成声音或是音素。这种形成字词的能力是来自于优势半球额叶中的布洛卡回。布洛卡回是大脑语言中心的主要转变站，称为语言运动区，对讲话的产生十分重要。韦尼克区和布洛卡区有紧密的联系，这个颞额通路被称为弓形囊（arcuate fasciculus），从韦尼克区经角回和缘上回到达布洛卡区所在的额盖（frontal operculum）。

在双侧听觉皮质完成声音解码后，信息就进入左侧语言加工系统。这个系统分成两部分：腹侧通路和背侧通路。前者负责语义加工，而后者将语音转换成言语—运动表征。腹侧通路经由颞上沟并最终到达颞下回后部，包括部分颞中回和颞下回区域。这个区域担当语音和语义系统的中介。背侧通路从背后方投射到顶叶，并最终到达额叶语言产出中枢。

在言语理解过程中，经过听觉解码后，语言加工的最终目的是为了获取语义，涉及语义和句法加工的认知和神经机制。一旦理解的词已经在语音和音韵上被分析，词的意思不得不被恢复。音韵和语音处理在上颞区的正确定位尚有争论。一些研究发现听外语故事时左侧后上颞回激活。然而其他报告在比较假词和音调时双侧上颞沟后部被激活。辞典—语义处理不限定在上颞叶，但依赖于皮层区的总网络。这个称之为语言网络，涉及左侧前上和中颞回、后下颞回、角回、下额回和背侧前额区，以及右侧半球后下颞回和角回。此外，句法处理的神经机制的研究显示其加工涉及左侧下额回。该活性可能反映了总的累及高度特异的语法／句法处理或工作记忆。

（3）多功能区的协同作用

然而，语言感知在许多方面是非常复杂的，有时参与的区并非实质上的听觉区。事实上，在语言感知实验中被激活的区有些是参与语言信息的处理，而有些可能与语言声音的刺激并无直接的关系。Larsen 等[81] 和 Nishizawa 等[82] 让受试听拟声，整个上颞区和下顶叶的邻近部位 rCBF 增加，在左半球该活性延伸至中颞回的部位。Roland 等[83,84] 在一个随意运动的研究中发现，当受试必须根据其接收到的词语指令移动食指时，其上颞区中部的相关皮层 rCBF 双侧性地增加。类似地，Momose 等[65] 让日本受试听一个日本故事时，其上颞叶的 rCBF 也呈双侧性地增加。另外，在任何要求分析听觉信息的作业中，下额回的后部几乎不变地均被激活。在左半球，该区称为 Broca 区。在这些研究中，额叶和上侧前额皮层也被监测，尽管无任何视觉刺激，这些区是激活的。Mayeux 和 Kandel 在 1991 年提出一种新的语言信息处理模型，即对一个词的听知觉和视知觉，是由感觉模式不同的通路相互独立处理的。输入到听皮层的听觉性语言信息先传至角回，然后经 Wernicke 区再传到 Broca 区。而视觉语言信息输入到视觉联合皮层后直接传至 Broca 区。这些通路各自独立地到达 Broca 区，以及与语言含义和语言表征相关的更高级脑区。在听觉性语言刺激研究中其他脑区的活性也有描述。如 Mazziotta 等[70] 发现，在词语刺激时丘脑的 rCMRgl 增加，且呈双侧性。而在音调记忆实验中，左尾状核 rCMRgl 增加。另外，小脑在语言认知中的作用也已被注意到。

语言和思维、学习、记忆等高级脑功能活动有着密切的联系，并受到意识、情绪和注意力的影响，通常很难将它们完全分隔开。例如，在大多数思维实验中，思维需要通过语言的处理进行。而语言认知，如词和句子的认知、产生、联想和表达也都与思维密切相关。这些语言认知作业又必须借助过去学习并储存在脑中的记忆恢复才能完成。Wise 等[85] 用 PET 观察了与视觉呈现的名词相关的动词，但没有发音的思维作业的脑活性。如对"花"，联想"生长"、"采"、"闻"等。在这个作业期间，除了左听相关区外，Broca 区、辅助运动区的活性被观察到。这支持 Broca 区也涉及没有发音的内在言语的产生。与之相似，Hinke 等[86] 执行了一个由受试说特殊词（例如由 a 开始的词）的动词流畅实验，但不发音，以检查由思维的内在语言产生的区。在这个研究中还发现 Broca 区甚至在没有发音的情况下也是激活的。

Hirano 等[87] 也用 PET 观察了在默读日常对话句子时布洛卡区血流明显增加，如同上面的描述。这些结果支持，Broca 区参与讲话的彩排及内在语言的产生。McCarthy 等[88] 用 MRI 研究了与呈现的名词相关的动词发音时的脑活性，并注意到布洛卡区和左前额区有比简单重复呈现名词时更大的活性。这些结果是与 Petersen 等[89] 证实的前额区活性是一致的。词流畅实验的结果是已知的，在有左前额损伤的病人中是极差的。这些观察支持这个区是口头语言产生及思维中语义处理的部位。前额归类于上、中、下额回的前部，被认为是有重要的精神活性。Stuss 等[90] 报告该区削弱的人和猴个体发育变化并显示昏睡、淡漠、本能行为减少。Milner 等[91] 报告了由于前额叶损伤导致病人在选择卡片的颜色、形状、数量方面的整合作业（威斯康新卡片实验）中结果极差。因此，这个部位被认为对精神活动是尤其重要的。

4.4 音乐和语言信息的整合

对语言和音乐的感知和理解是人类所特有的最复杂的认知。构成语言和音乐最基本的元素是音素或音调，它们通过有限的基于规则的排列而形成有意义的结构（词或旋律）。

人对声音的解码主要在初级听皮质，它位于颞上回。早在 20 世纪 30 年代，von Economo 和 Horn 就发现，大脑左侧的听皮质比右侧大，与之相吻合的是，左侧初级听皮质第三层的锥体细胞也比右侧大，从而形成更大的细胞柱，并与周围细胞形成更强的连接[92]。左右半球的这种结构差异使得他们具有不同的功能：左半球主要负责声音的时间变化（temporal change），而右半球主要负责准确觉察声谱（spectra）特征。语言和音乐这两种刺激有一个重要的区别：讲话含有快速的时间变化，而音乐趋向于有缓慢地变化，更为重要的是有小的频率上的变异。

Zatorre 等[92]认为，双侧半球的听觉皮层是相对专化的。如时间分辨率（对讲话重要）在左侧听皮层区更好，而频谱分辨率（音乐）是在右侧听皮层更好。研究者用 PET 探察了双侧半球在加工时间和频率信息中的分工。在一部分扫描中，刺激的频率信息保持恒定，但时间转换速度逐渐加快；在另一部分扫描中，变化速度保持恒定，但组成声音的音调逐渐增多。结果表明，虽然双侧颞上回的活动受到频率和时间的调节，但左侧颞上回更容易受到时间变化的影响，而右侧颞上回更容易受到频率变化的影响。

虽然音乐和语言有部分分离的神经通路，但更多的证据显示，对于音乐和语言来说，一些功能，如语义和句法等的处理需要共同的神经资源。换句话说，组织一组词进入有意义的句子的能力和组织一组音调进入构成旋律的能力可能使用同样的脑结构。Mirz 等[93]用 15O 水和 PET 调查不同刺激的听觉加工的神经系统。他们让 5 位正常受试用单耳听噪音、纯音和纯音调脉冲、音乐和讲话。结果显示，简单听觉刺激的加工，如纯的音调和噪音，主要激活左颞横回（BA41），而不连续类型的声音，如纯音调脉冲串，激活双侧半球上颞回听相关区（B42）。此外，有复杂频谱、强度和时间结构的声音（词、讲话、音乐）激活两侧颞叶特异的，甚至是更广泛的听相关区（BA21、22）。PET 的研究结果显示其具有调查早期中枢听觉处理的明显优势，并且提供了对不同声音刺激处理在功能上既有联合共存，又有个别平行的和系列听觉网络的证据。类似地，Brown 等[94]用业余音乐家口头即席创作的有旋律的词或语言上的词进行平行的音乐和语言产生作业比较，并用 PET 探查受试对不熟悉的、听觉呈现的旋律或词的反应。结果显示，产生旋律词的核心区为右 BA45、右 BA44、双颞平面、侧 BA6 和前 SMA。产生句子的核心区为双后顶和中颞（BA22、21）、左 BA39、双上额（BA8、9）、右下额（BA44、45）、前扣带和前 SMA。直接比较两种任务，几乎激活相同的功能脑区。包括初级运动、辅助运动、Broca 区、前岛、初级和次级听皮层、颞极、基底节、腹侧丘脑和后小脑。两个任务之间的主要差异是语言（句子）产生倾向于左侧的偏侧化。然而在两种模式中许多激活区是双侧的，并且有明显的重叠。他们也支持音乐和语言的神经系统显著特征的分享、平行模式，主要表现在对复杂声音结构（音韵系）平行组合式的产生，但有语义学信息成分的明显差异。而 Groussard 等[95]用 PET 和不同的作业或刺激探测构成音乐语义记忆的神经机制。结果显示，在颞叶的前部可见更大的活性。他们根据临床观察和神经显像数据分析认为，音乐辞典（和最广泛的音乐语义记忆）与涉及右和左侧脑区的颞叶—前额叶脑网络有关。

Mazziotta[80] 等发现葡萄糖代谢的分布更多地决定于刺激的内容，但有轻微的不同结果。在一个单侧耳听英语故事的更小系列中，他们观察到不论刺激哪侧耳朵，均可见左半球持续的活性。他们也检查了没有语言成分的听觉刺激，并且发现音乐的和声最初激活右半球的结构（下颞叶、顶和上颞叶）。在要求区分连续声调的受试中，他们的结果依赖于受试用以作测定的方案，被暗示弄得复杂的受试或那些用分析的方案的受试，显示最初的左半球的活性，而美的音乐或非分析的受试是右边更高些。这些研究进一步证实了左半球对语言程序（词语刺激）的特殊作用，而语言的音调、韵律和音乐（非词语刺激）可以激活右半球的结构，这些结果与有特殊的皮质损伤所显示的特异的语言缺失的临床结果是一致的。它们也有力地支持这样的观点，即在复杂的感觉输入过程中，需要脑的多个和广泛区域的合作。

5　视觉和视—听信息的整合

人生活在自然和社会环境中，每时每刻都在接收各种各样的外界刺激，这些刺激具有不同的感觉模态，作用于生物体的不同感觉通道。或者说，我们在日常生活中，接触到的大多数外界事件都同时传递着包括视觉、听觉、嗅觉、触觉在内的等多种感觉模态信息，这些信息被大脑通过不同的感官通道加以登记。面对这种复杂的环境刺激，单通道的感觉信息的处理和加工就不能很好地适应，而需要多种感觉系统参与，通过特定的交互作用，完成对复杂刺激的反应，满足生物体生存、生活的需要，这种现象被称之为多感觉整合。

多感觉整合研究内容，包括两个或者多个模态的感觉信息整合成完整的信息并形成统一的感知觉，以及不同模态的感觉信息之间的相互作用从而相互影响和改变。大部分神经元，最初仅为某一种特殊模式刺激所激活，而后则可以为另一些模式的刺激所激活，从而变成多感受性的神经元。神经元这种多模式反应机制以及在发育中形成的多感觉整合模式和规则，在成年后仍然能够快速地适应外界环境变化，从而在一个更宽广的范围内实现对多模态信息的整合，这也就是谢林顿的"整合"观点。多感觉整合已经在触觉—听觉[96,97]、触觉—视觉[98,99]和听觉—视觉之间被分析和研究，其中视—听功能整合是研究的热点之一。本节重点介绍视觉及视—听整合研究的进展。

5.1 视觉感知和视神经传导通路

5.1.1 视觉、视觉器官和视神经

视觉（vision）是外界物体的影像刺激视觉器官——眼睛所产生的感觉，由眼（视网膜）、视神经和视觉中枢的共同活动完成。通过视觉，人和动物感知外界物体的大小、明暗、颜色、动静，获得对机体生存具有重要意义的各种信息，至少有80％以上的外界信息经视觉获得，视觉是人和动物最重要的感觉。

视觉的适宜刺激是光波，光线经过眼内折光系统（包括角膜、房水、晶状体、玻璃体）发生折射，成像于眼后部的视网膜上，视网膜上的光感受器（视锥细胞和视杆细胞）将光能（视觉信息）转换为神经冲动，再由视神经将信息传入大脑的视觉中枢，加工、整合后形成视觉。

因此视觉生理可分为物体在视网膜上成像的过程，及视网膜感光细胞如何将物像转变为神经冲动的过程。

视神经是传导视觉神经冲动的神经元，位于视丘之下的视（神经）交叉，是两侧视神经通路的交汇点。任何一侧眼睛所接收的信息（神经冲动）经视交叉再同时传导到左右两侧的视觉中枢。左侧大脑的外侧膝状体和皮层与两个眼球左半侧的视网膜相连，因此与视野的右半有关；右侧的外侧膝状体和右侧皮层的情况恰相反。一侧的外侧膝状体和皮层都接收来自双眼的信息输入，每侧均与视觉世界的对侧一半有关。在视通路不同部位发生损伤时，就会出现相应的视野缺损，这在临床诊断中具有重要意义。

5.1.2　视网膜及视神经通路

视网膜位于眼球血管膜的内面，是一层包含上亿个神经细胞的神经组织，其中只有光感受器才是对光敏感的，光所触发的初始生物物理化学过程就发生在光感受器中。光感受器按其形状可分为两大类，即视杆细胞和视锥细胞。在光线较暗的环境下，视杆细胞有较高的光敏度，但不能作精细的空间分辨，且不参与色觉。而在较明亮的环境中则以视锥细胞为主，它能提供色觉以及精细视觉。在视网膜黄斑部位的中央凹区，几乎只有视锥细胞。这一区域有很高的空间分辨能力（视锐度，也叫做视力）和良好的色觉，对于视觉最为重要。

光感受器兴奋后，其信号主要经过视网膜内的双极细胞传至神经节细胞，然后经后者的轴突（视神经纤维）传至神经中枢。光感受器的信号主要通过改变化学性突触释放的递质量，向中间神经细胞传递。其传导途径是：视神经在视交叉处进行半交叉（来自视网膜鼻侧的纤维交叉到对侧，而颞侧的纤维不交叉仍在同侧前进），每侧眼球的交叉与不交叉的纤维组成一侧视束，视束到达丘脑后部的外侧膝状体，换神经元后其纤维上行经内囊后到达大脑的枕叶视觉中枢。

Gordon Holmes 在第一次世界大战中，进行的退伍军人脑损伤的最初研究中已经发现人 VI（第一视区或初级视皮层）的视网膜局部投射[100]，意思是视野以整齐的方式呈现在人 VI 中，人的纹状区的总的面积已被估计在 1300 mm² 和 3700 mm² 之间。其差异是因为精确测量距皮层脑回的皱褶很困难，但主要是个体的解剖差异所致。与中央凹旁 2°的刺激比，全视野刺激引起整个距皮层广泛的激活，后者激活在枕叶中的距皮层或靠近距皮层的部位[101]。Schwartz 等[102] 在 1984 年第一次测试了这个通路，他们用上中心刺激右半视觉野中央凹，以及用下中心刺激和上周围刺激左半野的下周围，证实了距皮层的 rCMRgl 不对称。如所观察到的，这将使左后下距皮层，左前上距皮层，右后下和右前下距皮层突触被激活。Kushner 等[103] 用右中央半视野的刺激，与左周围刺激结合，观察到明显的后距皮层 rCMRgl 的不同。然而在前距皮层的不同是不明显的，或许与所用扫描仪的 16.5mm 的空间分辨率有关，Fox等[104,105] 用跳棋盘刺激结合使用一个成比例的脑图以使个体反应的可能平均化。用该技术可以清楚地把刺激视野的中央和周围象限所导致的最大 rCBF 变化的定位分开。

5.1.3 色觉和颜色整合

色觉是不同波长的光线作用于视网膜而在人脑引起的感觉，是视觉系统的基本机能之一，对于图像和物体的检测具有重要意义。人眼能感受波长在 400 ~ 700nm 之间的光波（可见光波）的刺激，对各种波长混合在一起的混合光产生白色光觉，对波长相同的单一波长的光波产生色觉。波长只要相差 5mm，人眼即可产生不同的色觉。人眼能辨别120 ~ 180 种不同的色，但主要是红（700 ~ 610nm）、橙（610 ~ 590nm）、黄（590 ~ 570nm）、绿（570 ~ 500nm）、青（500 ~ 460nm）、蓝（460 ~ 440nm）、紫（440 ~ 400nm）等 7 种颜色。

对于颜色整合和加工的研究显示，辨色主要是视锥细胞的功能。物像落在视网膜的感光细胞上首先引起光化学反应。光感受器对物理强度相同，但波长不同的光，产生的电反应的幅度各不相同，这种特点称为光谱敏感性。视网膜中存在的数百万视锥细胞按其光谱敏感性可分为三类，分别对红光、绿光、蓝光有最佳反应，而红、绿、蓝三种色光适当混合可以引起光谱上任何颜色的感觉。三种视锥细胞若受到同等程度的刺激，则产生白色色觉。也就是说在视网膜中可能存在三种分别对红、绿、蓝光敏感的三种视锥细胞或相应的感光色素。当不同波长的光线入眼时，可引起敏感波长与之相符或相近的视锥细胞发生不同程度的兴奋，它们的兴奋信号独立传递至大脑，经过整合产生各种色觉。色盲的一个重要原因是在视网膜中缺少一种或两种视锥细胞色素。

关于颜色整合的研究还显示，彩色信号双眼整合的神经活动发生的可能位置是梭状脑回，因为这个区的活动可能与表面颜色的感觉有关，而不依赖于亮度的改变。新近的一个研究已经指出，被知觉的颜色可能被初级视觉皮质中的神经元所表征。Bartels[106] 等把梭状回内的 V4 区和 V4a 区定义为 V4 复合体，是人脑颜色处理的中心。以上一些研究主要是从神经以及颜色知觉加工方面研究颜色，而张国等[37] 从行为学的方法入手，运用一种新的微妙及高精密度刺激显示技术，通过对受试同时或以充足的间隔时间中先后在计算机屏幕上呈现红、绿图案的观察实验，探讨颜色整合与感觉记忆的相关性。他们发现，红绿颜色的整合是在间隔在 16 帧，即 80ms 内整合的。由于这些刺激的显示时间参数均控制在感觉记忆时间范围内，因此认为这些加工来自视觉记忆阶段，即颜色整合发生在感觉记忆上。

5.2　视觉通路和视觉中枢

视觉实际上包含了对物体颜色、形状、大小、运动状态等不同特性的感知，这些特性由视觉系统的不同细胞并行地进行处理，然后将这些不同的视觉输送到脑内不同的皮层区和皮层下结构，在丘脑对输入信息进行严格的区分；在纹状体皮层对一些有限的信息汇聚，并且被输送至高级皮层区域之前进行广泛的信息的分离。而这上百万个神经细胞的信息输出最终激活了枕叶、顶叶及颞叶的上亿个皮层活性，通过对这个广泛分布的皮层活动性的整合，完成对视觉世界的完美无缺的感知。

5.2.1 视觉通路

视网膜神经元的轴突汇聚成视神经，它们以动作电位的方式将视觉信息传送至数个履行各种功能的大脑结构区域。视觉通路中第一个突触中继站是位于丘脑背侧的一个细胞群，称外侧膝状体核。视觉信息由此再传至大脑，进而解读和记忆。大脑枕叶皮层是视觉的投射区域，即管理视觉的神经中枢。视觉区位于两个半球枕叶距状裂周围的皮质内，交叉控制两只眼睛。左侧枕叶皮层接收左眼的颞侧视网膜和右眼的鼻侧视网膜的传入纤维投射，右侧枕叶皮层接收右眼的颞侧视网膜和左眼的鼻侧视网膜的传入纤维投射。这说明左半球的视觉区，同时控制左右两只眼睛。同样，右半球的视觉区也同时控制左右两只眼睛。枕叶皮层视觉代表区的具体部位在皮层内侧面的距状裂上下两缘，视网膜上半部投射到距状裂的上缘，下半部投射到下缘；视网膜中央的黄斑区投射到距状裂的后部，视网膜边周区投射到距状裂的前部（图4）。电刺激人脑的距状裂上缘（17区），可以使受试产生简单的主观光感觉，但不能引起完善的视觉形象。由此可知，皮层组织基于功能专化和功能整合的原则。这两个原则存在于多空间尺度。例如，在肉眼可见的水平，V1和V5的功能分离区在背侧视觉流内被整合。可以推论，在微观水平，分离的视觉优势柱的功能整合在V1区。用功能性神经显像fMRI/PET或EEG/MEG可以检测肉眼可见水平的功能专化和整合[15,107]。

5.2.2 视觉中枢

枕叶皮质可分为纹状区（17区）、纹旁区（18区）和纹周区（19区）三个区域。视觉中枢分为初级视皮层（V1）和视相关皮层（或纹状

外区）。初级视皮层即 Brodmam 17 区，又称为距皮层或纹状区，包括距
状沟两侧的皮质区、楔叶和舌回。视相关皮层又分为第二视区和第三视
区。第二视区即 18 区，因位于 17 区周围，又称为纹旁区。其皮质较厚，
属颗粒型。第二视区即 19 区，因围绕 17、18 区，又称为纹周区。因其
位于枕叶最前部，故又称为枕前区。其皮质在视皮质中最厚，属顶叶型
皮质。人的这些区的排列已被确定。视觉感知有两个来自即刻相关皮层
的处理旁路。一个背侧线路进入顶皮层，对探测物体之间的空间相关性
特别重要。一个腹侧线路或枕颞旁路，特别处理与视觉物的自然品质相
关的信息。

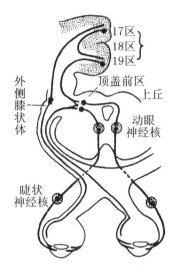

图 4　光反射神经通路示意图

5.2.3　视觉刺激的脑显像研究

与躯体感觉系统和听觉系统一样，SPECT 和 PET 脑显像是探查
正常生理状态下视觉感知脑功能性解剖定位和相关脑功能区的 rCMR、
rCBF、受体和离子通道变化的准确、有效的方法。通常先让受试在安
静的房间里闭目（遮眼）休息，以进行静息状态下的（基线）脑显像。

然后在给予不同视觉刺激（如睁眼、看闪光灯或跳棋盘灯）的状态下再行脑显像，并与静息显像比较，观察 rCBF 和 rCMR 的变化。在受试闭眼并将眼部遮盖状态下获得的视皮层功能性活动的基线测定显示，距皮层的 rCMRgl 是 47umol/100g/min，周围视相关区是 37 umol /l00g/min。表明在静息时，初级视皮层的 rCMR 比周围区高[108]。一个简单的全视野的刺激可以使视皮层的葡萄糖代谢增加 23%（Reivich 等）。复杂的视刺激对视皮层葡萄糖代谢的影响也更复杂。看清晰的（570 lux）白光，可使初级视皮层（PVD）活性增加 12%，相关的视皮层（AVD）活性增加 6%。当使用一个含有变化着的黑白方格模型进行复杂的视觉刺激时，导致 PVD 活性进一步增加及相对地 AVD 有更大的反应。而一个更复杂的公园情景的视觉刺激产生比方格模型约大两倍的系统的 rCMRgl 的增加。AVC 的 rCMRgl 的增长大于 PVC。这一点说明，对更复杂的视觉刺激需要更大程度的视觉解释。在所有的研究中，包括单眼和双眼的刺激者，两个初级视皮层中的 rCMRgl 值是均等而恒定的，以 50% 的功能从两眼输入到两个视皮层。Phelps 等还证实，与受试双眼闭合的对照状态比较，在复杂的视觉刺激时，纹状体皮层代谢活性增加 45%，而在周围纹状体，增加 59%。

Alavi 等[58]通过一个在不同方向的高对比度的黑与白线条的半视野刺激导致对侧纹状体皮层的明显活性（80%）。其后，他们又通过改变刺激的重复率和通过呈现一个拱盘模型的一半视野的中心，同时刺激对侧半视野的外周部分。中心的表现是已知的，投射到距皮层的后部，而外周的表现是投射到前面的距皮层。为了描述对视野已知部分的刺激，受试被要求凝视一个小的发光的二极管，对照受试凝视这个二极管而没有任何形式刺激存在，他们注意到在不同的研究组中，在距区的代谢逐渐增加。睁眼的对照者比闭眼者有更多的活性，而二极管对照者证实在后距皮层有明显的双侧活性。典型的视觉刺激可产生最大的代谢反应，在刺激中心对侧皮层可观察到最明显的效果，而在纹状体周围区逐渐产生的活性与距区的代谢增加是平行的。他们也发现距区而不是在任何其他区，对模型颠倒重复率的代谢反应，与闭眼的对照组比较，在用 5 Hz 时，前距皮层代谢增高 3%，而 10 Hz 时增高 11%。这些结果与 Fox 和 Raichle[109] 的结果一致，他们用 PET 研究发现最大的纹状体反应发生在 8～16 Hz 的刺激频率时。

有研究进行了伴有环境变化的视觉刺激实验。第一次检查时，受试闭眼，并用面罩遮盖，室内灯光全部关掉。第二次检查时，受试睁眼，室内灯光明亮，工作人员随意走动。发现统计学上明显增加的血流，最初发生在左边，右枕叶血流增加没有达到统计学的意义。平均的灰质血流增加亦不明显。枕叶血流的增加是预期的，而在中央灰质血流的增加不是预期的。有一点很有意思，即最初以为在注意力集中过程中应发生额叶的活动，但结果显示在两个环境之间，额叶血流没有发生明显变化，表明被研究的个体在完全黑暗和在明亮灯光的环境中，注意力水平没有差别。然而有一个倾向，即在灯光下除了在颞叶没有变化外，其他所有区的 rCBF 都是比在黑暗时更高。Mazziotta 等[110] 把距皮层再分为表现视网膜中央凹视力的后部和象征周围视力的前部，并发现，后部的 rCMRgl 增加更大，用白光刺激似乎并不改变丘脑和基底节的 rCMRgl。Momose 等[111] 用一个 6 Hz 频率的闪光使距皮层的 rCBF 增加 37%。Phelps 等[108] 用跳棋盘模式作为刺激，结果显示，一个黑—白的跳棋盘模型以 2Hz 的频率转换，受试距皮层的 rCMRgl 增加 27%，在 rCMRgl 和视觉引起的反应的峰与峰的振幅之间没有关系（图 5）。而 Fox 等[105] 发现，在白灯刺激下距皮层的 rCMRgl 增加 26%。一个红与黑的方格跳棋盘以 10 Hz 转换，与静息闭眼比较距皮层的糖代谢率和 rCBF 增加 50%。

每一切面图下面中间的箭头示初级视皮质（PCV），两侧的箭头示相关视皮质（AVC）。白光刺激时 PVC 和 AVC 的代谢率均增加，以 PVC 增加更明显。复杂场景视觉刺激时 AVC 的活性增加比 PVC 更多。

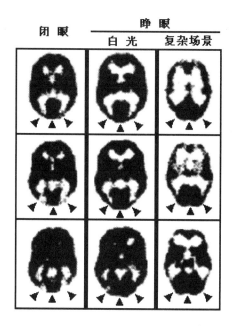

图 5　视觉刺激 PET/rCMRgl 显像图[108]

5.2.4　视觉等级假说

　　初级视皮层中按其对刺激特异性的要求，可分为简单细胞和复杂细胞。简单细胞对在视野中一定部位的线段，光带或某种线形的边缘有反应。特别是它们要求线段等都有特定的朝向，具有这一朝向（该细胞的最佳朝向）的刺激使细胞呈现最佳反应（脉冲频率最高）。复杂细胞具有简单细胞所具有的基本反应特性，但其主要特征是它们对线段在视野中的确切位置的要求并不很严，只要线段落在这些细胞的感受野中，又具有特定的朝向，位置即使稍许位移，反应的改变并不明显。复杂细胞的另一个特征是，来自双眼的信息开始汇聚起来。不像外侧膝状体的细胞和简单细胞那样，只对一侧眼的刺激有反应，而是对两眼的刺激都有反应，但反应量通常是不等的，总是一只眼占优势，即对该眼的刺激可引起细胞发放更高频率的脉冲。这表明复杂细胞已开始对双眼的信息进行了初步的整合的处理。

视觉信息在视觉中枢通路的各水平上经受进一步的处理。外侧膝状体只是视觉信息传递的中继站，其细胞感受野保持着同心圆式的对称中心—周边颉颃构型。但到初级视皮层，除很少部分细胞仍然保持圆形感受野外，大部细胞表现出特殊的反应形式，它们不再对光点的照射呈良好反应，而是需要某种特殊的有效刺激。

视皮层在相当长一段时间内，被认为是视觉通路的终点。然而，就其对所处理的信息的抽象化程度来判断，它可能只是一个早期阶段，其他更高级的视皮层对视觉信息进行着进一步的精细加工。Roland 和 Gulyás[112] 用 PET 测定了 11 名健康志愿者在复杂的视觉几何图形的储存、从长期记忆中恢复和识别期间的脑 rCBF 变化。他们发现，图形的感知、学习和识别激活相同的视区，但不同的视区以外的皮层区。一个令人惊讶的结果是海马在认知时也被激活。图形从长期记忆中恢复（回忆）也与前额皮层和前扣带回不同区的 rCBF 增加相关。结果显示，参与复杂几何图形储存、回想（恢复）和识别的视界以外的神经网络不同，复杂的视觉图形的储存，恢复和识别需要更高水平的皮层区介导。

依据这些结果，有人提出了视觉信息整合的等级假说[113]。他们认为，从神经节细胞和外侧膝状体同心圆式的感受野到简单、复杂、超复杂细胞对刺激的特殊要求反映了视信息处理的不同水平，在每一水平，细胞所"看"到的要比更低的水平更多一些，越是高级的细胞具有越高的信息提取能力。这种等级假说得到不少实验的支持。一般认为，除了这种等级性信息整合外，还存在着平行的信息整合过程，即从视网膜向中枢有若干并列的信息传递通路，这些通路有不同的目的地。担负着不同的信息整合功能。因此单一细胞本身并不代表完整的感觉，视觉中枢不同区域细胞活动的综合，才反映对一种复杂图像的辨认，而每个区域细胞只是抽提某种特殊的信息（如形状、颜色和运动等）。

5.3 中枢神经系统的视听信息整合

5.3.1 视听整合的神经生物学机制

视觉和听觉神经系统是大脑最重要的信息处理系统，它们用各自的视觉空间优势和听觉时间优势，以其特殊的信息处理机制，为信息认知提供不同的线索。在日常生活中，我们经常通过观察面部表情和听声音的感情韵律了解一个人的情绪状态[114]。同样讲话感知不仅可以通过听觉信息，也可以通过看讲话者嘴的视觉信息[115]。然而视觉、听觉及相互功能整合问题与其他智能问题一样，是十分复杂的。源于兴奋性感受野内的空间和时间一致的听觉和视觉信息先在各自的感觉通道被处理，然后汇聚到同一个听—视双模态神经元上，诱发神经元产生强烈的电活动，超出单独给予的听或视刺激引起的反应，使其倍增，甚至远远超出两者之和，导致反应增强[116]。首先是初级感官皮层激活增强（60～120ms）；然后是视觉和听觉激活的会聚（225ms）；从280ms开始则出现视觉和听觉反应的交互效应[117]。相反，当听或视刺激中的任何一个或都在兴奋感受野之外，或在时间或空间上存在不一致时，神经元的活动将受到强烈抑制。如Gemma等用功能性核磁共振技术观察到的，当听视信号一致时，受试脑活动增强，增强幅度为单独给予听或视刺激引起的反应之和的1.4倍；当两种刺激不一致时，脑活动受到强烈的抑制[118]。其他的研究也揭示，无论是同样的部位和不同的部位的听视匹配，对双模式刺激的行为反应均比单模式刺激更快和更准确[119]。受试在识别多模式时也比单模式目标更准确和快速[120]。

研究表明，在视—听整合过程中，视觉线索强烈影响着听觉空间感知。视皮层能为在下丘形成听觉定位的表达提供指导线索，使特殊的听觉线索能与空间定位之间进行联系，形成听觉的空间感知。从视皮层至下丘有固定的投射通路，通过视皮层到下丘的视觉信号的门控机制完成视觉活动对听神经核的可塑性的指导。视觉活动在下丘的门控可以阻止信号与听神经的连续连接，以便视表层网络可以控制下丘的具有指导性的视觉活动。提示在视听同步刺激时，可能存在视觉对听觉的夺获现象（visual capture phenomena），即，听觉神经通过的各级核团的神经细胞群体反应都可能接受刺激信号诱发的耦合电场的影响，该电场可累及到听觉刺激信号诱发的电场活动，从而改变听觉脑干反应[39]。

5.3.2 视听整合常用的研究模式

如前所述，听觉或视觉有各自的感受器，神经通路和皮层感觉中枢。那么，当视听刺激同时呈现时，大脑如何将它们感知为同一事件的表征呢？为了探讨视—听整合的神经机制，研究者常采用单一视觉刺激、单一听觉刺激和视—听联合刺激的多种模式进行比较和分析。其中典型的范例是字母的视—听整合的研究。一个字母的视觉（字形）和听觉（读音）之间的联系是由人为定义的，我们学习文化就是从认识字母及其读音开始的。大多数人通过学习都能轻易地掌握视觉字母和相应的言语声音之间的联系，将两者知觉为统一的整体。

近年来，研究者们开始关注字母和语言整合的神经机制，提出视觉字母和言语声音的整合与其他类型的视听整合，在脑区机制和影响因素等方面既存在共同之处，也因其特殊的跨通道联系而表现出独特性。考察视听整合影响因素的研究则发现，视听整合效应受不同通道刺激之间时间和空间位置的限制。字母视觉形态和听觉读音整合的测试方法和范例将在后面介绍。

另一类视听整合的范例是人面对面的视—听交流。人和人之间面对面交流期间视觉—听觉信息的同时呈现，是我们生活中的事件具有多感觉性质最常见的例证之一。在交谈时，人们能够将他人面部表情和连续的嘴唇运动所发出的视觉信息与声音传递的语音信息整合为一个单一（或称为统一）的知觉体，而非割裂的部分。在面对面交流时，看讲话者的嘴唇（读唇术）明显改进言语感知，特别是在噪音的环境中。用功能性磁共振显像发现正常听力个体在缺少听觉语言声音时，这些语言上的视觉提示足以激活听皮层。面部表情和声音的听视相互关系已经在非人灵长类和语前儿童中被证实 [121]。Calvert 等 [122] 的研究结果支持当一个人观察非语言的面部活动时这些听皮层区并未从事，但显示可以被静息的无意义的像演讲活动（假讲话）激活。这支持心理语言证据即看说话影响在语句前期听讲话的感知。另外，一种感觉模式的刺激可以导致另一种经历的感知，被称为复合感觉。如听到一个词可以导致颜色的体验 [87,123]。

如前所述，整合交叉知觉的信息，可以增强我们探查和归类环境中刺激的能力。例如在看见讲话者的面部时，听觉语言感知在实际上可以被改进。为了调查这些交叉模式行为收益的潜在神经机制，Calvert 等 [124] 用 fMRI 对双模式言语（听—视）与两种单一模式（听觉和视觉）成分进行对比。在双模式刺激期间，在听觉（BA 41/42）和视觉（V5）皮层探查到明显的反应增强。这个效果被发现对语义上一致的交叉模式输入是特异的。这些数据支持通过综合匹配的多感觉输入引起的知觉改进，由在参与的单模式皮层中信号强度的交互增幅而被感悟。

然而，有时言语感知的正确性也会受嘴唇运动和言语声音的干扰。例如在看说话者说"ga"的同时听到"ba"的发音，则我们感知到的可能是另一个音节"da"，这就是著名的 McGurk 效应 [125]。有以讲话声音和观察嘴唇运动之间短暂不匹配为特征的视听言语缺陷的病人不存在 McGurk 效应 [126]。

5.3.3 视听整合的通道

通常人们接收到来自不同感觉通道的信息时，首先要在大脑中各个分离的区域单独进行处理，然后再汇聚到大脑的某个多感觉区进行整合。视听言语整合神经机制的研究显示，在视觉和听觉言语信息的整合过程中，起关键作用的主要脑区，是人脑左后侧的颞上沟，该区还能通过反馈投射调整特点通道皮层区的活动，其整合效应受时间和空间因素的限制。大鼠的视—听信息整合的电生理学研究也显示，在大鼠脑皮层中同样存在听视多感觉神经元分布区，主要位于听区背侧和听觉皮层与视觉交界处[127]。

1999 年，Giard 等[120] 报告了视—听整合机制的事件相关电位（ERPs）的研究结果。他们让受试通过按两个键中的一个指出两个物体中哪个被呈现。两个物体仅仅通过听觉特征、视觉特征或听—视觉结合被确定。ERPs 的空间和时间分析揭示在刺激后 200 ms 之前一些听觉—视觉相互作用成分在时间上、空间上和功能上的不同：（1）在视区，对单一模式视觉刺激新的神经活性早至刺激后 40 ms 即出现，但振幅减少；（2）在听皮层，单模式听觉活性在大约 90~110ms 出现，振幅增加；（3）在 140~165 ms 时观察到整个右额颞区的新的神经活性。此外，当根据受试在执行单模式作业时的优势模式将他们被分为两个组，他们的非特异的额—颞区的整合效应是类似的，但特异感觉皮层明显不同。结果揭示多感觉整合由可变通的、高适应的生理学处理介导，它可以发生在感觉处理链的非常早期，并且在特异感觉和非特异皮层结构以不同的途径操作。

字母表上的字母有听觉（读音）的和视觉（字形）的特性。让受试接收同一字母的单一视觉刺激（看字形）、听觉刺激（听读音）或视—听刺激（字形和发音）同时呈现，可以直接考察字母的形和音整合的神经机制。Raij 等[117] 对听觉、视觉和听视呈现的单一字母反应的 MEG 研究发现，听觉和视觉特定皮层区的激活增强都始于 60~120 ms；在刺激开始后大约 225 ms 是视觉和听觉信息的汇聚；然后视觉和听觉反应主要在颞枕顶结合处（280~345 ms）及左（380~540 ms）和右（450~535 ms）上颞沟部位相互作用。而且视听刺激的同时呈现能调整听觉皮层的活动，表明视觉字母信息能在早期阶段影响语音的听觉加工。Andres 等[128] 的研究也发现视觉字母和听觉语音的整合发生在加工的早期阶段（刺激呈现以后 180 ms 左右）。

除了左右上颞沟外，一些研究还发现参与视听整合的其他脑区。如 Molholm 等[129] 的研究在刺激呈现后 120ms 左右记录到前额—中央皮层存在显著的 ERP 成分。文小辉等[38] 在字母识别过程的 FRP 研究中发现，当 ERP 成分 N136 处于 72～145ms 区间内，其激活脑区主要是中央—顶叶区。Teder-Sälejärvi 等[119] 在与双模式听视刺激伴单模式听觉和视觉刺激总的 ERPs 的比较研究揭示，对同样和不同部位的听视配对，神经整合定位在腹侧枕—颞皮层（190 ms 时）和上颞皮层（260 ms）。对比之下，根据空间一致性的不同 ERP 相互作用包括一个视觉诱发的活性的相位和振幅模式在 100～400 ms 时定位在腹侧枕—颞皮层和一个活性的振幅模式在 260～280 ms 时定位在上颞区。Macaluso 等[115] 在一个更复杂的相关刺激位置交叉操作（视觉和听觉刺激呈现在同一部位或分置于对侧部位）同步刺激的研究中发现：（1）腹侧枕区和上颞沟不受相对位置的影响；（2）在同一外空间位置的同步的双模式刺激时，侧和背枕区被选择性激活；（3）在不同位置的同步听和视觉刺激情况下，右下顶叶被激活，即在传统的与腹语效应相关的情况下，朝向视觉位置的听觉位置的感知替换。这样，不同的视听整合有不同的脑区被涉及。而腹侧区显示更多地被涉及视听同步，该部位可能影响语言的同一认证。更多的背侧区显示与空间的多感觉的相互作用有关。还有研究显示颞叶和前额皮层都是进行视听整合的区域，颞叶皮层的激活能传递到前额皮层。这些多感觉脑区起着音素和字形听视整合的作用，参与支持一个"字母"的上述模式感知的神经网络。

5.3.4　视听整合的时间和空间因素

时间和空间因素是多感觉整合最优化的必要条件。视觉和听觉是人体最重要的两个感觉器官，承担着人体 80% 以上的感觉任务。它们都属于远距离感觉，在很大程度上受到时间和空间的约束，因此时间和空间因素，即时间同步和空间一致性对视听整合最优化至关重要。

（1）时间同步

时间同步，指多感觉刺激在同一时间发生，它是多感觉信息整合最优化的必备条件之一。van Atteveldt 等[130] 采用单一视觉、听觉刺激和视听同时刺激的实验模式考察刺激呈现的时间先后关系对视听整合的影响。结果发现，字母—语音是否同时呈现只对听觉相关皮层的整合效应产生影响，视听刺激的同时呈现能调整早期听觉皮层颞平面的活动。由于静态的字母和动态的语音之间缺乏某些共同特征（例如，随时间而改变的频率—振幅等信息），所以字母—语音视听刺激同时呈现这一条件在其整合过程中更显重要。

时间同步，对通过多感觉神经的交叉模式整合是关键性的决定因素。信息内容可以作为一个附加的捆绑因子对更复杂或缺少自然的多感觉信息起作用。van Atteveldt 等 [130] 通过在同样的 fMRI 设计内处理两种因子调查了时间同步和信息内容在字母和讲话声音的整合中的相对重要性。结果揭示在时间同步和内容一致之间在前和后听相关皮层有明显的相关性，指示时间同步对字母和讲话声音的整合是关键性的。时间资料对听相关皮层的多感觉整合是与那些在不同脑结构和动物种类中已证实的单一多感觉神经元类似的。这个相似性支持基本的时间整合应用于多感觉信息捆绑的规则，它不是必然相关但在读写能力获得期间过度学习相关。此外他们的研究显示 fMRI 适用于对多感觉神经处理的时间方面的研究。聂文英等 [56] 应用视听同步诱发电位技术测试成年人视听神经功能整合的电生理特性的研究显示，在视听信号整合输入过程中，视听信号进入大脑是有序性；存在视觉信号对听觉信号的时间指导性（影响潜伏期），以期达到信息内环境的稳定性。

表面上看，只有同时发生的跨通道刺激才能引发多感觉整合，而实际上由于时间再校准的参与，大脑能够灵活地应对跨通道刺激间的延迟，这就使得多感觉整合在时间维度上具有了一定的可塑性。反过来，既然跨通道刺激的时间同步性是多感觉整合的必要条件，那么发生整合的跨通道刺激也应当被知觉为是同时发生的，即获得同时性知觉。时间再校准的最终效果是使原本存在延迟的刺激重新知觉为是同时发生的，即重塑同时性知觉 [36]。

（2）空间一致

空间因素，主要包括空间一致性与跨情景一致性。空间一致性，指跨通道刺激空间位置的一致性，与时间同步性一样，它也是多感觉整合的重要条件之一。与空间一致相对应的情景变化会引起视听物理传导的时间差异。为了探索是否在听觉和视觉刺激之间的交叉模式整合依赖他们的空间一致性，Teder-Sälejärvi 等 [119] 用行为和电生理学测定被调查了正常人听觉（A）和视觉（V）刺激的多感觉整合的空间约束。他们将单模式（听觉或视觉）和同时发生的双模式（听视）刺激的随机序列被呈现于右或左外野部位，让当受试对罕见的发生在任意一种或两种模式的更大强度的靶作快速反应时，这个交叉模式促进的神经基础通过事件相关电位（ERPs）与双模式听视刺激伴单模式听觉和视觉刺激总的 ERPs 的比较被研究。这些比较揭示了对同样和不同部位的听视配对，神经整合定位在腹侧枕—颞皮层（190 ms）和上颞皮层（260 ms）。对比之下，根据空间一致性的不同 ERP 相互作用，包括一个视觉诱发的活性的相位和振幅模式在 100 ~ 400 ms 时定位在腹侧枕—颞皮层和一个活性的振幅模式在 260 ~ 280 ms 时，定位在上颞区。这些结果证实重叠但有特征性的对空间上一致的和不一致的听视刺激的多感觉整合类型。

分别来自左、右视野的视听信息的整合有无差异存在也是研究者关注的课题之一。文小辉等 [38] 采用事件相关电位（ERP）探索字母识别过程中视听整合的神经机制，结果揭示当刺激呈现在右视野时，整合差异波中前 300 ms 存在两个显著的 ERP 成分：N136 以及 N262；当刺激呈现在左视野时，并没有显著的整合成分出现。该结果表明，同时呈现在右视野的视听字母信息更容易被知觉为一个统一的整合，也更容易被加工和表征。他们认为，这种左右视野的整合差异是由于左、右大脑半球的功能差异所致。当字母呈现在右视野时，主要进行言语加工的左脑更容易整合视听字母信息。文小辉等 [60] 得出结论这是由于视听刺激同时呈现在右视野，不仅听觉刺激的呈现能激活听觉相关皮层的活动，而且同时呈现的视觉刺激也对该区的激活起促进作用。

5.4 多感觉整合的机制

多感觉整合指来自某个感觉通道的信息与其他通道信息的交互影响，最终将这些信息整合为一个统一、连贯、完整的多感觉事件的加工过程。高等动物（包括人类）的大脑都演化出一套功能各不相同的感觉通道，用于接收和处理来自外界的各种不同的信息。为能够真实地反映和编码外界事物，大脑需要对来自不同通道的信息进行整合。多感觉整合就是一种关于来自于不同感觉模态（比如听觉、视觉等）的信息在生物体大脑中相互作用从而得到整合的研究。它是大脑处理外部和内部信息的重要特征之一，不仅参与注意、朝向、捕食、寻找等行为方面的调制，而且还在脑的感觉、意识、记忆和认知等脑的高级功能活动中起着重要的作用。生物体的神经系统通过对不同感觉模态的整合，确定这些刺激信息之间的关系并增强大脑对于这些信息的检测，最终使生物体对于外界的输入信息作出正确的响应。神经电生理学研究表明，声音、视觉、味嗅觉以及躯体感觉等多感觉道信息可以汇聚到同一神经元上，这类神经元称为多感觉神经元（multisensory neurons）。神经系统许多区域都存在着能够汇聚和整合多种感觉信息的神经元，最集中的是中脑上丘深部以及某些皮层部位，如前外侧颞沟皮层和外上侧颞沟皮层。它们能增强源于对同一事件不同模态的刺激反应，抑制对无关刺激的反应，构成脑信息处理的一种最佳协同形式[131]。

如前所述，最优化的多感觉整合需要具备两个条件。一个是空间一致性，即当两个或多个不同感觉通道的信号来自于同一事件或位于大脑外部相近的位置时，多感觉整合更容易发生或者更加优化。另一个是时间同步，只有当不同模态的感觉信息同时作用在生物体上时，才能得到更佳的多感觉整合效果。另外，信号强度（振幅）和环境噪音也影响多感觉信息的整合效果。这里有一条重要的反转原则（inverse-effectiveness），它是指对于来自于不同感觉通道的多个信号，只有当这些信号的强度只能在其原来的感觉通道里面引起微弱的响应时，才能得到这些信号之间的最优化的多感觉整合。当信号强度过大时，多感觉整合的效果反而变差或者没有效果[131]。

（1）时相同步

如前所述，时相同步即时间和空间上的一致性是多感觉整合最优化的必要条件。来源于空间和时间一致的多感觉信息同时落入兴奋性感受野内，再汇聚到同一个多模态神经元上，可以诱发神经元产生强烈的电活动，超出单一感觉刺激引起的反应，导致反应增强。相反，当听或视刺激中的任何一个或都在兴奋感受野之外，或呈现的时间先后存在较大的差距时，神经元的活动将受到强烈抑制。从大脑整合的角度分析心埋的神经机制，这种神经元之间的交互和动态联结而构成的神经集合被认为是每一个认知活动的基础。通过对有关实验结果的分析，认为神经元活动的时相同步可能是脑整合的机制[35]。

为了鉴别与感觉优势相关的不同脑区之间同步变化，Srinivasan 等[132]记录双眼竞争任务中的 MEG。两个不同的光栅呈现在受试眼前，一个是红色垂直的光栅呈现于一只眼睛，另一个是蓝色水平光栅呈现于另一只眼。两个光栅以各自特定的频率不停地闪烁，但每个时刻只能有一个光栅被感知，两者之间每隔数秒互相交替。在受试报告感知了某个光栅的同时，记录下由该光栅刺激所激发的各皮层区域的稳态磁场。结果表明，当某个光栅刺激被感知时，不仅局部皮质区域的稳态磁场强度显著增强，而且在不同皮层区域之间，包括枕、颞和额皮层出现了广泛的相关性。这个研究证实，在对视觉刺激的有意思的感知与通过刺激诱发的大群神经皮层神经元同步活性之间具有直接相关性。而 Rodriguez 等[133]的研究显示，神经放电在 30 ~ 80 Hz 范围（γ 节律）的短暂同步已经被认为是将广泛分布式的神经元组合在一起形成一个相关的整体，并成为认知活动的基础。他们发现面孔的视觉刺激能在受试枕叶、顶叶和额叶之间能诱发长距离的同步效应（刺激呈现后 250 ms）；而当面孔倒置不易被识别时，这种同步效应并不存在。但不管面孔是直立还是倒置，在运动反应时（刺激出现后 720ms）均出现 γ 节律的同步效应。当受试接收模糊的不确定的视觉刺激时记录的脑电活动出现去同步反应。这也证实时相同步总伴随不同频率合伙神经元对的时相离散。

Pulvermueller 等 [134] 发现，在语言认知的 EEG 和 MEG 反应中，大脑左半球皮层存在着 γ 节律相关。有趣的是，这种相关性只会发生于对有意义词汇——"词"的认知，比如"moon"；但对于无意义的词汇——"非词"，如"noom"，这样的相关性并不存在。他们也测定了两者的事件相关电位（ERP），结果发现，词的真伪能诱发出 ERP 变化。在每次真伪判断任务后 320~520 ms 的时间窗口，前 300 ms 两者之间没有区别，但在 400 ms 左右非词诱发了一个较大的负波。其原理可能是词能使一个神经集合激活，并诱发一个小的负波；而非词能使数个集合处于激活前状态，虽然没有一个集合真正达到了激活，但兴奋总值却高于仅一个集合的完全兴奋，这就导致了相对较大的晚期负波。

Marinkovic [17] 认为，理解语言依赖于在分布式神经网络内的多个区同时激活。书面和口头言语的活性在感觉特异区开始，经由各自的腹侧处理流先朝向同时发生的活性的超模式区。理解一个词的处理在词起始后大约 400ms 主要通过左侧颞和下前额区的相互作用（词阅读）和双侧颞—前额区（讲话处理）。神经生理证据支持，当脑在一个同时发生的方式中使用有效的信息伴快速理解词输入的最后目的时，字典通路、语义联系和上下文有关的整合可能同时发生。因为同样的区可能参与多阶段的语义或句法处理，空间和时间因素的相互作用对于理解脑如何处理词起着决定性的作用。

（2）注意对同步作用的影响

在视听整合的神经机制的一般基础的研究中尚有一些争论。其中一个关键的问题涉及在这样的多感觉整合中注意的作用。Alsius 等 [121] 通过在一个双重任务范例中，测定观察者对标准的 McGurk 错觉的敏感性测试听视整合受有效的注意源的数量的调控的程度（范围）。如果参与者同时执行一个不相关的视觉或听觉任务，视觉上的反应受影响的比例是严格地和选择性地减少。与交叉模式讲话整合是自动的假设对比，他们的结果支持这些多感觉捆绑（结合）处理对注意需求是从属的。

Steinmetz 等 [135] 研究了第二躯体感觉区皮质神经元的同步放电。他们让三只经过训练的猴在视觉刺激和触觉刺激间不断转换注意方向，观察其成对神经细胞的同步发放。结果是大部分神经元同步放电。当猴子在执行最困难的作业任务中切换，35% 同步放电的神经元改变了其同步程度，其中 80% 同步程度增强，20% 则减弱。而在另一项要求受试报告其在每次执行视觉任务时，注意是否集中于视觉任务的范例中发现，如果受试对即将呈现的刺激作出了心理准备（集中了注意力），在脑的额区和后部就会出现时相同步；相反，当受试报告其注意力分散时，这种同步效应不复存在 [136]。

（3）跨模态随机共振

除了时间和空间因素外，信号强度（振幅）和环境噪音对视听整合功能的影响也是研究的重点之一，其中有代表性的就是多感觉模式（亦称跨模态）随机共振 [131]。

随机共振是普遍存在的，与神经模式和脑功能理论并存的突出现象 [137]。在线性信息理论、电子工程学和神经生物学中，随机噪音通常被认为对信息转换有害。随机共振（SR）是非线性的，一个多状态系统的信息流通过最佳化的随机噪音的呈现被增强。对于信号接收的随机共振，其主要影响是能使微弱周期信号的探查得到实质上的改进。感觉系统是观察随机共振的一个明显的部位。Douglass 等 [138] 用小龙虾机械感受器细胞的外部噪音证实随机共振，小龙虾能利用环境噪音增强其对天敌来临时造成的微小水流搅动的检测，从而更好地躲避天敌。它的检测能力与环境噪音呈倒 U 形的曲线关系，符合随机共振的基本特征。他们的研究显示个别神经元可以提供感觉系统中随机共振的生理学基础。Moss 等 [137] 介绍了随机共振现象与单一神经元模式或突触和通道性质并列共处，并参与通过感觉输入和感觉处理激活的神经聚合（neuronal assemblies）。相关的实验尚不多，但涉及精神物理学、电生理学、fMRI、人的视觉、听觉和触觉功能、动物行为、单一和多活性记录等多方面和多层次。一些自然发生的可能对随机共振现象起作用的脑内的"噪音"源（例如突触转换、通道门控、离子浓度、膜传导率）也包括在内。模式和实验显示与已知的神经和脑生理学奇特的一致性，支持随机共振在脑功能活动，包括微弱信号的探查、在神经汇聚中的同步性和内聚现象、相位复位、输送器信号、动物逃避和摄食行为中的可能作用。

跨模态随机共振是多感觉整合中的一种特殊形式，是人体大脑中普遍存在的现象。它是指一种感觉模态的噪声能够增强另一感觉模态的微弱信号，从而有利于信号的感知。噪声和信号的强度成倒 U 形的曲线关系，即信号首先随着噪声的增强而增强，在最适合的噪声强度下达到最大值，然后信号随着噪声的进一步增大而降低。

跨模态随机共振的研究不仅探索了噪声在人体神经系统加工和处理信息等过程中的作用，表明噪声能有效地增强神经系统对于外界信息的感知以及作出及时的响应和调整，同时也探索了神经系统中各个感觉通道之间的相互作用。跨模态随机共振的研究为人类理解大脑信息编码、信息处理提供了一个良好的途径。

参考文献

[1] 唐孝威.（2011）.一般集成论——向脑学习.杭州：浙江大学出版社.

[2] 唐孝威，孙达，水仁德，代建华，马庆国，李恒威，等，(2011).认知神经科学.杭州：浙江大学出版社.

[3] Bear, M. F., Connors, B. W., & Paradiso, M. A.(2002). *Neuroscience: Exploring the Brain*(Second Edition, 2002).[神经科学——探索脑（王建军 译）. 2004，北京：高等教育出版社.]

[4] 罗跃嘉.（2006）.认知神经科学教程.北京：北京大学出版社.

[5] 周一谋.（1994）.马王堆医学文化.上海：文汇出版社.

[6] 张登本.（2002）.中国人论脑及其他.山西中医学院学报，3,6—9.

[7] Broca, P.(1861). Remarques sur le siége de la faculté du langage artieulé suivies d'une observation d'aphémie (perte de la parole). *Bulletin de la Société Anatomique, 6,* 330—357.

[8] Broca, P. (1865). Sur le siége de la faculté du langage artieulé. *Bulletin de la Société Anatomique, 6,* 377—394.

[9] Wernicke, C. (1874). Der aphasische Symptomenkomplex: Eine psychologische Studie auf anatomischer Basis. In G.H. Eggert, (Eds.), *Wernicke's Works on Aphasia: A Sourcebook and Review* (pp. 91–145), Mouton: Kessinger Publishing.

[10] Brodmann, K.(1909). *Beiträge zur histologischen Lokalisationslehre der Grosshirnrinde.* Leipzig: Barth.

[11] Penfield, W. & Boldrey, E. (1937). Somatic motor and sensory representation in the cerebral cortex of man as studied by electrical stimulation. *Brain, 60,* 389—443.

[12] 孙达.（1997）.放射性核素脑显像.杭州：杭州大学出版社.

[13] Roland, P. E.(1993). *Brain activation.* New York: Wiley-Liss.

[14] Sotero, R. C., & Trujillo-Barreto, N. J.(2008). Biophysical model for integrating neuronal activity, EEG, fMRI and metabolism. *Neuroimage, 39,* 290—309.

[15] Büchel, C., & Friston, K.(2001). Interactions among neuronal systems assessed with functional neuroimaging. *Revue Neurologique, 157,* 807—815.

[16] Dolan, R. J., Fletcher, P. C., McKenna, P., Friston, K. J., & Frith, C. D., (1999). Abnormal neural integration related to cognition in schizophrenia. *Acta Psychiatrica Scandinavica, 395,* 58—67.

[17] Marinković, K. (2004). Spatiotemporal dynamics of word processing in the human cortex. *Neuroscientist, 10,* 142—152.

[18] Sherring, C.(1906). *The integrative action of the nervous system.* New York: Charles Scribner's Sons.

[19] 唐孝威.(2004).意识论：意识问题的自然科学研究.北京：高等教育出版社.

[20] 杨雄理.(2005).对神经科学发展的思索.中国医学科学院学报, *27,* 1—2.

一般集成论研究

[21] 吴大兴, 姚树桥, 刘鼎 . (2004). 揭示大脑奥妙的新途径：还原论与整合论的有机融合. 医学与哲学 , *25*, 37—38.

[22] 杨雄理 .(1998). 略论神经科学的发展 . 中国科学院院刊 , *1*, 24—28.

[23] Luria, A.(1996). *Human brain and psychologic processes.* New York: Harper and Row.

[24] Treisman, A., & Gelade, G. A. (1980). feature-integration theory of attention. *Cognitive Psychology, 12*, 97—136.

[25] Treisman, A., Sykes, M., & Gelade, G.(1977). Selective attention and stimulus integration. In S. Dornic (Eds.), *Attention and performance, VI (pp. 333—361).* Hillsdale, N.J.: Erl-baum.

[26] Crick, F. (1984). Function of the thalamic reticular complex: The searchlight hypothesis. *Proceedings of the National Academy of Sciences, 81*, 4586—4590.

[27] Edelman G, & Tononi, G. A. (2000). *A universe of consciousness: How matter becomes imagination.* New York: Basic Book.

[28] Tononi, G., Edelman, G. M., & Sporns, O. (1998). Complexity and coherency: integrating information in the brain. *Trends in Cognitive Science, 2*, 474—484.

[29] Tononi, G., & Edelman, G. M. (1998). Consciousness and the integration of information in the brain. In H. H. Jasper, J. L. Descarries, V. F. Castellucci, & S. Rossignol (Eds.). Consciousness: At the frontiers of neuroscience (pp. 245—279). Philadelphia: Lippincott-Raven.

[30] Tononi, G., Sporns, O., & Edelman, G. M. (1992). Reentry and the problem of integrating multiple cortical areas: simulation of dynamic integration in the visual system. *Cereb Cortex. 2*, 310—335.

[31] Tononi, G., & Edelman, G. M. (2000). Schizophrenia and the mechanisms of conscious integration. *Brain Research Reviews. 31*, 391—400.

[32] 杨雄理 . (1998). 脑科学的现代进展 . 上海：上海科技教育出版社 .

[33] 刘强 , 张志杰 , 王琪 , 张庆林 . (2008). 多种感觉信息整合的认知与神经机制研究 . 心理科学 , 31, 1021—1023.

[34] 张季平, 孙心德. (2007). 脑对双耳听觉信息整合的神经机制. 华东师范大学学报 (自然科学版), 6, 2—11.

[35] 吴健辉, 罗跃嘉. (2002). 神经元活动的时相同步于脑功能整合. 心理科学进展, 10, 367—374.

[36] 袁祥勇, 黄希庭. (2011). 多感觉整合的时间再校准. 心理科学进展, 19, 692—700.

[37] 张国, 朱宪铎, 汪亮, 冯昊, 杨仲乐. (2008). 颜色整合的感觉记忆加工机制. 中国组织工程研究与临床康复, 12, 687—689.

[38] 文小辉, 刘强, 周柳, 王琪, 牟海蓉, 张庆林等. (2010). 字母识别任务中左、右视野的视听整合. 心理科学, 33, 872—875.

[39] 聂文英, 吴汉荣, 戚以胜, 林倩, 相丽丽, 蒙衡. (2006). 视听功能整合效应同步诱发电位的初步研究. 听力学和言语疾病杂志, 14, 321—323.

[40] 罗国刚, 韩蓁, 李公正, 赵天寿, 刘灵. (2003). 视觉——运动整合能力发育测验在听力残障儿童中的应用意义. 第四军医大学学报, 24, 1290—1292.

[41] 韩济生 (主编). (2009). 神经科学 (第三版). 北京: 北京大学医学出版社.

[42] 武艳. (2009). 神经系统总论. 高秀来 (主编). 人体解剖学 (第二版) (pp. 240—247). 北京: 北京大学医学出版社.

[43] Kandel, E. R., Schwartz, J. H. & Jessell, T. M. (2000). *Principles of Neural Science*. New York: McGraw-Hill.

[44] 唐孝威. (2001). 神经元簇的层次性联合编码假设. 生物物理学报, 17, 806—808.

[45] Hebb, D. (1949). *The organization of behavior: A neuropsychological theory*. New York: John Wiley.

[46] Barlow, H. (1972). Single units and sensation: A neuron doctrine for perceptual psychology? *Perception*, 1, 371—394.

[47] Fujii, H., Ito, H., Aihara, K., Ichinose, N., & Tsukada, M. (1996). Dynamical cell assembly hypothesis; theoretical possibility of spatio-temporal coding in the cortex. *Neural Netw,* 9, 1303—1350.

[48] 赵明亮, 熊鹰. (2006). 听觉系统抑制性神经回路的活动依赖性组构. 生理科学进展, 37, 141—144.

[49] 王幼伍, 蔡景霞. (2010). 海马—前额叶神经回路与工作记忆. 动物学研究, 31, 50—56.

[50] 李新旺 (主编). (2001). 生理心理学. 北京：科学出版社.

[51] 张磊, 金真, 曾亚伟, 王彦, 臧玉峰. (2009). 注意缺陷多动障碍儿童功能缺陷的功能磁共振成像. 中国医学影像技术, 25, 1560—1563.

[52] Huyser, C., Veltman, D. J., Haan, E.d., & Boer, F., (2009). Paediatric obsessive-compulsive disorder, a neurodevelopmental disorder? Evidence from neuroimaging. *Neuroscience and Biobehavioral Reviews, 33*, 1–13.

[53] 王欣, 李安安, 吴飞健. (2010). 中枢听觉系统对声音时程的调谐和识别. 生理学报, 62, 309—316.

[54] Strutt, J., & Rayleigh, L. (1907). On our perception of sound direction. *Philosophical Magazine, 13*, 214—232.

[55] Jeffress, L. A. (1948). A place pheory of sound localization. *Journal of Comparative and Physiological Psychology, 41*, 35—39.

[56] Penfield, W., & Jasper, H. (1954). *Epilepsy and the Functional Anatomy of the Human Brain*. Boston: Little, Brown and Co.

[57] Naito, Y., Okazawa, H., Honjo, I., Hirano, S., Takahashi, H. et al. (1995). Cortical activation with sound stimulation in cochlear implant users demonstrated by positron emission tomography. *Cognitive Brain Research, 2*, 207—214.

[58] Alavi, A., Reivich, M., & Greenberg, J. (1998). Mapping of functional activity in brain with 18F-fluoro-deoxyglucose. *Seminars in Nuclear Medicine, 11*, 24—31.

[59] Reivich, M., Alavi, A., & Gur, R. C. (1984). Positron Emission Tomographic studies of perceptual tasks. *Annals of neurology, 15*, 61—65

[60] Le Scao, Y., Baulieu, J. L., Robier, A., Pourcelot, L., & Beutter, P. (1991). Increment of brain temporal perfusion during auditory stimulation. Preliminary study with technetium-99m HMPAO SPET. *European Journal of Nuclear*

Medicine and Molecular Imaging, 18, 981—983.

[61] Greenberg, J. H., Reivich, M., Alavi, A., Hand, P., Rosenquist, A., Rintelmann, W., et al. (1981). Metabolic mapping of functional activity in human subjects with the [18F]fluorodeoxyglucose technique. *Science*, 212, 678—680.

[62] Kushner, M., Schwartz, R., Alavi, A., Dann, R., & Rosen, M. (1987). Cerebral activation by nonmeaningful monaural verbal auditory stimulation. *Brain Research, 409*, 79—87.

[63] Meyer, E., FeZatorre, R. J., & Evans, A. C. (1988). Reproducibility of regional cerebral blood flow measurements in normal subjects with and without auditory stimulations. *Society of Neuroscience Abstracts, 14*, 317.

[64] Kawashima, R., Itoh, M., Hatazawa, J., Miyazawa, H., Yamada, K., Matsuzawa, T. et al., (1993). Changes of regional cerebral blood flow during listening to an unfamiliar spoken language. *Neuroscience Letters, 161*, 69—72.

[65] Momose, T., Sakai, Y., Nishikawa, J., Watanabe, T., Nakashima, Y., Katayama, S., et al.(1991). Functional brain studies with H2^{15}O-PET: Strategies and problems for approaching higher brain functions with H2^{15}O-PET. *Radiation Medicine, 9*, 122—126.

[66] Honjo, I. (1999). *Language Viewed from Brain*. Basel: Karger Publishers.

[67] Roland, P. E. (1981). Somatotopical tuning on the postcentral gyrus during focal attention in man: a regional cerebral blood flow study. *Journal of Neurophysiology, 46*, 744—754.

[68] Roland, P. E., Larsen, B., & Skinhoj, E. (1977). Regional cerebral blood flow increase due to treatment of somatosensory and auditive information in man . In J. S. Meyer, H. Lechner, & M. Reivich (Eds.): *Cerebral Vascular Disease. Amsterdam: Excerpta Medica IV: Proceedings of the World Federation of Neurology International Conference* (pp. 540—541) .

[69] Mazziotta, J. C., Phelps, M. E., Carson, R. E., & Kuhl, D. E. (1982). Tomographic mapping of human cerebral metabo-lism: Sensory deprivation. *Annals of*

Neurology, 12, 435—444.

[70] Mazziotta, J. C., Phelps, M. E., & Carson, R. E. (1984). Tomographic mapping of humman cerebral metabolism: Subcortical respones to auditory and visual stimulation. *Neurology, 34,* 825—828.

[71] Ruytjens, L., Willemsen, A.T., van Dijk, P., Wit, H. P., & Albers, F. W. (2006). Functional imaging of the central auditory system using PET. *Acta Otolaryngol, 126,* 1236—1244.

[72] Zatorre, R. J., Evans, A. C., & Meyer, E. (1994). Neural mechanisms underlying melodic perception and memory for pitch. *The Journal of Neuroscience, 14,* 1908—1919.

[73] Tervaniemi, M., Medvedev, S. V., Alho, K., Pakhomov, S. V., Roudas, M. S., van Zuijen, T. L., et al. (2000). Lateralized automatic auditory processing of phonetic versus musical information: a PET study. *Human Brain Mapping, 10,* 74—79.

[74] Parsons, L. M. (2001). Exploring the functional neuroanatomy of music performance, perception, and comprehension. *Annals of the New York Academy of Sciences, 930,* 211—231.

[75] Satoh M, Takeda K, Nagata K, Hatazawa, J., & Kuzuhara, S. (2001). Activated brain regions in musicians during an ensemble: a PET study. *Brain Research Cognitive Brain Research, 12,* 101—108.

[76] Satoh, M., Takeda, K., Nagata, K., Hatazawa , J., & Kuzuhara, S. (2003). The anterior portion of the bilateral temporal lobes participates in music perception: a positron emission tomography study. *American Journal of Neuroradiology, 24,* 1843—1848.

[77] Satoh M., Takeda K., Nagata K., Shimosegawa, E. & Kuzuhara, S. (2006). Positron-emission tomography of brain regions activated by recognition of familiar music. *American Journal of Neuroradiology,* 27, 1101—1106.

[78] Brown, S., Martinez, M. J., & Parsons, L. M. (2004). Passive music listening spontaneously engages limbic and paralimbic systems. *Neuroreport, 15,* 2033—

2037.

[79] Bermudez, P., & Zatorre, R. J. (2005). Conditional associative memory for musical stimuli in nonmusicians: implications for absolute pitch. *The Journal of Neuroscience, 25,* 7718—7723.

[80] Mazziotta, J. C., Phelps, M. E., Carson, R. E., & Kuhl, D. E. (1982). Tomographic mapping of humman cerebral metabolism: Auditory stimulation. *Neurology, 32,* 921—937.

[81] Larsen, B., Skinhoj, E., Soh, K., & Endo, H. (1977). The pattern of cortical activity provoked by listening and speech revealed by rCBF Measurements. In D. H. Ingvar & N.A. Lassen, (Eds.): *Cerebral Function Metabolism and Circulation.* Copenhagen: Munksgaard (pp. 268—269).

[82] Nishizawa, Y., Olsen, T. S., Larscn, B., & Lassen, N. A. (1982). Left-Right cortical asymmetries of regional cerebral blood flow druing listening to worlds. *The Journal of Neuroscience, 48,* 458—466.

[83] Roland, P. E., Skinhoj, E., Larsen, B., & Lassen, N. A. (1977). The role of different cortical areas in the organization of voluntary movements in man: A regional cerebral blood flow study. In J. S. Meyer, Hlechner, & M, Reivich (Eds.): *Cerebral Vascular Disease. Amsterdam: Excerpta Medica,* 542—543.

[84] Roland, P. E., Skinhoj, E., Larsen, B., & Lassen, N. A. (1980). Different cortical areas in man in the organization of voluntary moements in extrapersonal space. *The Journal of Neuroscience, 43,* 137—150.

[85] Wise, R., Chollet, F., Hadar, U., Friston, K., Hoffner, E., & Frackowiak, R. S. J. (1991). *Brain, 114,* 1803—1817.

[86] Hinke, R. M., Hu, X., Stillman, A. E., Kim, S. G., Merkle, H., Salmi, R., et al. (1993). Functional magnetic resonance imaging of Broca's area during internal speech. *Neuroreport, 4,* 675—678.

[87] Hirano, S., Kojima, H., Naito, Y., Honjo, I., Kamoto, Y., Okazawa, H., et al. (1997). Cortical speech processing mechanisms while vocalizing visually presented

languages. *Neuroreport, 8*, 363—369.

[88] McCarthy, G., Blamire, A. M., Rothman, D. L., Grue-tter, R., & Shulman, R. G. (1993). Echo-planar magnetic resonance imaging studies of frontal cortex activation during word generation in humans. *Proceedings of the National Academy of Sciences, 90*, 4952—4956.

[89] Petersen, S. E., van Mier, H., Fiez, J. A., & Raichle, M. E. (1998). The effects of practice on the functional anatomy of task performance. *Proceedings of the National Academy of Sciences, 95*, 853—860.

[90] Stuss, D. T., Benson, D. F., Clermont, R., & Della Malva, C. L. (1986). Language functioning after bilateral prefrontal leukotomy. *Brain Language, 28*, 66—70.

[91] Milner, B. (1964). Some effects of frontal lobectomy in man. In J. M. Warren & K. Akert (Eds.), *The Frontal Granular Cortex and Behaviour*. New York, McGraw-Hill (pp. 313—334).

[92] Zatorre, R. J., Belin, P., & Penhune, V. B. (2002). Structure and function of auditory cortex: music and speech. *Trends in Cognitive Science, 6*, 37—46.

[93] Mirz, F., Ovesen, T., Ishizu, K., Johannsen, P., Madsen, S., Gjedde, A., et al. (1999). Stimulus-dependent central processing of auditory stimuli: a PET study. *Scandanavian Audiology, 28*, 161—169.

[94] Brown, S., Martinez, M.J., & Parsons, L.M. (2006). Music and language side by side in the brain: a PET study of the generation of melodies and sentences. *European Journal of Neuroscience, 23*, 2791—803.

[95] Groussard, M., Viader, F., Landeau, B., Desgranges, B., Eustache, F., & Platel, H. (2009). Neural correlates underlying musical semantic memory. *Annals of the New York Academy of Sciences, 1169*, 278—281.

[96] Schürmann, M., Caetano, G., Jousmäki, V., & Hari, R. (2004). Hands help hearing: facilitatory audiotactile interaction at low sound-intensity levels. *The Journal of the Acoustical Society of America, 115*, 830—832.

[97] 刘宏艳, 胡治国, 彭聃龄. (2006). 情绪神经回路的可塑性. 心理科学进展, *14*,

682—686.

[98] Macaluso, E., Frith, C. D., & Driver, J. (2000). Modulation of human visual cortex by crossmodal spatial attention. *Science, 289*, 1206—1208.

[99] Steinmetz, P. N., Roy, A., Fitzgerald, P. J., Hsiao, S. S., Johnson, K. O., & Niebur, E. (2000). Attention modulates synchronized neuronal firing in primate somatosensory cortex. *Nature, 404*, 187—190.

[100] Stensaas, S. S., Eddington, D. K., & Dobelle, W. H. (1974). The topography and variability of the primary visual cortex in man. *Journal of neurosurgery, 40*, 747—755.

[101] Mazziotta, J. C., Phelps, M. E., & Carson, R. E. (1983). Local cerebral glucose metabolic response to audiovisual stimulation and deprivation: Studies in human subjects with positron CT. *Human Neurobiology, 2*, 11—23.

[102] Schwartz, E. L., Christman, D. R., & Wolf, A. P. (1984). Human primary visual cortex topography imaged via positron tomography. *Brain Research, 294*, 225—230.

[103] Kushner, M. J., Rosenqusit, A., Rosen, B. A., & Dann, R. (1988). Cerebral metabolism and patterned visual stimulation: A positron emission tomographic study of the human visual cortex. *Neurology, 38*, 89—95.

[104] Fox, P. T., Mintun, M. A., Raichle, M. E., Miezin, F. M., & Allman, J. M. (1986). Maping human visual cortex with positron emission tomography. *Nature, 323*, 806—809.

[105] Fox, P. T., Miezin, F. M., Allman, J. M., Essen, D. C., & Raichlei, M. E. (1987). Retinotopic organization of human visual cortex mapped with positron-emission tomography. *The Journal of Neuroscience, 7*, 913—922.

[106] Bartels, A., & Zeki, S. (2000). The architecture of the colour centre in the human visual brain: new results and a review. *European Journal of Neuroscience, 12*, 172—193.

[107] Calvert, G. A. (2001). Crossmodal processing in the human brain: insights from

functional neuroimaging studies. *Cereb Cortex, 11,* 1110—1123.

[108] Phelps, M. E., Mazziotta, J. C., Kuhl, D. E., Nuwer, M., Packwood, J., Metter, J., et al. (1981). Tomographic mapping of human cerebral metabolism: Visual stimulation and deprivation. *Neurology, 31,* 517—529.

[109] Fox, P. T., & Raichle, M. E. (1984). Stimulus rate dependence of regional cerebral blood flow in human striate cortex, demonstrated by positron emission tomography. *Journal of Neurophysiology, 51,* 1109—1120.

[110] Mazziotta, J. C., Phelps, M. E., Carson, R. E. (1984). Tomographic mapping of human cerebral metabolism: subcortical responses to auditory and visual stimulation. Neurology, *34,* 825—828.

[111] Momose, T., & Sasaki, Y., (1992). Prospects of the non-invasive approach to higher functions of the living organism. Tokyo: Biomedical Research Foundation.

[112] Roland, P. E., & Gulyás, B. (1995). Visual memory, visual imagery, and visual recognition of large field patterns by the human brain: functional anatomy by positron emission tomography. *Cereb Cortex, 5,* 79—93.

[113] Hubel, D. H. (1988). *Eye, Brain and Vision.* New York: Scientific Ammerican Library.

[114] Ethofer, T., Pourtois, G., & Wildgruber, D. (2006). Investigating audiovisual integration of emotional signals in the human brain. *Progress in Brain Research, 156,* 345—361.

[115] Macaluso, E., George, N., Dolan, R., Spence, C., & Driver, J. (2004). Spatial and temporal factors during processing of audiovisual speech: a PET study. *Neuroimage, 21,* 725—732.

[116] Calvert, G. A., Campbell, R., Brammer, M. J. (2000). Evidence from functional magnetic resonance imaging of crossmodal binding in the human heteromodal cortex. *Current Biology, 10,* 649—657.

[117] Raij, T., Uutela, K., & Hari, R. (2000). Audiovisual integration of letters in the human brain. *Neuron, 28,* 617—625.

[118] 李先春, 李新建. (2003). 中枢神经系统视—听整合现象. 生物学教学, 28, 10—11.

[119] Teder-Sälejärvi, W. A., Di Russo, F., McDonald, J. J., & Hillyard, S. A. (2005). Effects of spatial congruity on audio-visual multimodal integration. *Journal of Cognitive Neuroscience, 17*, 1396—1409.

[120] Giard, M. H., Peronnet, F. (1999). Auditory-visual integration during multimodal object recognition in humans: a behavioral and electrophysiological study. *Journal of Cognitive Neuroscience, 11*, 473—490.

[121] Alsius, A., Navarra, J., Campbell, R., & Soto-Faraco, S. (2005). Audiovi-sual integration of speech falters under attention demands. *Current Biology, 15*, 839—843.

[122] Calvert, G. A., Bullmore, E. T., Brammer, M. J., Campbell, R., Williams, S. C., McGuire, P. K., et al. (1997). Activation of auditory cortex during silent lipreading. *Science 276*, 593—596.

[123] Paulesu, E., Harrison, J., Baron-Cohen, S., Watson, J. D.G., Goldstein, L., Heather, J., et al. (1995). The physiology of coloured hearing. A PET activation study of colour-word synaesthesia. *Brain, 118*, 661—676.

[124] Calvert, G. A., Brammer, M., Bullmore, E., Campbell, R., Iversen, S.D., & David, A. (1999). Response amplification in sensory-specific cortices during crossmodal binding. *Neuroreport, 10*, 2619—2623.

[125] 文小辉, 李国强, 刘强. (2011). 视听整合加工及其神经机制. 心理科学进展, *19*, 976—982.

[126] Hamilton, R. H., Shenton, J. T., & Coslett, H. B. (2006). An acquired deficit of audiovisual speech processing. *Brain and Language, 98*, 66—73.

[127] 俞黎平, 王晓燕, 李相尧, 张季平, 孙心德. (2006). 大鼠皮层听—视多感觉神经元和听—视信息整合. 生物化学和生物物理进展, 33, 677—684.

[128] Andres, A. J., Oram Cardy, J. E., Joanisse, M.F. (2008). Congruency of auditory sounds and visual letters mpdulates mismatch negativity and P300 event-related

potentials. International *Journal of Psychophysiology, 79*, 137—146.

[129] Molholm, S., Ritter, W., Murray, M. M., Javitt, D. C., Schroeder, C. E., & Foxe, J. J. (2002). Multisensory auditory visual interactions during early sensory processing in hunans: A high-density electrical mapping study. *Cognitive Brain Research, 14*, 115—128.

[130] van Atteveldt, N. M., Formisano, E., Blomert, L., & Goebel, R. (2007). The effect of temporal asynchrony on the multisensory integration of letters and speech sounds. *Cereb Cortex, 17,* 962—974.

[131] 刘杰 , 艾磊 , 娄可伟 , 刘军 . (2010). 跨模态随机共振现象——一种特殊形式的多感觉整合 . 生物医学工程学杂志 , 27, 929—932.

[132] Srinivasan, R., Russell, D. P., Edelman, G. M., & Tononi, G. (1999). Increased synchronization of neuromagnetic responses during conscious perception. *Journal of Cognitive Neuroscience,* 19, 5435—5448.

[133] Rodriguez, E., George, N., Lachaux, J.-P., Martinerie, J., Renault, B. & Varela, F. J. (1999). Perception's shadow: long-distance synchronization of human brain activity. *Nature, 397,* 430—433.

[134] Pulvermüller, F., Preissl, H., Eulitz, C., Pantev, C., Lutzenberger, W., Elbert, T. et al. (1994). Brain rhythms, cell assemblies, and cognition: Evidence from the processing of words and pseudowords. *Psycoloquy, 5,* 1– 30.

[135] Steinmetz, P. N., Roy, A., Fitzgerald, P. J., Hsiao, S. S., Johnson, K. O., & Niebur, E. (2000). Attention modulates synchronized neuronal firing in primate somatosensory cortex. Nature, 404, 187—190.

[136] Lutz, A., Martinerie, J. & Varela, F. J. (2001). Preparation strategies as context for visual perception: a study of endogenous neural synchronies. *NeuroImage, 5,* 213—220.

[137] Moss, F., Ward, L. M., & Sannita, W. G. (2004). Stochastic resonance and sensory information processing: a tutorial and review of application. *Clinical*

Neurophysiology, 115, 267—281.

[138] Douglass, J. K., Wilkens, L., Pantazelou, E., & Moss, F. (1993). Noise enhancement of information transfer in crayfish mechanoreceptors by stochastic resonance. *Nature, 365*, 337—340.

神经元以及神经回路的信息整合机制

封洲燕*

1 引言

哺乳动物（包括人）的神经系统在调节生理功能和维持正常生命活动中起着主导作用，它借助感受器接收来自内外环境的各种刺激，经过传入神经传至脑和脊髓的各级中枢，由中枢神经系统对刺激输入信号进行整合之后，再经过传出神经传至各个效应器，从而控制行为状态的表现。神经科学研究的主要任务之一就是：揭示神经系统的信息处理机制，弄清楚大脑究竟是如何整合各种输入信息并作出最终决策的。大脑整合机制的研究不仅对于生命科学和医学具有重要意义，而且对于计算机技术和人工智能等领域的发展也具有促进作用。

大脑中枢神经系统信息处理机制的研究可以分为不同的层次：从整体的行为水平，到实现某种特定控制的神经网络，再到神经组织的局部神经回路，直至神经元单细胞及其各个组成部分，甚至到细胞膜上的离子通道。从宏观到微观，虽然各个层次上信息处理的实体和对象各不相同，但是，它们一般都可以简化成如图 1 所示的模式。也就是说，输入信号经过整合之后，得到输出信号，输出又经过反馈，用于控制和调节

---

* 封洲燕，浙江大学生物医学工程与仪器科学学院，生物医学工程学系教授。

输入，从而构成闭环控制系统。例如，在局部神经回路水平上，上游神经元的动作电位脉冲是输入信号，经过主神经元的整合之后，发送动作电位脉冲形成输出信号，而此输出信号又会经过中间神经元实现反馈，调节神经回路的输出。又例如，在神经元单细胞水平上，每个神经元接收树突上的突触输入信号，经过胞体的整合处理，产生动作电位发放、输出信号；而胞体动作电位向树突的反向传播可以产生反馈调节作用。进一步向更微观方向发展，近年来的研究成果还表明，神经元并不是传统上认为的神经系统信息处理的最小单元，神经元的树突亚单元也具有独立的信息整合功能。

由此可见，从大脑的整体，到局部，再到单个细胞，甚至到神经细胞的组成部分，都存在神经信息处理功能，而且具有统一的信息处理模式。本文将阐述神经元及其构成的局部神经回路水平上的信息处理机制。

图 1 神经系统信息处理模式

2 神经元单细胞的信息整合机制

传统观念认为神经元是大脑信息处理的基本计算单元。无论是结构简单的视网膜双极细胞等感觉神经元，还是复杂的小脑浦肯野细胞，神经元一般都是由树突、细胞体和轴突组成。树突和轴突在传统上被看作只具有简单的信号传递功能，其中，树突传入信号，而轴突则传出信号。细胞体则具有类似阈值函数的计算功能，它能够将树突上传入的所有信号进行整合，并且只有当整合结果使得细胞膜电位的去极化超过特定的阈值之后，才能够发放动作电位脉冲，然后脉冲沿着轴突将信号传递给下游神经元。

工程上普遍应用的人工神经网络（artificial neural network，ANN）就是根据这种理论建立起来的。如图 2（a）所示的 ANN 示意图中，每个圆圈表示一个神经元，它们代表图 2（b）的神经元模型，其功能是对各个树突输入 x_i 进行 Σ 加权求和，然后再进行 S 型阈值函数运算。这种模型的所有突触输入信号都是经过线性的权重处理之后，以同样的机会对神经元的输出产生作用。这种观点被称为点神经元（point neuron）学说。但是，近年来的实验研究和仿真研究结果都表明，在处理树突树上众多的突触输入信号时，单个神经元同时具备很强的线性和非线性运算功能，它自身就构成了一个复杂的计算网络。这种计算网络形成的关键是神经元树突的细胞膜上发现了主动机制，从而彻底改变了传统上将树突仅仅看作具有电阻和电容被动特性的电缆模型的观点。因此，神经系统的最小计算单元从神经细胞进一步细化到了树突棘[1]。许多综述性文献阐述了有关树突棘运算功能研究的最新进展[2,3,4]，并提出了描述神经元单细胞信息处理机制的二层和三层网络模型等新概念及其信息反馈机制。下面简单地介绍树突的计算机制以及神经元单细胞的多层次信息整合机制。

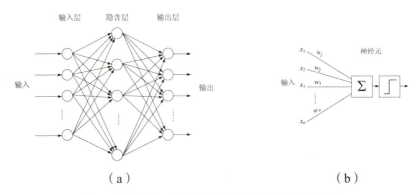

（a）　　　　　　　　　　　　　　（b）

图 2　典型的人工神经网络示意图以及神经元模型

2.1 神经元单细胞的多层次信息整合模型

随着多个微电极同时实现膜片钳记录以及双光子显微成像等技术的发展，细小树突上的精细结构和功能逐渐被揭示出来。许多研究表明，树突结构的信号处理功能包括：时间上的整合、放大和衰减以及同步输入信号的检测等[3]。

神经元树突的分枝上存在着许多棘状的小突起，被称为树突棘（dendritic spine），各个神经元之间形成突触连接的部位主要就在树突棘上。在大脑皮质的锥体细胞和小脑皮质的蒲肯野细胞的树突上，树突棘数量最多，并且结构分明。这些细胞的树突棘多达成千上万个，它们不仅大大增加了神经元接收外界传入信号的表面积，而且，更重要的是研究结果发现，树突棘具有神经元胞体那样的信息整合功能。

树突棘上存在着分布密度较高的电压门控 Na^+ 离子、Ca^{2+} 离子和 NMDA 受体等通道，它们都属于细胞膜的主动特性。就像能够产生再生式动作电位的细胞体和轴突一样，它们可以调节树突棘上突触输入信号的增益，也就是可以非线性地整合不同输入信号源的信息，这其中的主要机制是较强的输入信号能够诱发树突产生局部锋电位（spike）。由于电压门控离子通道的参与，这种锋电位是再生式的，就像细胞体产生的"全或无"式的动作电位一样，具有明确的电位波形，需要刺激强度达到一定的阈值才能诱发。但是，这种锋电位传播能力很有限，仅限于各个细小的树突分枝上，具有独立性和局部性，它们不会诱发轴突的动作电位。不过，它们可以激活邻近的树突棘，从而放大输入信号。如图 3（a）所示，当树突棘上同时输入了密集的同步信号 n_i 时，S 型阈值函数运算的非线性整合就会增强局部有限空间中的树突事件。反之，如果树突棘的突触上输入的是稀疏的刺激信号，那么，由于树突棘细胞膜存在电阻和电容特性，再加上树突棘特有的狭小颈部结构，这些被动特性构成局部滤波器[5]，对输入信号产生线性衰减，也就削弱了这些信号的作用。由此可见，树突上众多的树突棘可以看作独立的运算亚单元[6]，它们首先利用 S 型的阈值函数整合各自的突触输入，并得到各自的输出；然后，这些亚单元的输出再在树突主干和胞体上进行求和与阈值运算，从而获得整个神经元的最终输出（图3（b））。这样，单个神经元就可以看作具有两层计算结构的"神经网络"，就像图2所示ANN网络一样，而各个细小的树突分枝则变成网络中圆圈表示的节点。

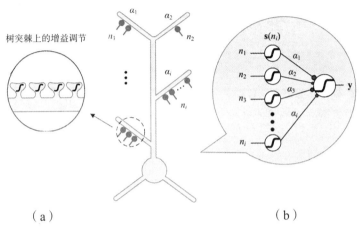

图3　锥体神经元的两层计算网络示意图 [2]

Hausser 和 Mel（2003）[7] 还提出了单个神经元信息处理的三层网络结构：第一层代表上述远端末梢树突棘的整合；第二层代表近端树突细分枝的作用；最后，第三层是胞体将前两层的输出进行整合。这种三层结构理论的重要依据是，实验数据表明在顶树突的主分叉处存在可以产生二级锋电位的区域。这样，一方面，远端末梢顶树突的"树枝"就可以看作自己拥有锋电位产生机制的独立突触整合区域（即第一层结构），当其膜电位超过阈值时，就会诱发产生 Ca^{2+} 离子电流主导的树突锋电位，使树突产生很大的去极化电位，从而对胞体部位的膜电位产生较大的影响。另一方面，大脑皮层锥体神经元的近端顶树突上存在所谓的"耦合带"（coupling zone），此区域树突侧支上的输入信号可以调节轴突锋电位与远端树突锋电位之间的相互作用，从而形成第二层结构。因此，如图4所示，浅色表示距离胞体较远的远端树突分枝，深色表示距离较近的近端树突分枝，它们各自的 S 型阈值运算的整合输出在胞体处相乘。这种神经元的三层网络模型，对于揭示大脑皮层第五层锥体神经元和海马 CA1 区锥体神经元等细胞的顶树突的作用具有重要意义。这些神经细胞的顶树突很长，由于它们距离胞体太远，在细胞膜被动特性的衰减作用下，如果没有任何补偿机制，那么，就很难解释这些顶树突上输入信号如何能够影响胞体部位的膜电位。

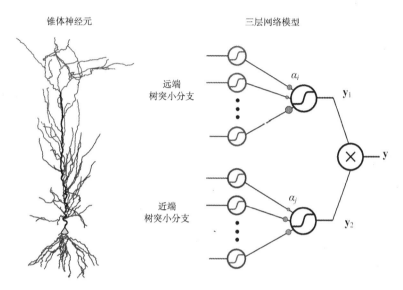

锥体神经元 三层网络模型

远端
树突小分支

α_i

y_1

y

近端
树突小分支

α_j

y_2

图 4 锥体神经元及其三层网络模型 [7]

由此可见，树突上各个突触传入信号并不一定都能够直接影响细胞产生动作电位，在到达细胞体的最终整合之前，它们都要经过筛选，有些被淘汰，有些却被增强。树突的信息整合特性与许多复杂的因素相关，包括树突的形态结构、突触输入信号的时间和空间信息、兴奋性和抑制性输入之间的相互作用、树突的电压门控通道等。

前述神经元单细胞自身的多层信息处理机制，具有强大的实验研究成果的支持。反过来，这些机制也解释了简单神经元点模型（图 2）无法解释的许多实验现象。例如，各个突触输入之间在时间和空间上相互作用的现象，仅限于树突中的突触输入能够诱发局部锋电位，胞体锋电位和树突锋电位产生机制之间的相互作用，特定时序的突触输入信号对于树突主杆上反向和正向传播的动作电位的增强和抑制作用，以及这些相互作用的结果对于突触可塑性的影响等。

如果根据只有被动特性的树突电缆模型（见本文附录），那么，突触生长的部位与其输入信号对于神经元作用的大小密切相关。显然，经过电缆的低通滤波和衰减，距离胞体越远的突触，其输入的作用就越小，而大脑中主神经元之一——锥体神经元和小脑的浦肯野细胞等都具有茂盛的树突树，这是否意味着位于远端树突上的突触输入就没有什么生理作用了呢？如果真是如此，那么，经过漫长的进化，它们可能早已不存在了。

2.2 神经元单细胞信息整合中的反馈机制

上述神经元多层模型仅描述了单个方向的信号传播。早期的神经元学说认为，神经信号仅沿着树突—胞体—轴突的单方向传播。近十多年的研究成果却表明，动作电位还可以从胞体反向传播到树突[8]，这说明单个神经元的信息处理并非"开环"形式的，它也存在反馈机制。这种机制对于树突的功能和突触可塑性等具有重要作用[3]。例如，反向传播的动作电位可以激活树突上的慢速电压门控离子通道，这些通道产生的电流反过来又会传向轴丘上的动作电位起始区域，从而再次诱发产生动作电位。通过这种胞体与树突之间的相互作用，神经元就容易产生爆发式的连续发放的动作电位脉冲串（spike burst），从而增强神经信息传输的可靠性。模型的仿真研究结果表明，胞体与树突之间的耦合与树突的形态结构、树突上电压门控通道的特性和分布以及突触的活动等因素相关。树突状态的变化可以直接调节神经元的发放模式。

总之，最新研究成果表明，神经元自身内部就存在复杂的信息处理和整合机制，包括树突棘和树突主分枝部位细胞膜电压门控主动电特性形成的阈值处理、胞体动作电位反向传播等机制，因此，神经元可以看作由许多更小的信息整合单元组成。而另一方面，多个神经元通过突触连接成的神经网络则构成更上一级的信息整合结构。这就像套娃玩具一样，是一种嵌套体系，揭开外层，里面较小尺度的内层具有相似的结构，一层套一层，这种模式在生命系统中普遍存在。下面本文以海马组织为例，介绍神经回路水平上的神经信息整合机制。

3 大脑海马组织及其神经回路的信息整合机制

海马组织是大脑边缘系统的重要组成部分，其神经回路的信息处理过程被认为与大脑的学习记忆等高级功能的实现相关。海马位于侧脑室中央的内侧，为弯曲的带状隆起，大脑左右两侧各有一个海马结构，成对称状，均由脑的前内侧斜向后外侧，再弯向后下方，构成羊角形状。整个海马结构主要由海马角（ammon）和齿状回（dentate gyrus，DG）两个基本部分组成。海马角根据其内部发育程度和纤维形成的差异可以分为四个区域，依次命名为CA1—CA4，锥体神经元是海马角的主神经细胞。齿状回的主神经细胞则是颗粒细胞。海马组织中主神经细胞排列紧密有序，形成了清晰的神经回路（图5），因此，常被用于研究神经突触回路的信息整合和传导机制。由于海马组织在大脑的学习记忆、大脑对行为和环境信息的神经编码以及癫痫等神经系统疾病的产生过程中都起着重要的作用[9]，因此，揭示海马神经网络的工作机制，具有重要的研究意义。下面首先介绍海马组织的兴奋性和抑制性回路的连接结构，然后论述其CA1区对于输入信息的整合过程。

3.1 海马组织的兴奋性回路

图5显示了兔子大脑中海马组织所处的位置（图5（a））以及海马横切面上神经回路的示意图（图5（b））。从图中可见，海马主要有三个兴奋性突触连接：由内嗅皮层（entorhinal area）神经元轴突构成的前穿

质纤维（perforant path，PP）是海马的传入纤维，它与齿状回颗粒细胞的树突形成兴奋性突触连接；齿状回颗粒细胞生长出来的轴突，形成苔状纤维（mossy fiber，MF），并连接到 CA3 区锥体神经元的树突上，形成兴奋性突触；然后，CA3 区神经元轴突形成的 Schaffer 侧支再与 CA1 区锥体神经元的树突形成兴奋性突触连接，而 CA1 锥体神经元的轴突是海马的主要输出通路。

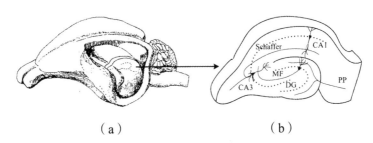

（a）　　　　　　　　　　　（b）

图5　海马组织在兔子大脑中的位置以及海马横切面上的神经回路示意图

如图 6 所示，如果植入刺激电极，在海马 CA1 区的传入神经纤维 Schaffer 侧枝上施加一定强度的阈上电刺激，就可以同时兴奋一大群 CA1 区锥体神经元，在突触后膜上诱发出兴奋性突触后电位（excitatory post-synaptic potential，EPSP），并且触发突触后锥体神经元群体产生动作电位。此时，放置在 CA1 区的微电极阵列就可以在细胞结构的不同层次上分别记录到波形各异的场电位：在顶树突层可以清晰地记录到负相的 EPSP 波形，它反映了此处突触电流经过细胞膜流入树突内的情景；而在胞体层可以记录到动作电位的整合，即负相的群峰电位（population spike，PS），它反映了此处动作电位电流由外向内地流入胞体细胞膜的情景。EPSP 的幅值或斜率可以反映突触传导的效率，其值越大，表示突触传导效率越高；而 PS 的幅值大小，则与参与动作电位发放的神经元数目和发放的同步性密切相关，神经元多且同步性越高，那么，PS 的幅值就越大[10]。

同理，如果刺激海马的其他两条兴奋性神经通路 PP 或者 MF，也可以兴奋其下游的齿状回颗粒细胞或者 CA3 区锥体神经元，诱发出相应的 EPSP 和 PS 电位。

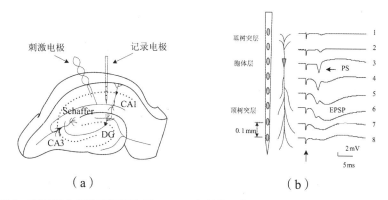

（a）   （b）

图 6　利用微电极阵列记录海马 CA1 区电刺激兴奋性输入通路时产生的诱发电位

注：（a）电极位置示意图，其中刺激电极置于 CA1 区的传入神经纤维 Schaffer 侧枝上，记录电极阵列置于 CA1 区；（b）神经元不同层次上记录的诱发电位波形，下方箭头表示刺激伪迹，左侧是电极阵列与神经元之间相对位置的示意图。

3.2　海马组织的抑制性回路

海马结构中除了兴奋性突触连接以外，当然还存在着抑制性突触连接。以海马 CA1 区为例，图 7（a）显示的是 CA1 区局部神经元回路的示意图，其中包含一个主神经元，即锥体神经元（pyramidal cell），两个抑制性中间神经元（inter-neuron）：篮细胞（basket cell）和 L-M 中间神经元。这些神经细胞之间的主要突触连接关系如下：CA1 区的兴奋性输入 Schaffer 侧支同时与这三个细胞形成兴奋性突触连接，然后，锥体神经元的输出轴突再与篮细胞形成兴奋性突触连接，而篮细胞和 L-M 这两个中间神经元又都在锥体神经元上形成抑制性突触连接。这样，就形成了两种抑制机制：前馈抑制（feedforward inhibitory）和反馈抑制（feedbackward inhibitory）。

前馈抑制回路是从兴奋性输入通路 Schaffer 侧支到 L-M 中间神经元，再由这个中间神经元到锥体神经元，其中需要经过两个突触传递。反馈抑制回路是从 Schaffer 侧支到锥体神经元，再由锥体神经元到篮细胞中间神经元，最后，由篮细胞再回到锥体神经元，这样，要经过三个突触传递。

利用输入通路 Schaffer 侧支上施加双脉冲刺激（paired-pulse stimulation）的方法，可以检测 CA1 区这两种抑制回路的作用效果。如图 7（b）所示，在正常的抑制作用下，间隔一定时间的两个阈上强度的刺激，第一个刺激可以诱发出大幅值的 PS 波；但是由于抑制回路的作用，紧随其后的第二个刺激几乎不能诱发出 PS 波。如果使用抑制性突触的阻断剂减弱抑制作用之后，前后两个刺激就都能够诱发出大幅值的 PS 波，并且还会产生多个波峰的痫样发放。

Schaffer 侧枝是海马 CA1 区的主要输入通路，此处施加的电刺激被称为正向刺激；而施加在 CA1 区输出通路海马白质（alveus）——CA1 锥体神经元轴突上的电刺激则被称为反向刺激，因为它可以反向诱发胞体产生动作电位。由以上论述可知，正向刺激会同时激活前馈和反馈抑制回路，因此，上述双脉冲刺激法检测的是两种抑制回路共同作用的结果。利用正向和反向组合的双刺激还可以分析两种抑制回路各自的作用强度，详见下一节论述。

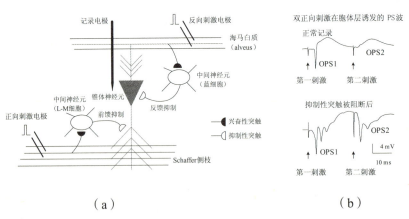

（a）　　　　　　　　　　　（b）

图 7　海马 CA1 区的局部抑制性神经回路

注：（a）神经元及其构成神经回路的示意图；（b）根据双正向脉冲电刺激的诱发电位来判断抑制回路的作用。

3.3 海马 CA1 区前馈抑制和反馈抑制的作用特性

在 CA1 区锥体神经元响应输入神经信号时，前一节所述的前馈抑制和反馈抑制通常同时发生作用。那么，这两种抑制机制在控制 CA1 锥体神经元的动作电位发放中，各自的作用强度有何区别，它们产生作用的时间过程怎样，与神经元动作电位不应期之间的衔接关系又如何？这些是海马组织神经信息整合机制研究的重要问题。下面就介绍我们利用电刺激方法，研究大鼠海马 CA1 区前馈抑制和反馈抑制作用的比例关系及其作用的时间过程的实验结果[11]。

3.3.1 动物手术和电极植入

成年 SD（Sprague-Dawley）大鼠（250g±50g 左右，购自浙江省实验动物中心），用乌拉坦（Urethane）1.5g/kg 腹腔注射麻醉之后，固定于大鼠脑立体定位仪上，切开头部皮肤，去除部分颅骨。

记录电极采用美国 NeuroNexus Technologies 公司生产的微电极阵列，将其植入到海马 CA1 区，定位是前囟后 3.0mm，旁开 2.6mm，大脑皮层表面向下深 2.5~3.0mm。刺激电极使用两根双极钨丝电极，其中一根植入到 CA1 区的 Schaffer 侧枝，用于正向（Orthodromic）刺激 CA1 锥体神经元，定位是前囟后 2.0mm，旁开 2.3mm，深 2.8mm。另一根刺激电极植入到 CA1 区的海马白质（即锥体神经元的轴突纤维）上，用于反向（Antidromic）刺激锥体神经元，其定位是前囟后 4.0mm，旁开 2.6mm，深 2.0~2.5mm。另外，固定于鼻骨上的两颗小螺钉分别作为参考电极和接地电极[12]。

3.3.2 记录与刺激

记录电极采集的电信号经过 3600 型细胞外放大器（A-M Systems Inc.，USA）放大之后，用 ML880 型 PowerLab 多通道信号采集系统（ADInstruments，Pty Ltd）以 20 kHz 的频率采样（A/D 转换分辨率为 16 位），并将数据存入硬盘，用于离线分析。放大器的频率范围设定为

0.3 Hz~5 kHz，放大倍数为 100 倍。

刺激信号是脉宽为 0.1ms 的方波脉冲，由 PowerLab 系统发生并控制 2300 型刺激隔离器（A-M Systems Inc.）产生恒流脉冲。在测试电刺激强度与所诱发的 PS 波幅值之间的关系（即输入—输出响应曲线）时，刺激强度的调节范围为 0.05~0.5 mA。

双脉冲刺激的时间间隔（inter-pulse interval，IPI）调节范围为 0—400 ms。每对刺激之间至少间隔 20 s 以上。正向和反向刺激分别组合成双正向（简称 OO）、双反向（简称 AA）、先反向后正向（简称 AO）以及先正向后反向（简称 OA）共四种双刺激模式。

3.3.3 电刺激诱发电位的分析

根据以上图 7 所示的海马 CA1 区神经回路以及记录电极和刺激电极放置部位的示意图可见，CA1 区正向和反向刺激在兴奋锥体神经元及其抑制性回路时具有如下区别：

（1）在兴奋锥体神经元时，由于正向诱发需要经过突触传导，因此，它的诱发电位中主要包含 EPSP 和 PS 两种成分，而且 PS 出现的潜伏期（即它与刺激之间的延时）较长，其中包含了突触传导的延迟时间。而反向刺激主要诱发 PS 电位，无 EPSP；而且 PS 的潜伏期较短，因为无需经过突触传导。

（2）在兴奋抑制性回路时，Schaffer 侧枝上施加的正向刺激一方面经过两个突触传导，在锥体神经元的树突部位诱导出前馈抑制；另一方面，又经过三个突触传导之后，在锥体神经元的胞体部位诱导出反馈抑制，因此，正向刺激会同时兴奋两种抑制机制。而施加在锥体神经元轴突上的反向刺激则经过两个突触传导，只诱导出反馈抑制。

依据这些特点，不仅可以判断实验中记录电极和刺激电极植入位置的正确性，而且，还能够分别计算出前馈抑制和反馈抑制作用强度之间的关系。我们采用 CA1 区胞体层记录到的 PS 诱发电位，计算两个指标：一是 PS 的幅值；二是双刺激诱发的受到抑制作用的第二个 PS 波的幅值与无抑制影响的 PS 波的幅值之比（population spike ratio，PSR）。其中，正向和反向 PS 诱发波幅值的计算方法有所不同，由于正向诱发波受到突触电位的影响，其 PS 幅值等于前正峰和后正峰与负峰谷点之间幅值之差的平均值；而反向诱发波的 PS 幅值则等于前正峰与负峰谷点之间的幅值之差。

双刺激响应的 PSR 比值可用于检测抑制回路作用的大小。由图 7 可知，如果刺激强度足够大，在 OO 双正向刺激诱发中，第一个诱发的动作电位群峰 OPS1 不受抑制回路影响，而第二个诱发的 OPS2 则受到前馈和反馈抑制的影响；因此，此时 PSR= OPS2/OPS1，它反映了两种抑制共同作用的强度（图 8）。而 AO 双刺激诱发时，第一个诱发的是反向群峰电位 APS1，第二个诱发的 OPS2 只受到 APS1 诱导的反馈抑制的影响，此时 PSR 等于该 OPS2 的幅值与未受抑制的其他单刺激诱发的 OPS 波的幅值之比，它反映了反馈抑制单成分的强度。PSR 数值越小，抑制作用越强。（1–PSR）就是 PS 波被抑制的部分。在一定条件下，OO 双刺激与 AO 双刺激的抑制部分相减，就可以估计出前馈抑制的作用强度。

3.3.4　正向刺激和反向刺激诱发电位的输入—输出响应

如图 8 所示，是脉冲间隔 IPI = 50ms 时，双正向刺激诱发的 OPS1 幅值以及 PSR = OPS2/OPS1 随刺激强度的变化曲线（n = 6）。图的上方是诱发波示例。可见，随着刺激强度的增加，OPS1 的幅值逐渐增大；但是，PSR 却逐渐减小，表明抑制回路的作用增强。当刺激强度很小（如 0.05 mA）时，OPS1 几乎诱发不出来，但紧随其后的第二个同样强度的刺激却会诱发出幅值较大的OPS2，表现为双刺激增强（paired-pulse facilitation，PPF）；而刺激强度稍大之后，OPS1 增大，PSR 迅速减小，表现为双刺激抑制（paired-pulse inhibition，PPI）。

由图中数据可知，当刺激强度≥0.3mA 时，PS1 的幅值趋于饱和，潜伏期也趋于稳定，且出现明显的双脉冲抑制现象，PSR 的标准差变小。

因此，我们在实验中使用大于 0.3 mA 的正向刺激来稳定地诱发 OPS1 以及前馈和反馈回路的抑制作用。这时，由于兴奋性突触输入已足够大，使得被刺激区域的大部分神经元都能够产生动作电位发放。

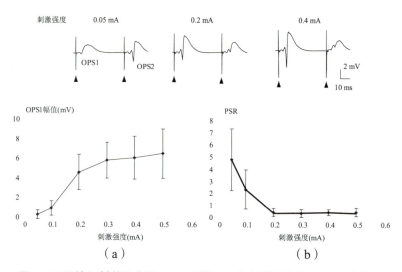

图 8　不同输入刺激强度下 50ms 间隔双正向刺激诱发的 CA1 区胞体层的 OPS1 幅值和 PSR＝OPS2/OPS1[11]

同理，图 9 显示了刺激强度从 0.05 mA 变化到 0.5 mA 时，AA 双脉冲刺激诱发的第一个 PS 波幅值和前后两个 PS 波幅值之比 PSR 值的平均数值和标准差（n＝6），图的上方是诱发波示例。可见，随着刺激强度的增加，反向刺激诱发的 APS1 和 APS2 的幅值都逐渐增大，由于反向诱发不受抑制回路作用的影响，PSR 都稍大于 1 且没有明显变化。我们在 AO 和 OA 双刺激实验中，也选择大于 0.3 mA 的刺激强度来诱发 APS1 及其相关的反馈抑制回路的作用。

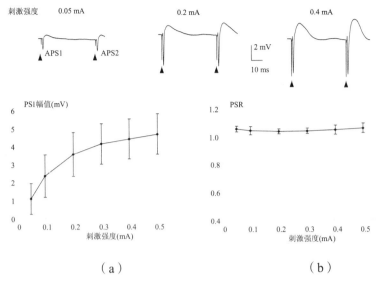

图9　不同刺激强度下50ms间隔双反向刺激诱发的 CA1 区胞体层的 PS1 幅
值和 PSR = APS2/APS1[11]

3.3.5　前馈抑制和反馈抑制回路作用的分析

如图10（a）所示，是 IPI = 0~400 ms 时 OO 和 AO 双刺激诱发波
的 PSR 值（n = 6），图10（b）是 IPI = 0~50 ms 时的放大图。可见，
当 IPI < 100 ms 时，两条 PSR 曲线都迅速下降，表现出明显的双刺激抑
制。当 IPI = 50 ms 时，OO 的 PSR = 0.43，说明前馈和反馈两种抑制的
作用，把一半以上的 PS 幅值都抑制掉了；而 AO 的 PSR = 0.71，说明
此时两种抑制作用的大小比例相当，即（1−0.71）≈ 1/2（1−0.43）。但
是，随着 IPI 的减小，反馈抑制所占比例增大。当 IPI = 25 ms 时，反馈
抑制的比例达到70%。IPI < 10 ms 时，OO 的 PSR 持续保持于0，几乎
不能诱发出 OPS2；而 AO 的 PSR 在 IPI = 4 ms 时出现低谷，然后却又
回升，直至 IPI = 0时（即正向和反向刺激同时施加时）达到 PSR = 0.36，
这反映了突触传导引起的抑制作用的延迟。注意，这里虽然两个刺激同
时施加，但是，由于正向诱发需要经过突触传导，而反向诱发没有，因

此，两个 PS 诱发波的发生时刻仍然不同。另外，IPI = 10 ms 时，由于
OO 的 PSR 为 0，可能产生过度抑制，估算的前馈抑制比例 86％ 可能
并不精确。

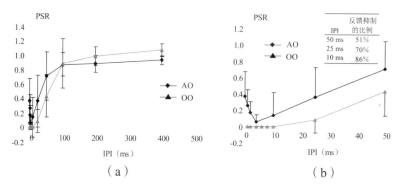

（a）   （b）

图 10 （a） IPI=0～400ms 和（b）IPI=0～50ms 时 OO 和 AO 双刺激诱发波
的 PSR 值 [11]

　　如图 10 所示的数据使用双刺激之间的时间间隔 IPI 作为自变量，而
不是前后两个 PS 诱发波之间的时间间隔（inter-spike interval，ISI）作
为自变量，这会产生如下问题。在 OO 双刺激情况下，由于 2 个刺激的
路径相同，IPI 能够反映两个诱发响应之间的时间间隔；但是，在 AO
双刺激情况下，A 刺激无须经过突触传导，而且不同实验中两个刺激的
诱发路径长度存在区别；因此，反向刺激诱发的 APS 的潜伏期一般在
1～2ms 之间，而正向刺激诱发的 OPS 的潜伏期却有 4～9 ms。当 IPI 较
大时，正向和反向诱发波的潜伏期之间的差别可以忽略不计。但是，在
分析反馈抑制的短时程作用效果（即 IPI 很小）时，就必须考虑两者潜
伏期之间的差别。如图 11 所示，即使 AO 双刺激的 IPI = 0，APS 与
OPS 之间仍然存在明显的时间差，我们用两个 PS 诱发波负峰点之间的
时间间隔作为 ISI，用于衡量这个时间差。由于 AO 双刺激时反馈抑制
是 APS 引起，因此，ISI 可以更好地反映反馈抑制的短时程作用过程。
为了进一步考察 ISI 趋于 0 时反馈抑制的变化情况，除了 AO 双刺激以

外，我们还使用正向刺激在前的 OA 双刺激。如图 11（d）所示，当 IPI
很小时，OA 双刺激诱发的 APS 仍然出现在 OPS 之前。

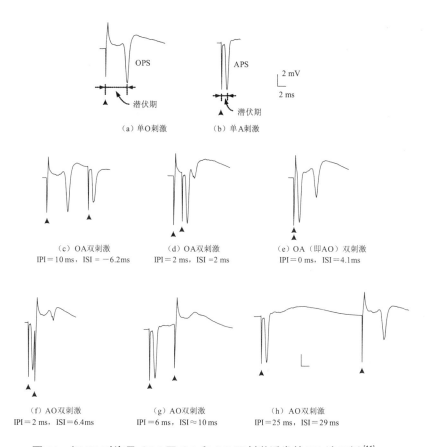

（a）单 O 刺激　　　　（b）单 A 刺激

（c）OA 双刺激　　　　　（d）OA 双刺激　　　　（e）OA（即 AO）双刺激
IPI＝10 ms，ISI＝－6.2ms　　IPI＝2 ms，ISI＝2 ms　　IPI＝0 ms，ISI＝4.1ms

（f）AO 双刺激　　　　　（g）AO 双刺激　　　　　（h）AO 双刺激
IPI＝2 ms，ISI＝6.4ms　　IPI＝6 ms，ISI≈10 ms　　IPI＝25 ms，ISI＝29 ms

图 11　短 IPI 时海马 CA1 区 OA 和 AO 双刺激诱发的 PS 波示例[11]

图 11 各图显示了短 IPI 时 OA 和 AO 双刺激诱发中第二个 PS 波所
受到的抑制的变化过程。图中箭头指示刺激伪迹。图 11（a）和（b）分
别是正向和反向单刺激的诱发波，它们的幅值在 PSR 计算中作为分母。
图 5（c）—（h）显示了 APS 与 OPS 之间的 ISI 逐步变化的过程，OPS
先于 APS 时 ISI 为负；反之，ISI 为正。

由图 11 可见，O 刺激先于 A 刺激 10 ms 时，OPS 先发放并对后续

APS 有抑制作用（图 11（c））。但是，当 IPI = 2 ms 时，虽然 O 刺激仍然先于 A 刺激，而 APS 却先发放，并且对紧随其后的 OPS 产生较强的抑制（图 11（d）），由于此时的 ISI ≈ 2 ms，APS 形成的不应期也是 OPS 抑制的原因之一。随着 IPI 减小至 0（图 11（e）），APS 与 OPS 之间的 ISI 增大，OPS 幅值也明显增大，这与 OPS 逐渐脱离不应期有关。当 ISI 进一步增大（进入 AO 双刺激）时，OPS 的幅值却又减小（图 11（f）和（g））。当 ISI ≈ 10 ms 时，OPS 几乎完全被抑制，显示了 APS 所产生的反馈抑制的强大作用（图 11（g））。当 ISI 继续增大后，OPS 的幅值再逐渐恢复（图 11（h））。可见，在不应期与反馈突触抑制开始起作用之间存在一段 OPS 抑制减弱的时期。

如图 12 所示，是 6 只大鼠短 ISI 时（APS 先于 OPS）的 PSR 数据，虽然存在个体差异，但这些数据都表现出 ISI < 3 ms 时的不应期抑制效应和 7 ms < ISI <17 ms 时的反馈抑制的强作用期。

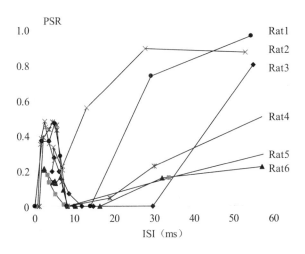

图 12　短 ISI 时海马 CA1 区 APS 对于 OPS 的抑制作用[11]

上述实验结果表明：前馈抑制和反馈抑制的共同作用在 50 ms 时间以内比较强，并且在 10ms 以内几乎可以完全抑制动作电位的发放；

在 10~50 ms 时期，随着时间的缩短，反馈抑制作用的比例增大；但是，在 3~7 ms 时间段却存在明显的反馈抑制减弱时期，说明反馈抑制作用期与动作电位不应期之间并不能衔接。此时，前馈抑制的补充起了重要的作用。其原因可能是：正向刺激 Schaffer 侧枝时，前馈抑制的诱发只需要经过两个突触的传导，潜伏期约为 3ms[13]；而同时诱发的 OPS 也需要经过一个突触的传导，因此，在 OPS1 之后的 2 ms 之内前馈抑制就会发生作用，从而使得前馈抑制与不应期之间充分交叠。而且，如果正向刺激直接兴奋了 Schaffer 侧支附近的中间神经元，在 CA1 区锥体神经元上快速产生单突触前馈抑制作用，那么，抑制性突触电位的潜伏期就更短，在时间上甚至可以与同一刺激诱发的兴奋性电位相互重叠[14]。前馈抑制的这种快速有力的作用对于增强神经元发放的同步性，以及提高 CA1 神经元发放阈值，抑制异常的痫样发作等都具有重要意义。

3.4　海马 CA1 区神经回路的信息整合特性

　　海马 CA1 区的输入通路是 CA3 区锥体神经元轴突构成的 Schaffer 侧枝（图 6 和图 7），正常情况下，在此通路上施加刺激输入之后，经过突触传导，就可以兴奋 CA1 区的锥体神经元，使其产生动作电位发放，从而输出神经脉冲信号。由图 8（a）的数据可知，当刺激输入超过一定的阈值之后，就可以诱发出群峰电位 PS；并且，在一定范围内，随着刺激强度的增加，PS 幅值也增加，表明发放动作电位的锥体神经元数量越来越多，同步性也越来越高；当刺激强度足以兴奋绝大多数下游神经元时，PS 幅值的增加就进入饱和状态，如果此时再进一步增加刺激强度，PS 幅值的变化就不明显。这种刺激输入通路考察输出情况的方法称为正向诱发，它是锥体神经元以 S 型阈值运算方式整合其树突上突触输入信息的结果（图 4），反映了本章第二节所述的神经元单细胞的信息整合特性。

　　但是，在神经信息一级接一级地从上游神经元传递给下游神经元时，为了调节神经元的兴奋状态，避免出现过度的神经脉冲异常发放，中枢神经组织的局部区域都存在抑制性神经回路，用于实现图 1 所示的负反馈控制。本节介绍的海马 CA1 区局部抑制性回路就是其中一例。CA1 区的快速抑制性突触电位都是 $GABA_A$ 受体介导的[15]，在主神经元——锥体神经元上，中间神经元产生的大部分抑制性输入位于胞体（即反馈抑制）或者接近胞体的树突部位（即前馈抑制），而兴奋性突触都在较远的树突棘上，因此，胞体近端的抑制性突触可以通过旁路效应（见本章附录 1）很好地调控集中在胞体远端的兴奋性输入。本文介绍的研究工作，揭示了海马 CA1 区前馈抑制与反馈抑制的共同作用效果以及两者之间的差别，为深入地了解神经网络的信息整合机制提供了实验基础。

　　由此可见，海马 CA1 区的锥体神经元不仅自身具有图 4 所示的三层形式的信息整合功能，而且，锥体神经元与中间神经元构成局部抑制性回路，能够进一步调控 CA1 区主神经元的输出。这就是图 1 所示神经系统处理模式在不同水平层次上的体现。

参考文献

[1]　Branco，T., & Hausser, M. (2010). The single dendritic branch as a fundamental functional unit in the nervous system. *Current opinion in neurobiology, 20,* 494—502.

[2]　Sidiropoulou, K., Pissadaki, E. K., Poirazi, P. (2006). Inside the brain of a neuron. *EMBO reports, 7,* 886—892.

[3]　London, M., & Hausser, M. (2005). Dendritic computation. *Annual Review of Physiology, 28,* 503—532.

[4]　Silver, R. A. (2010). Neuronal arithmetic. *Nature Reviews Neuroscience, 11,* 474—489.

[5]　Yuste, R., & Urban, R. (2004). Dendritic spines and linear networks. *Journal of physiology, 98,* 479—486.

[6] Poirazi, P., Brannon, T., & Mel, B. W. (2003). Arithmetic of subthreshold synaptic summation in a model CA1 pyramidal cell. *Neuron, 37,* 977—987.

[7] Hausser, M., & Mel, B. (2003). Dendrites: bug or feature? *Current opinion in neurobiology, 13,* 372—383.

[8] Stuart, G., Spruston, N., Sakmann, B., & Hausser, M. (1997). Action potential initiation and backpropagation in central neurons. *Trends in Neuroscience, 20,* 125—131.

[9] Andersen P., Morris R., Amaral D., Bliss, T., & O'Keefe, J. (2007). *The Hippocampus Book.* New York: Oxford University Press (pp. 37—76).

[10] Megias, M., Emri, Z., Freund, T. F., & Gulyás, A. I. (2001). Total number and distribution of inhibitory and excitatory synapses on hippocampal CA1 pyramidal cells. *Neuroscience, 102,* 527—540.

[11] 封洲燕，邢昊昱，田聪，王静，汪洋. (2011). 大鼠海马 CA1 区前馈抑制和反馈抑制的作用特性. 航天医学与医学工程，24, 167—172.

[12] 封洲燕，光磊，郑晓静，李淑辉. (2007). 应用线性硅电极阵列检测海马场电位和单细胞动作电位. 生物化学与生物物理进展, 34, 401—407.

[13] Pouille, F., & Scanziani, M. (2001). Enforcement of temporal fidelity in pyramidal cells by somatic feed—forward inhibition. *Science, 293,* 1159—1163.

[14] Papatheodoropoulos, C., & Kostopoulos, G. (1998). Development of a transient increase in recurrent inhibition and paired-pulse facilitation in hippocampal CA1 region. *Developmental brain research, 108,* 273—285.

[15] Leung, L. S., Peloquin, P., & Canning, K. J. (2008). Paired-Pulse Depression of Excitatory Postsynaptic Current Sinks in Hippocampal CA1 in Vivo. *Hippocampus, 18,* 1008—1020.

附录1：神经元及其突触连接的基础知识

一　神经系统和神经元的基本概念

神经系统可分为中枢神经系统和周围神经系统，前者包括脑和脊髓，后者包括与脑相连的12对脑神经和与脊髓相连的31对脊神经。神经组织由神经细胞（即神经元）和神经胶质细胞两类细胞组成。神经元具有感受刺激和传导冲动的功能，是神经组织的结构和功能的基本单位；而神经胶质细胞常被看作神经组织的辅助成分，对神经元具有支持、保护、髓鞘形成、修复、代谢物质的传递等作用。

神经元由胞体、树突和轴突构成。胞体是神经元的代谢和营养中心，其大小不一，形态各异，由细胞膜、细胞核和细胞质组成。细胞质内除了含有一般的细胞器外，还有神经元的特殊结构如尼氏体和神经原纤维等。每个神经元的树突（dendrite）可以有一个或多个，反复分枝，逐渐变细，形如树枝状。树突具有接收外部信号并将其传递给细胞体的功能。每个神经元只有一个轴突（axon），长短差别较大，短的只有数微米，长的可达1米以上。轴突的功能是将神经冲动从胞体传送到其他神经元或效应器。轴突全长粗细较均匀，胞体发出轴突的部位被称为轴丘（axon hillock），它是常规动作电位启动部位；轴突起始的部分称为始段（initial segment）；轴突的末端分成许多分枝，每个分枝末梢有膨大部分与其他神经元或肌肉细胞接触，形成化学突触（synapse）。包有髓鞘的轴突常呈现束状，称为有髓鞘神经纤维。

不同种类的神经元在形态和功能上存在较大的差别。

根据突起数量的不同，神经元可分为假单极神经元，双极神经元和多极神经元。假单极神经元位于脑神经节和脊神经节内，其胞体只发出一个突起，并在距离胞体不远处呈"T"形分为两支，一个分枝伸向外周，至皮肤、运动器或内脏等的感受器，称为周围突；另一分枝则进入脑或脊髓，称为中枢突。根据传导神经冲动的方向，周围突相当于树突，接收信号；中枢突则相当于轴突，输出信号。双极神经元一般存在于视网膜、鼻腔黏膜嗅部和前庭蜗器神经节内，从胞体两端各发出一个突起，其中一个是树突，连接感受器；另一个是轴突。多极神经元则有多个树突和一个轴突，主要位于脑和脊髓内，也有部分存在于内脏神经节内，是人体中数量最多的一种神经元。

根据功能不同，神经元可分为感觉神经元、运动神经元和中间神经元。感觉神经元也称传入神经元，接收体内和体外的刺激，并将刺激信号转变为神经冲动，传向中枢。一般假单极神经元和双极神经元都属于感觉神经元。运动神经元也称为传出神经元，能将冲动从中枢传至肌肉或腺体等效应器。中间神经元也称为联络神经元，为多极神经元，其胞体和突起皆在中枢内，位于感觉神经元与运动神经元之间，起联络作用。

二 神经元之间的突触连接和突触电位

神经系统的神经元之间，或神经元与效应器之间，活动信息的相互传递是通过突触完成的。突触可分为化学突触（chemical synapse）和电突触（electrical synapse）两类。前者的信息传递是通过神经递质实现的，存在着电信号到化学信号，再到电信号的转换过程；后者则直接依靠局部电流传递信息。按连接的部位不同，突触可以分为轴突—树突型、轴突—胞体型和轴突—轴突型等多种类型。

神经系统的信息传递功能主要由化学突触（简称突触）完成。典型的化学突触包括突触前、突触间隙和突触后三个部分。突触前膜和后膜较一般神经元细胞膜稍厚，约 7.5 nm，突触间隙宽 20~40 nm。突触前膜内侧含有大量的突触小泡，小泡内含有神经递质。当突触前神经元的动作电位到达突触前膜时，前膜产生去极化。去极化达到一定电位水平时，前膜上的电压门控钙离子通道打开，细胞外钙离子进入突触前膜，导致前膜轴浆内钙离子浓度迅速升高，促使突触小泡与前膜结合并释放神经递质，递质释放的量与轴浆内钙离子的量呈正比。释放的递质进入突触间隙后，经扩散到达突触后膜，与后膜上的特异性受体结合，开放某种离子通道，使突触后膜产生去极化或超极化的突触后电位。

电突触又称缝隙连接（gap junction），由蛋白质通道构成，这些通道就像"铆钉"一样，直接将前后细胞的两片紧密接触的细胞膜连通。通道允许带电的小离子和小分子物质通过。电突触无突触前膜和后膜之分，双向传递信息，且传递速度快，几乎无延时。电突触的功能尚未彻底了解，一般认为具有促进神经元同步活动的功能。

三 突触电位及其整合

化学突触的突触后电位有兴奋性（excitatory postsynaptic potential，EPSP）和抑制性（inhibitory postsynaptic potential，IPSP）两种，分别由配体门控钠离子通道和氯离子通道产生，取决于神经递质的种类和相应的受体通道。

在中枢神经系统中，兴奋性氨基酸类神经递质主要有谷氨酸和门冬氨酸等，氨基酸受体有 AMPA（α-amino-3-hydroxy-5-methyl-4-isoxazoleproprionate）、NMDA（N-methyl-D-aspartate）和 KA（Kainic acid 或 kainate）3 种类型。AMPA 和 KA 受体合称为非 NMDA 受体，它们对谷氨酸的反应较快，受体激活时主要对 Na^+ 和 K^+ 的通透性增加；而 NMDA 受体对谷氨酸的反应较慢，激活时对 Na^+、K^+ 和 Ca^{2+} 都通透。

与单纯的配体门控受体不同，NMDA 受体具有配体门控和电压门控双重特性，其受体上不仅有谷氨酸结合位点，还有 Mg^{2+} 结合位点，并且 Mg^{2+} 阻塞通道是电压依赖性的。在有谷氨酸结合的情况下，只有当细胞膜去极化电压达到一定水平，使得 Mg^{2+} 从阻塞部位移开，通道才能开放。这也就是 NMDA 受体对谷氨酸的反应速度较慢的原因。谷氨酸的大多数靶神经元上通常都同时存在 NMDA 和 AMPA 两种受体，从而使 AMPA 受体快反应引起的膜去极化，可以作用于 NMDA 受体，导致其通道的随后开放。

中枢神经系统中的抑制性氨基酸类神经递质主要有 γ-氨基丁酸（γ-aminobutyric acid, GABA）和甘氨酸（glycine，Gly）。广泛存在于中枢神经系统中的 GABA 受体有 GABA$_A$ 和 GABA$_B$ 两种类型。GABA$_A$ 属于促离子型受体，耦联 Cl$^-$ 通道，激活时增加 Cl$^-$ 内流。而 GABA$_B$ 属于促代谢型受体，突触后膜上的 GABA$_B$ 受体激活后，则可通过 G 蛋白耦合抑制腺苷酸环化酶，激活 K$^+$ 通道，增加 K$^+$ 外流。Cl$^-$ 内流和 K$^+$ 外流都会引起突触后膜超极化而产生抑制性突触后电位。

每个神经元的树突常分布有许多突触，其数量可达成千上万个，既有 EPSP 也有 IPSP，这些电位在时间和空间上的整合如果可以使膜的去极化达到阈值，就可以诱发神经元产生动作电位。神经元的动作电位首先发生于轴丘部位，因为此处细胞膜的电压门控 Na$^+$ 通道分布密度较高。动作电位产生后，沿轴突传至轴突末梢，完成兴奋传导；同时也可以逆向传导至胞体，再至树突，其生理意义可能是消除细胞兴奋前不同程度的去极化或超极化，使其状态清零，也可能是反馈调节树突的信号输入，对于突触可塑性也具有重要作用。

不过，决定突触后神经元是否能产生动作电位的因素有许多：

（1）突触后膜 EPSP 的大小。每个突触的突触后膜上有几十到几千个递质门控通道，它们是否被激活依赖于前膜神经递质的释放量。这个释放量与到达突触前膜的动作电位大小和频率有关，也与进入突触前膜的 Ca^{2+} 流量有关。每个突触小泡包含相同数目的递质分子，因此，突触后膜 EPSP 的大小呈现量化形式。

（2）突触后膜 EPSP 在空间和时间上的整合。这种整合取决于树突的电特性，包括被动电特性和主动电特性。由于树突细胞膜存在被动电特性，树突上突触部位注入的电流向外扩散时，被不断衰减，在与突触相距较远处引起的细胞膜去极化较小。近年的研究进展表明，树突细胞膜上也存在电压门控离子通道，可以产生"全或无"式的树突动作电位（即锋电位），也就是树突也具有主动电特性，使得树突的特定区域像胞体一样，具有阈值函数整合功能，可以对树突上不同部位突触输入的不同频率的信号进行非线性运算。

（3）抑制性突触的旁路效应。在兴奋性突触电位传向胞体的途中，如果遭遇到处于激活状态的抑制性突触，那么，由于 Cl⁻ 离子等通道的开放，树突 EPSP 扩散过来的电流就会被旁路，从而大大减小它们对于轴丘部位去极化电压的贡献。

另外，要使突触后神经元产生动作电位，不是几个兴奋性突触的 EPSP 整合效应就可以达到的。通常，单个 EPSP 只能产生 1 mV 左右的去极化幅值，而诱发动作电位的阈值大约为 20~30 mV 去极化电压。如果不考虑抑制性突触 IPSP 的抵消效应，至少也要 20~50 个几乎同时发生的 EPSP 才能触发突触后神经元的动作电位。

四　突触传递的可塑性

突触传递的可塑性（plasticity of synaptic transmission）是指突触的反复活动可以引起持续较长时间的突触传递效率的变化，例如：突触的长时程增强（long-term potentiation，LTP）和长时程抑制（long-term depression，LTD）被认为是大脑学习记忆等高级功能实现的生物学基础。它们的产生机制主要如下：

（1）长时程增强。LTP 是突触前神经元受到高频重复性短脉冲串刺激后，在突触后神经元上形成的持续时间较长的 EPSP 增强效应，如：100Hz 的高频刺激脉冲 50~100 个，可以在海马组织 CA1 区的突触后神经元诱发 LTP 现象，并且可持续数天、数月。其机制是重复高频刺激作用下，突触后膜上 EPSP 增强，配体和电压双重门控的 NMDA 受体通道开放增加，使得进入突触后膜的 Ca^{2+} 浓度增加，Ca^{2+} 激活 Ca^{2+}-CaM 依赖的蛋白激酶 II，进而使 AMPA 受体耦联通道发生蛋白磷酸化，增加通道的电导，也会导致新的 AMPA 受体结合到突触后膜上，使 AMPA 受体密度增加。这样，同样的突触前兴奋带来的递质释放，就可以有较多机会结合较多的突触后膜 AMPA 受体，产生较大的 EPSP。

（2）长时程抑制。LTD 是指较低频率的重复性刺激引起的突触传递效率的长时降低。如：在海马组织 CA1 区的突触前传入神经纤维 Schaffer 侧支上用 1~5Hz 的低频脉冲刺激数分钟后，就可以诱发 LTD 现象。其产生机制与 LTP 相似，只是效果相反。低频刺激诱发少量 NMDA 受体通道的开放，只使得突触后膜的 Ca^{2+} 浓度少量增加，Ca^{2+}-CaM 依赖的蛋白激酶 II 在这种状态下发生去磷酸化，进而使受到该酶调制的 AMPA 受体也去磷酸化，导致突触后膜上 AMPA 受体密度降低。因此，产生的 EPSP 幅值降低。

由此可见，LTP 和 LTD 的产生机制都与突触后膜 NMDA 受体通道、Ca^{2+} 内流量，以及突触后膜上 AMPA 受体效率的变化有关。

附录 2：神经元细胞膜及其电特性

一 细胞膜的组成和结构

细胞膜厚约 5~10 nm，主要由脂类、蛋白质和糖类组成。脂类是膜的骨架，蛋白质是膜功能的实现者，糖类则参与信号识别和细胞黏合等过程。对于不同的细胞，这三种成分所占比例有很大区别，大概而言，脂类约占总量的 50%，蛋白质占 40%，而糖类占 2%~10%。功能复杂的细胞膜，蛋白质的含量和种类都会增加。

细胞膜由双亲性脂类双分子层构成，双分子的非极性端在中间，紧靠在一起形成疏水层，两侧极性端形成亲水表面，一面朝向细胞内，另一面朝向细胞外。细胞膜的脂类主要是磷脂、糖脂和固醇类，其中磷脂占膜脂总质量的 50%以上。小的非极性分子（如水、氧、二氧化碳等）和一些体积较小的、不带电的极性分子可以自由通过脂类双分子层。但是，带电离子和较大的分子（如葡萄糖、氨基酸等）不能依靠扩散作用穿过脂类双分子层，只能通过特定的蛋白质通道，才能从细胞膜一侧转移到另一侧。

细胞膜上的膜蛋白与脂质分子层的结合有两种形式：一是整合蛋白，它们以不同深度镶嵌在脂质双分子层中，有的可以横跨整个膜，因而也称为跨膜蛋白。二是外周蛋白或称为外在蛋白，这类蛋白多数为水溶性的，通过与整合蛋白或脂类分子极性端的相互作用而结合于膜的内、外表面。外周蛋白与膜结合比较疏松，较容易将其从膜上分离出来，而不破坏脂双层的基本结构。膜蛋白的主要生理功能包括：进行选择性离子通透，完成能量转换，实现信号转导，构成可溶性代谢物（如葡萄糖和氨基酸）的跨膜转运系统，通过与细胞骨架中的非膜结合大分子以及胞外基质的相互作用来调节细胞的形态结构。

细胞膜结构中的糖类主要与膜脂、膜蛋白以共价键形式结合，形成糖脂和糖蛋白。并且，无例外地分布在膜的外表面，这与它们作为表面抗原或受体的主要功能相对应。此外，膜外表面的糖链结构还参与信号识别、细胞识别和黏合等过程。

二 细胞膜的被动电特性

细胞膜的组成和结构决定了其基本的电特性，即电阻特性和电容特性，也就是所谓的被动电特性。

（1）膜电阻

细胞膜的脂类双分子层几乎绝缘，电阻率可以高达 $10^{13} \sim 10^{15} \Omega \cdot cm$。与其相比较，细胞外溶液的电阻率仅为 $60 \sim 80 \Omega \cdot cm$，海水的电阻率约为 $20 \Omega \cdot cm$。可见膜的电阻率比其周围的溶液大得多。细胞膜电阻的大小并不是固定不变的，与细胞环境、生理状态、代谢水平和功能特性等有关，细胞在静息和兴奋活动时，其膜电阻的变化范围可达 $2 \sim 3$ 个数量级。细胞膜对于带电离子的通透性常用该离子的电导来表示，膜电导是膜电阻的倒数。

（2）膜电容

细胞膜的脂分子双层类似于绝缘层，细胞内液和外液分布在其两侧，由于含有电解质，内外液的电阻率要低得多，脂质分子层和内外液就像是组成了一个平行板电容器，因此细胞膜具有电容特性。平行板电容器的电容正比于板间介质的介电常数，也正比于板的面积，而与板间距离的大小却成反比。细胞膜的介电常数为 $3 \sim 5$，甚至高于制作普通电容器常用的塑料薄膜聚丙烯的介电常数 2.25。细胞膜厚仅为 5~10 nm，所以，膜电容较大，其比电容（单位面积电容）约为 1 μF/cm^2。膜电容的数值比较稳定，静息与兴奋时变化不明显，并且，不同种类细胞的比电容数值都比较接近。

（3）细胞膜的时间常数

在细胞膜的静息状态下，其电特性可以用简单的膜电阻和膜电容并联的等效电路来模拟。若在细胞膜上施加方波电压，将膜电压钳制于一定的电压值，则在方波电压的上升和下降的时间段会检测到膜电容的充电和放电电流尖峰。反之，若在细胞膜上施加方波电流，则在方波电流的上升沿和下降沿，由于电容的充放电效应，膜电压将按指数函数上升和下降到稳态值，这个过程可以用时间常数来描述，时间常数的值就等于膜电阻与膜电容的乘积。

（4）细胞膜的空间常数

长柱形的神经轴突纤维可以比作电缆线，脂质双分子绝缘层包绕着电阻率较低的轴浆溶液。将玻璃微电极插入纤维膜，并向轴浆注入电流，电流会在轴浆中沿着纤维，从电流注入点发出，向两侧沿纵向流动，称为轴向电流；同时，电流沿途穿出轴膜，称为跨膜电流。最后，电流汇集到胞外电极，完成电流回路。当电流穿过轴突的细胞膜时，会产生电压降，因此，沿途改变了细胞膜的跨膜电位差。这种由于电流在细胞内和细胞膜上的扩散，形成的分布电位称为电紧张电位。在电流注入点膜电位的值最大，在该点两侧，随着距离的增加，膜电位呈指数形式衰减，可以用空间常数来描述。如果细胞外溶液的电阻忽略不计，那么，空间常数的值等于膜电阻与轴浆电阻比值的平方根。

由此可见，时间常数描述膜电压随时间的衰减；空间常数则描述膜电压随空间距离的衰减。两个常数主要由神经纤维的膜电阻、膜电容和细胞内轴浆电阻决定。在阈下刺激不引起细胞膜的兴奋性反应的情况下，可以用符合欧姆定律的电缆特性来模拟神经纤维的电活动过程。

三　细胞膜的主动电特性以及等效电路模型

细胞膜的主动电特性主要指电压门控的离子通道，它们的电导会随着膜电压的变化而发生变化，是可兴奋细胞产生动作电位的基础。

在未受刺激的静息状态下，细胞膜内外两侧存在跨膜电位差，胞内电压比胞外低数十毫伏，称为静息电位。细胞膜静息电位的形成主要是由于细胞膜内外离子分布不均匀引起的。细胞内钾离子浓度远高于细胞外，而细胞外钠离子浓度高于细胞内。并且，膜对于离子的通透具有选择性，静息状态下膜对于钾离子的通透性远大于其他离子。在离子浓度差造成的化学势作用下，钾离子从胞内移动到胞外，使膜内侧负电荷多于正电荷，吸引膜外侧钾离子聚集，造成电位差。这种外正内负的电动势对钾离子的作用方向，与浓度差造成的化学势的作用方向相反。当两个作用力达到平衡后，进出细胞膜的钾离子处于动态平衡，此时膜两侧的电位差接近钾离子的平衡电位。

当细胞膜受到兴奋性刺激，使得膜产生去极化时，去极化造成电压门控的钠离子通道开放，细胞外高浓度的钠离子流入胞内，加速膜的去极化，开放更多的钠离子通道。这种再生式的正反馈使得胞内电位迅速上升，从负电位翻转成为正电位，并出现超射，构成了动作电位陡峭的去极化相（depolarizing phase）。这种钠离子通道的开放仅持续很短时间，立即会进入失活状态，迅速减小内向钠电流。此时，钾离子通道被激活，产生外向钾电流，于是，构成动作电位的复极化相（repolarizing phase），直到膜电位接近钾离子的平衡电位，膜电位恢复到静息电位水平。有些可兴奋细胞的复极化相会超过静息电位水平，形成超极化相，然后再回到静息电位水平。

动作电位具有"全或无"特性。阈下刺激不会诱发动作电位，一旦刺激超过阈值，则诱发的动作电位的过程和大小与刺激强度无关。细胞膜再生式地自动达到一致的最大电压值，然后再恢复到静息电位。动作电位产生过程中，还存在绝对不应期和相对不应期。这是因为在动作电位的超射时相，钠离子通道进入失活状态，此时，无论使用多少强度的外部刺激也诱发不出新的动作电位，所以称为绝对不应期。紧跟绝对不应期之后，钠离子通道逐渐从失活状态进入关闭状态，用较强的刺激可以诱导出动作电位，因此，这段时间称为相对不应期。

　　早在 1952 年，Hodgkin 和 Huxley 在枪乌贼巨型神经轴突上应用电压钳技术，研究了动作电位产生过程中细胞膜离子通道通透性的变化过程，并建立了著名的描述离子通道的 HH 数学模型，阐明了表示神经细胞膜主动电特性的钠离子和钾离子通道的电导方程，他们的工作在电生理研究历史上具有里程碑的意义。他们将细胞膜的电特性简化成附图 1 所示的等效电路模型，其中，I_m 为膜电流，I_{Na}、I_K 和 I_L 分别表示钠离子电流、钾离子电流和膜的漏电流。g_{Na} 和 g_K 分别是钠离子通道和钾离子通道的电导，它们都是时间和膜电压的函数。E_{Na}、E_K 和 E_L 则是离子平衡电位，C_m 是膜电容，g_L 是漏电导，它们一般被看作常数。这样，根据 HH 模型描述的 g_{Na} 和 g_K 随时间和膜电压变化的特性，就可以用数值方法仿真细胞膜动作电位的产生过程、不应期、动作电位沿轴突的传导等电生理现象。HH 模型的方程如下：

$$I_m = C_m \frac{dV}{dt} + \bar{g}_K n^4 (V - E_K) + \bar{g}_{Na} m^3 h (V - E_{Na}) + \bar{g}_L (V - E_L)$$

$$\frac{dn}{dt} = \alpha_n (1-n) - \beta_n n$$

$$\frac{dm}{dt} = \alpha_m (1-m) - \beta_m m$$

$$\frac{dh}{dt} = \alpha_h (1-h) - \beta_h h$$

$$\alpha_n = \frac{0.01(V+10)}{e^{\frac{V+10}{10}} - 1}$$

$$\beta_n = 0.125 e^{\frac{V}{80}}$$

$$\alpha_m = \frac{0.1(V+25)}{\mathrm{e}^{\frac{V+25}{10}} - 1}$$

$$\beta_m = 4\mathrm{e}^{\frac{V}{18}}$$

$$\alpha_h = 0.07\mathrm{e}^{\frac{V}{20}}$$

$$\beta_h = \frac{1}{\mathrm{e}^{\frac{V+30}{10}} + 1}$$

其中，第一个方程可用于计算整个动作电位发生过程中，膜电流的变化过程。V 为相对于膜静息电位的去极化电位，单位为 mV，膜电流单位为 $\mu A/cm^2$，电导单位为 $m \cdot mho/cm^2$（或 $m \cdot siemens/cm^2$），电容单位为 $\mu F/cm^2$，时间单位为 ms，各个 α 和 β 值的单位为 ms^{-1}。

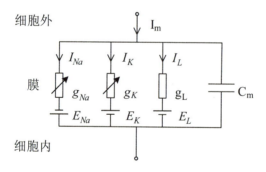

附图 1 Hodgkin 和 Huxley 提出的细胞膜电特性的等效电路模型

第三篇　心理集成论

心理学中的集成现象

　　心理学自诞生以来一直存在两大主义，即科学主义和人文主义。科学主义以实证主义为其哲学基础，认为人可以像动物一样通过科学的方法进行实证研究。这种"机械人"的假设突出表现在行为主义心理学上。人文主义以存在主义、现象学为哲学方法论基础，采取整体分析与经验描述的方法来研究人的本性、价值和自我实现，探索人的存在意义。这种"自动人"的假设突出表现在人本主义心理学上[1]。目前，越来越多的学者认为需要把科学主义关注的外显行为和人本主义倡导的价值体验都集成到"完整人"这个背景中去。从心理学的研究对象——人而言，我们需要对它有一个完整和统一的认知。人的本质是自然性和社会性，客观性和主观性共存的辩证统一体，这种矛盾统一体决定了与人的本性相适应的集成之路是心理学的必经之路[2]。同时，集成不同于复合，不同于统一，也有别于折中。有序的结构是集成的基本内涵，有机的联系是集成的本质体现，"在场"的系统是集成的意义所在[3]。目前心理学中很多内容都在走向多元集成的道路。本文从认知、动机和情绪、人格、心理发展等方面对心理学中的集成现象进行阐述。

---

1 认知中的集成

"整体大于部分之和"在德语中，格式塔（Gestalt）本身的意思就是整体或完整的图形。格式塔学派的一个经典的实验是：让被试坐在暗室内，室内有两个光点交替闪现。当两个光点闪现的间隔超过200毫秒时，先见到第一光点，后见到第二光点，两者均静止不动；当间隔只有30毫秒时，被试则同时看到两个光点，它们也静止不动；但是，当间隔介于上述两者之间60毫秒时，被试则看到一个处于连续运动的光点[4]。格式塔学派认为，这种似动现象是一个整体经验，单个刺激的相加并不能说明该现象的发生。所以，格式塔学派强调经验和行为的整体性，主张人的每一种经验都是一个整体，不能简单地用其组成部分来说明。整体除了包括部分以外还包括部分间的相互作用、相互影响所产生的效应，所以整体大于部分之和[5]。

根据这个观点，格式塔学派进一步提出了知觉经验必须服从的有关图形组织的格式塔原则，包括：（1）图形与背景。在一定的场景下，有些对象凸显成图形，有些对象退居成背景。一般说来，图形与背景的区分度越大，图形就越可突出而成为人们的知觉对象。（2）接近性和连续性。距离较短或互相接近的部分容易形成整体。（3）完整和闭合倾向。彼此相属的部分容易组合成整体。（4）相似性。相似的部分容易组成整体。（5）转换律。已经被知觉为整体的部分可以进行一些改变而不失其本身的特性。（6）共同方向运动。朝共同方向移动的部分容易组成整体。

在格式塔心理学家看来，知觉到的东西要大于眼睛见到的东西。任何一种经验的现象，其中的每一成分都牵连到其他成分，每一成分之所以有其特性，是因为它与其他部分具有关系。由此构成的整体，并不决定于其个别的元素，而局部过程却取决于整体的内在特性。完整的现象具有它本身的完整特性，它既不能分解为简单的元素，其特性又不包含于元素之内。

在似动现象的基础上，格式塔学习理论认为思维是整体的、有意义的知觉，而不是联结起来的表象的简单集合；主张学习是构成一种完形，是改变一个完形为另一完形。他们认为学习的过程不是尝试错误的过程，而是顿悟的过程，即结合当前整个情境对问题的突然解决[6]。其著名的实验便是苛勒（Kohler）的猩猩吃香蕉的实验：把香蕉悬在黑猩猩取不到的木笼顶上，笼中黑猩猩在试图跳着攫取香蕉几次失败后，干脆不跳了，它若有所思地静待了一会儿，突然把事先放在木笼内的箱子拖到放香蕉的地方，一个够不着，将两个箱子叠在一起，爬上箱子取下香蕉。格式塔学派重视知觉组织和解决问题的过程以及创造性思维，这些都为现代认知心理学奠定了基础。

特征整合　有关客体的知觉，Treisman（1980）提出特征整合理论[7]。该理论从特征分析出发，凭借视空间注意扫描，如同聚光灯，所扫描之处的任何特征就通过该位置与它们所在特征地图上位置的联系而被提取并被整合。所以，特征整合理论的核心就是空间注意模型。该模型包括一个方位主地图和一套彼此独立的特征地图。注意窗口在方位主地图内移动，每次空间上只有一个区域被照亮，这个区域就是注意的焦点，在此处将会进行复杂的操作（系列注意操作），包括从特征地图中选择任何与当前注意位置相联系的特征，同时把所有其他客体的特征暂时排除在知觉水平之外。之后注意光束会移动到另外一个区域，这个区域通常又变成了高度突出的区域。

特征整合理论把视觉加工分为两个阶段：（1）特征登记阶段：相当于前注意阶段，在该过程中，环境中物体的各个视觉特征（如：颜色、大小、方向）被同时进行平行的、自动化的加工，该过程不受注意的影响；（2）特征整合阶段：知觉系统通过集中性注意的参与，把彼此分开的特征（特征表征）正确联系起来，形成能够对某一物体的表征。该过程是一个序列加工的过程，比前一阶段要慢一些。在这个阶段，位置地图对信息的整合加工起着重要的中介作用。知觉系统中的位置地图表明全部特征的边界位置，注意使加工在位置地图上的选择带有倾向性。特征地图中的位置，只有通过它与注意所选择的在位置地图中的位置相联系才能得到进一步的加工并进入意识。由于需要努力，当注意超负荷或个体分心时，特别是在对注意要求很高的情况下，就会将刺激的特征不恰当地结合，造成错觉现象。Treisman（1988）的研究发现，当给被试快速呈现不同颜色的字母，然后要求被试报告另一个同时呈现字母的特征时，发现存在错觉性结合错误[8]。被试的错误报告分成两类：一类是所呈现的特征之间的错误的结合，叫做错误性结合；另一类与未呈现特征的结合。结果发现，未呈现特征的错误结合率只有 6%，而呈现特征间的错误结合律达到 18%。可见，呈现特征得到识别，但在特征绑定（binding）上出现问题。

由于一些研究发现特征联合搜索能够以平行加工的方式进行[9]，Treisman（1988）对早先的特征整合理论作了修正：在原理论框架的基础上，提出了特征抑制功能[8]。认为对位置地图上位置的选择除了通过集中性注意对某个位置予以优先外，还可通过对位置地图上某些位置产生抑制、减弱其活动强度的抑制性调控实现。在视觉搜索过程中，目标在位置地图上的位置就会有高过其他位置的激活，产生易化效应；而干扰图形的各个特征在位置地图上的位置则受到抑制，产生低于其他位置的激活，从而使干扰项位置产生的干涉作用减弱。由于上述加工机制，使得注意扫描的速度将加快，且不依赖于干扰数目多少，从而实现联合特征搜索的快速、平行加工[10]。

知觉的自下而上和自上而下加工　前面提到的特征整合是主要基于外部刺激的自下而上的加工，事实上知觉还依赖于自上而下的加工。这一加工受个体主观期待、存储的知识和上下文背景等的影响。许多知觉过程往往是自下而上和自上而下的加工协同作用。比如，当你试图理解某位外国教授的演讲时，你既使用了自下而上的加工（努力辨别每个单词），也使用了自上而下的加工（努力把听到的内容与你已经了解的某个话题进行匹配）。如果这位教授发音很标准、口齿清晰，或者如果你对这个话题比较熟悉，有丰富的知识背景，你就可以对他讲的内容有更好的理解。可见自下而上的加工和自上而下的加工在个体认知过程中是

无法割裂的，只是在某些特定任务中，其中有一方可能占主导地位。比如，Stratton（1897）[11] 在知觉适应实验中带上一个特制的左右调换、上下颠倒的眼镜，因而他看到的世界是上下颠倒、左右反转的。开始时他连走路、吃饭等最简单的事都做得很困难。但是八天之后他开始适应这种倒视，说明主要是自上而下的加工起的作用。

深度知觉的线索集成　通常人们可以同时获得对某一客体的多个深度线索。当这些线索所提供的信息相互冲突时，Bruno 和 Cutting（1988）[12] 认为，观察者利用简单叠加的方式把各个线索的信息集成起来。比如，他们创设了一个复杂的画面，其中运动视差和双眼视差提供互相冲突的深度信息。结果表明，视觉系统利用了这两方面的信息来解决冲突，而如果只利用单方面的某一种信息往往会导致出错。但是，也有研究者发现在几种线索中选取一个作为主导的情况下，比如一条线索提示物体在20 米之外，而另一条线索提示在 50 米之外，那么观察者不可能通过调和这个差异而觉知物体在 35 米处 [13]。

面孔识别的整体或完形加工　研究者大多数同意面孔识别涉及整体或完形加工，即面孔通常是以整体为识别单元的，而面孔的各个部分（如嘴巴）起不到多少作用。在 Farah（1994）[14] 的研究中，他给被试呈现一些面孔、房子、或面孔和房子的部分特征（如嘴巴、前门）的素描图，要求被试把某一名字与这些图形一一对应起来。被试的任务是判断一个给出的图形是否与某一名字匹配。结果发现，当呈现完整面孔时，对相应名字的识别成绩要比只单独呈现面孔的部分特征要好得多；相反被试对房子整体和部分特征的识别不存在差异。这些结果说明整体分析对面孔识别起着更重要的作用。在此基础上，Michel 等人（2006）[15] 探讨了面孔识别的异族效应，结果发现，整体呈现对于部分呈现的优势只存在于对本种族的面孔的识别中。

Thompson（1980）[16] 提出了一种有关面孔识别的视错觉叫做"Thatcher Illusion"。当人们在看只倒转眼睛和嘴巴的正立面孔时会感觉稀奇古怪，但是将面孔倒立过来就相对难以觉察这种奇异，而这里改变的只是面孔的局部信息（眼睛和嘴巴）。Le Grand（2001）[17]让在婴儿期有视觉剥夺经历的人与正常人判断呈现的两个正立或两个倒立面孔是否相同，结果发现正常人对整体特征改变的面孔识别存在倒立效应，然而对于局部特征改变的面孔识别却没有这种效应。有视觉剥夺经历的人能正常识别局部发生改变的正立面孔，然而却不能正常识别整体改变的正立面孔，可见整体信息对于正常面孔识别至关重要。基于这些行为研究，大量的脑成像研究发现大脑的一个特定区域（主要是梭状回）的激活与面孔加工相关[18]。

跨感觉通道效应　日常生活中，我们经常会碰到需要协调两个或多个感觉通道信息的例子。比如过马路的时候需要使用听觉信息（听觉通道）来引导视觉信息（视觉通道）。又如，习惯使用光滑奶嘴（触觉通道）的婴儿在视觉上可能会更多关注光滑奶嘴而非粗糙奶嘴（视觉通道）。在有关跨感觉通道的空间选择性注意的研究上，Buchtel 和 Butter（1988）[19]让被试对可能出现在注视点两侧的一个亮点作简单反应，视觉线索是亮点周围四个亮 50 毫秒的小点，听觉线索是位于亮点之后的喇叭发出 50 毫秒的白噪声。结果表明，听觉线索和视觉线索一样，其有效和无效会导致获利—损失效应（相对于中性条件，有效线索使反应时缩短称为获利，无效线索使反应时增长称为损失），说明作为外周线索的听觉线索和视觉线索一样，能引导视觉选择性注意。Mondor 和 Amirault（1998）[20]研究了空间线索对听觉目标和视觉目标鉴别的影响。目标和线索可能是同一通道的，也可能是通道间的。实验结果发现在通道内线索有效性的效度远远明显于通道间的条件。Buchtel 和 Mondor 等人的实验结果表明视觉和听觉是独立的通道特异性注意系统，但它们之间存在连接，使得听觉朝向在视觉空间引起相应的朝向；反之，视觉朝向在听觉空间也能引起相应的朝向[21]。

来自于神经生理学的证据表明，这种跨感觉通道效应可能依赖于双感觉道或三感觉道细胞的作用。感觉器官把外界环境的物理刺激转化为神经冲动，经过一定感觉通道把神经冲动传递到大脑皮层。不同的感觉系统专司特定的刺激特征，比如声音刺激通过听觉通道传递到听觉皮层；视觉刺激通过视觉通道传递到视觉皮层。但是在某种感觉剥夺的情况下，比如对于盲人，脑成像的研究发现，视觉的丧失并非意味着视觉皮层的失活。大量研究表明，盲人视皮层在阅读盲文、触觉和听觉辨别等非视觉任务中显著激活，说明视觉中枢发生了跨通道的重组[22]。

2　动机和情绪中的集成

成就动机　Atkinson（1964）[23]将需要、期待和价值集成在一起，提出成就动机理论。该理论认为成就动机是动机、成功率和激励值的倍增函数。即成就动机（T）=动机（M）× 成功率（P）× 诱因（I）。动机表示稳定且持续的个体特质，包括趋近成功和避免失败的动机。这些动机本质上是情绪的，如果趋近成功的动机高，那么个体就可能会接近成就任务；相反，避免失败的动机高表明个体失败时体验到较多羞愧，为此个体倾向于尽量避免从事成就任务。成功的激励值是一种对成就的自豪感。它与成功率是反向关系，即激励值 =1.0 - 成功率。在一项相对容易的任务中，成功的期望上升，激励值则降低。而面对较难的任务时，成功率低而激励值高。由此可见，中等难度水平的任务中动机是最强的。那些高成功动机和低失败动机的个体（"高成就需要"）往往会选择中等难度的任务，然而那些高失败动机和低成功动机的个体（"低成就需要"）往往会选择很容易或者很难的任务。成就动机除了受到这些内在因素影响之外，也受到外部文化和社会生活环境的影响，比如学生与父母、教师和同辈人之间的关系，他人的过去行为和成绩等。Eccles等（1983）[24]的研究发现，学生对其能力的预期和感知是社会环境和实际成就行为的中介。

Elliot 等人（1996）认为[25]，动机从本质上影响着目标的追求和经历过程。不同类型的成就目标对应着个体不同的认知、动机、情感以及行为特征，并且对个体所取得的成就产生不同影响。早期的成就目标分为掌握目标和成绩目标两个类别 [26]。具有掌握目标的个体关注通过努力的学习来获得技能、增强知识的理解，他们的目标是发展能力。而成绩目标的个体则关注自我与他人能力的比较，他们力求获得对自身能力的积极评价而避免消极评价。在此基础上，Elliot 等人（1996）[25] 又把成绩目标进一步区分，分为成绩—趋近目标和成绩—回避目标。前者是指个体关注与通过学习获得好的成绩，显示自己的能力。后者是指个体关注与避免在学习中获得差的成绩，避免显示自己能力上的不足。目前有研究表明，并非只有掌握目标才能引起正性的结果，成就—趋近目标也能引起适应性的结果。所以，交互目标模型认为，掌握和成绩目标交互作用，同时在两种目标定向上的不同水平导致了同一结果的不同水平，只采用两种目标中的一种并不能使结果达到最佳，只有同时采取两者时成绩才会达到最高 [27]。选择目标模型认为，个体不是同时追求掌握和成绩目标，而是在不同的情境中选择性地集中在不同的目标上。个体可能在不同程度上同时采用两种或多种目标，也可能在特定环境或时间上集中在某一个目标上 [28]。所以，学生为了达到某个目标可能有多种途径，他们使用不同的自我调节策略以控制自身的认知、动机和行为，从而达到既定的目标。教育者可以给学生创设包括掌握目标在内的多种途径 [29]。

归因 除了动机，影响个体成就行为的另一个因素，是个体对自己或他人行为原因的解释，即归因。Weiner（1986，1992）提出归因存在前因和后果 [30,31]。归因的前因是影响个体把某事件归于特定原因的因素，也称为归因的前提条件，如文化情境特征，行为者过去的成败经历，来自家长和教师的反馈信息等。归因的后果是受归因影响的因素，即归因所导致的后果，如情绪反应，成功预期和后继行为的努力程度等。在原因维度上，Weiner（1992）[31] 提出最主要的三个原因维度：原因源（外部和内部）、稳定性（稳定和不稳定）和可控性（可控和不可控）。根据这三个维度，下表列出了考试失败可能的归因。

表1 考试失败的常见原因知觉的维度分析

内部	稳定	可控	从不认真学习
		不可控	没有天赋
	不稳定	可控	考前未认真复习
		不可控	考前生病
外部	稳定	可控	教师偏见
		不可控	学校要求严格
	不稳定	可控	朋友未帮助
		不可控	运气差

不同文化背景的人在归因中也存在偏差。孙煜明（1993）[32]对中、日、韩以及南亚、美洲和欧洲六个国家或地区的大学生进行成功的原因知觉评定。结果表明，美洲和欧洲大学生最强调能力；中国和南亚大学生最强调努力；中国和欧洲大学生最强调心境；中国大学生最强调运气。还有一个研究发现西方人成功时多进行能力等内部归因，失败时多进行运气等外部归因；而东方人恰恰相反，成功时更多归结为天时地利人和，而失败时往往自我检讨，强调自身努力不够。这些不同的文化背景会影响人们归因的思维方式[33]。

对于归因以后产生的情绪反应、成功预期和后继行为，当把成功归因于能力，则会产生自豪和希望，对下一次成功有较高的预期，并付诸行动；而把成功归因于运气，则会产生侥幸和紧张心理，对下一次的成功预期不高，可能并不会继续从事相关任务。当把失败归因于能力等因素，则会觉得失望和灰心丧气，对下次成功的预期很低，避免从事相关任务；而把失败归因于这次不努力等因素，则不会产生过高焦虑，对下次成功仍然抱有期望，并继续尝试相关任务[30]。

情绪　情绪是个体对外部事物和外部需要的主观体验，由生理、行为和主观体验三个成分组成。任何一次情绪的产生和变化都伴随着个体生理特征的变化，比如心率、血压、皮肤电阻、杏仁核、边缘系统等。

同时也会产生外部行为的变化，比如面部表情、姿态和语调等。除了生理和行为反应，个体还会主观体验到自身情绪的变化，这种体验可能停留在感觉水平，也可能通过言语表达出来。

Izard（1991）[34]将情绪界定为伴随有神经系统活动、神经肌肉活动、表达和体验等成分的复杂过程。情绪的意义来自于神经生理活动、面部—姿态活动和主观体验的相互影响。伊扎德提出了情绪分化理论，该理论的核心思想是：（1）存在十种基本情绪，兴趣、愉快、惊奇、悲伤、愤怒、厌恶、憎恨、恐惧、羞耻和羞怯，他们组成了人类的动机系统；（2）每种基本情绪在组织、动机和体验都有其独特性；（3）这些基础情绪可以引起不同的主观体验，这些主观体验对认知和行为都产生影响；（4）情绪过程与个体的内稳态、驱力和认知之间产生相互作用；（5）内稳态、驱力和认知对情绪也会产生影响。伊扎德认为情绪系统、动机系统和认知系统三者集成共同发挥功能，人格依赖于三者之间的平衡。

有关情绪产生的原因，Izard（1991）[34]从三个过程进行分析：神经递质和脑机制，感觉—知觉过程和思维过程。神经系统和脑的催化剂包括荷尔蒙、神经递质和脑血流变化等；感觉—知觉的催化剂包括性、疲劳等；认知活动的催化剂包括记忆、评价、归因等。一旦情绪被激发，情绪的发展和变化则依赖于认知、神经生理反应、主观体验等多种成分的相互作用。比如某种情绪被激活了，我们会从主观体验上意识到它，从面部表情中表露出来；即使在某些情况下，面部表情等外部行为受到抑制，自主神经系统或内脏活动等生理反应也可以被唤起，情绪也能发生；此外，没有情绪体验进入意识，也会出现面部表情。所以，Izard提出四种方式能够引发情绪，它们是：（1）神经内分泌过程。它发生在神经递质水平上，这一加工水平的信息是由自然选择所决定的，并有助于确定情绪的阈限以及个体对特定情绪体验的相似性。该加工是心境和个体差异的主要决定因素。（2）感觉反馈过程。它可以通过面部表情诱发情绪，比如，紧缩鼻子诱发厌恶。也可以通过身体姿势诱发情绪，比如耷拉脑袋诱发悲伤。（3）情感激活过程。它依赖于生理和认知的信息加工之间的联系，涉及无意识和有意识信息的相互作用。它可以通过各种感觉产生情绪，比如甜味诱发兴趣。（4）认知激活过程。它依赖于已获得或习得的东西，当个体能够根据学习和经验产生心理表征对事件进行比较和区别时，这种认知加工才具有激发情绪的作用。它可以通过评价和归因产生情绪，比如感知不公平诱发生气。也可以通过记忆产生情绪，比如回忆美好的经历诱发愉悦。Izard 认为，神经内分泌系统不仅能够直接激活情绪体验，还可以影响其他三个情绪激活过程。认知是情绪产生的重要因素，但不是唯一因素。总的来讲，认知和情绪是两种不同的过程，但是它们是相互作用的。

3　人格中的集成

自我概念　自我概念是一个人对自身存在的体验。它包括一个人通过经验、反省和他人的反馈，逐步加深对自身的了解。传统上认为自我是单一的，现在越来越多的学者认识到自我的特征是多方面的集成。James 于 1890 年最早提出主体我（I）和客体我（me）的概念。"主体我"是行动者和执行者，它有一定的功能，比如控制冲动、计划未来、评价自我的表现。"客体我"是被观察和觉知到的自我。在个体表征自我概念时，形成的就是"客体我"。自我概念就是"主体我"和"客体我"的统一。Hart（1996）[35] 提出自我表征的内容从具体水平到抽象水平存在三种形式：（1）具体水平上的自我，与自传体或情境记忆有关，如"我记得上次在舞会上，我很害羞"；（2）语义表征上的自我，如"我是一个害羞的人"；（3）抽象或概念水平上的自我，如"我总是害羞"。Rogers 认为，自我概念是一个人对自己多方面的综合看法，包括个人对自己的能力，性格以及与人、与事、与物的关系等多方面的集合。他把自我概念分为现实的自我与理想的自我，前者是我认为我是什么样的人，后者是我希望成为什么样的人。Rogers 的自我概念理论非常强调现象场，他认为自我概念就是现象场中与个人自身相联系的那个部分知觉及其附着的意义。Allport 又提出了"统我"，即"自我统一体"的概念用来代替自我概念，将自我的各个方面包括自我感觉、自我统一、自我扩展、自尊等理性自我意识都归到了统我概念中[36]。目前，大多学者认为自我概念是一个有机的认知机构，由态度、情感、信仰和价值观等组成，贯穿整个经验和行动，并把个体表现出来的各种特定习惯、能力、思想、观点等组织起来。甚至文化和群体的信念也影响着个体如何看待自己，在个体主义文化中自我受到更大的重视，而在强调人与人之间关系的集体主义文化中，不太重视自我和自我提高[37]。总的来讲，这些自我概念的集成反映个体拥有内在一致的、集成性的多重自我，使得自我在不断变化的环境和多重角色中保持自我的连续性和完整性[38]。

自我同一性　同一性是个体关于"我是谁"以及如何定义自己的思想或观念，是个体在过去、现在、和未来时空中对自己内在一致性和连续性的主观感觉和体验，是个体在特定环境中的自我集成[39]。根据 Erikson 的观点，与青春期自我认识发展密切相关的是青少年自我同一性的集成。进入青春期的青少年对自身更为关注，对自身诸如"我是谁"等问题的思索会反复困扰他们，他们会在自己的思考和各种尝试性的选择中不断探索，最后致力于某一目标和愿景，形成和获得某种同一性。各个维度的"我"的集成或统一过程就是自我同一性的形成或确立的过程。青春期的自我同一性必须在七个方面得到集成，才能使人格健全发展。这七个方面分别为：（1）时间前景对时间混乱；（2）自我肯定对冷漠无情；（3）角色试验对角色固定；（4）训练对工作瘫痪；（5）性别极化对性别混乱；（6）领导和服从对权威混乱；（7）意识形态信奉对价值混乱。Erikson 认为自我同一性存在四个特征，（1）个别性。指个人在意识上具有自己的独特性和自己的存在是一个独立的个体的感受；（2）一致性和连续性，个人在过去所拥有的和未来所希望的两者之间有内在的连续性和一致性的感受，即个人生活有一种内在的前后一致的一贯感和方向感；（3）整体性和综合性，即个人在内心里有一种和谐一致与整体完全的感受，对自我形象与儿童期的认同能够综合成一种有意义的整体而产生一种和谐感；（4）社会凝聚力，即个人能够与其所属的社会或次级团体的理想和价值，产生一种内在的凝聚力和休戚与共的感受，感觉到个人对他人是有意义的存在，并能主动符合他们的期望和知觉。

Marcia（1980）认为[40]，自我同一性是一种个人的驱力、信念、生活经历等内在自我构建而成的动态集成组织。这个组织发展得越好，个人越能察觉自己的独特性及与他人的共同性，越能了解自己的优缺点，越能在这世界上开创自己的道路；这个结构发展得不好，则个人越搞不清楚自己与他人的异同，而越需要依靠外在的评价。根据探索和投入两个维度，将同一性界定为四种状态：同一性获得（高探索和高投入），同一性延缓（高探索和低投入），统一性拒斥（低探索和高投入）和同一性混乱（低探索和低投入）[41]。这四种状态代表着四种动态的建构状态，每个个体都会经历这些状态。它们没有绝对的好坏之分。比如，同一性获得过早，也会限制个体的发展。这些状态可以相互转化，同一性获得以后也可能产生新的同一性混乱。

此外，自我同一性不仅在自我和时空领域内描述，还从社会、文化和历史的角度进行探讨。具体包括以下四个方面：（1）自我同一性是一种心理社会现象，指在过去、现在和未来这一时间维度中，个体主观的自我一致及自身内在的不变性和连续性，即过去的我、现在的我和将来的我是同一个生理的我，个体具有跨时空的内在的连续感；（2）从社会环境和历史文化的角度考察个体的人格发展，认为自我同一性是个体的内部状态与外部环境的集成和协调一致，即认为自我与环境是协调发展的，个体清楚自己是谁，在社会上具有什么样的地位，准备将来成为什么样的人，能清楚把握自己的发展方向；（3）个人同一性及其在民族、政治、宗教等意识形态中所表明的集体同一性在个人心中的一致性的保持和集成；（4）个体心目中的理想自我与现实生活中的客观存在的我的同一[42]。同一性是内在自我与社会文化环境之间的平衡。它一方面与自我发展有关，是个体真实自我、现实自我和理想自我一致性关系的建立；它另一方面又是自我与社会环境相互作用的适应性反应，使个体在过去、现在和未来任何一个时空都意识到实现自我的统一。在主观上则表现为互为关联的存在感、一致感和连续感、心理的成熟感、生活的意义感和方向感；客观上保证人与社会的有效集成[43]。

自我调节　　自我调节是个体系统地引导自身思维、情感和行为，使之指向目标实现的过程[44]。Bandura 在社会学习理论的基础上对自我调节进行分析，他认为自我调节不仅是控制的过程，它需要依赖一系列子功能系统发挥作用。这些子功能是实现自我定向的转变所必须的。他认为自我调节包括三个亚过程：（1）自我观察，个体根据不同活动标准对行为进行观察。自我观察可以提供必要的信息以确定符合现实的行为标准和评价正在进行变化的行为，也可以通过个体的思维模式和行为的加倍注意，促使自我指导的发展。影响自我观察的因素包括，时间上的近似性，反馈信息，动机水平，行为的价值和观察到的成功和失败。（2）自我判断，个体为自己的行为确立目标，以此判断自身行为与标准间的差距，并引发肯定或否定的自我评价。自我判断的核心是自我标准的建立。大多数情况，评价其行为的适应性并没有绝对的标准。跑一公里所需要的时间和做一道题目所得的分数，这些内容并不能传递有关自我评价的充分信息。当评价行为的适应性相对地受到限制时，评价是通过与他人的比较来进行的。一个很想得高分的学生，考试中得到120分。如果他不知道别人的成绩，就不能进行肯定或否定的自我评价。Bandura 认为，评价由社会标准衡量的行为，至少需要比较三方面的信息，绝对的行为操作标准，个人标准和社会参照标准。（3）自我反应，即个体对自身行为作出评价产生自我满足、自豪和自我批评等情感体验[45]。自我反应是个人满足兴趣和自尊发展的重要基础。完全符合行为标准的工作会形成个人效能感，增强对活动的兴趣并引起自我满足。没有活动标准和对活动不进行评价，人们就没有积极性、感到无聊和仅仅满足于一时的外部刺激。过于严格的自我评价也会使个体产生厌烦、引起异常行为。

同时，自我调节需要三个方面循环进行调控。它们是：行为的自我调节，环境的自我调节和内隐的自我调节（调整认知和情感）。这三种自我监控的准确性和一致性，直接影响个体策略调控的效果和自我信念的性质[46]。Metcalfe 等认为认知和情绪在自我调节中都有着非常重要的作用，由此他提出了自我调节的双系统启动模型。该模型认为个体自我调节过程中存在冷和热两种控制系统。冷系统是以海马为基础的认知系统，它推动个体进行反思和认知调节。热系统是以杏仁核为基础的情绪系统，它促使个体做出趋近—回避或攻击—远离的反应。在相对较低的压力水平下，两个系统共同发挥作用。但随着压力的增加和个体唤醒水平的提高，热系统开始占据主导作用，此时个体自我调节的有效性取决于冷系统对热系统的有效抑制[47]。

4　心理发展中的集成

遗传和环境对心理发展的影响　对心理发展具有重要影响的两个因素是遗传和环境。遗传因素是指与遗传基因联系着的、有机体内在的因素。环境因素包括自然环境和社会环境（家庭、学校、社会）。个体发展究竟是由遗传决定，还是由环境决定，这是一个长期争论不休的问题。以 Galton 等为代表的遗传决定论者认为儿童心理发展是受先天的遗传素质所决定的，儿童的智力及其个性品质在生殖细胞的基因中就决定了，后天环境和教育的影响，只能延迟或加速这些先天遗传能力的实现而不能改变它。以 Watson 为代表的环境决定论者则认为，儿童心理的发展完全是外界影响的被动结果，片面地强调环境和教育的作用。现在越来越多的学者认为，遗传和环境对心理发展的作用并不是孤立的，而是相互作用的有机集成。该观点强调遗传和环境的相互依存关系，即任何一种因素作用的大小、性质都依赖于另一种因素，它们之间不是简单的相加或会合。也强调遗传和环境之间的相互转化和渗透的关系，即当前对环境刺激作出某种行为反应的有机体是它的基因和过去环境相互作用的产物。遗传是儿童心理发展的必要物质前提，提供了心理发展的可能性；而环境将这种可能性变成了现实性，制约了个体发展的过程以及所达到的程度。但是，在个体发展的不同阶段，遗传和环境的作用也是不一样的。在低级阶段或初级感知觉发展过程中，遗传和成熟的影响较大；而在高级阶段或高级思维和道德发展过程中，环境和教育的制约性更多[47]。有关遗传和环境的相互作用，最有代表性的理论是 Piaget 的相互作用论。

发展的相互作用论　Piaget 认为儿童心理发展是成熟、自然经验、社会经验和平衡化四个因素共同作用的结果。成熟是个体大脑和神经系统的成熟，基于成熟，个体才有发展的可能性。但是要使这种可能性变成现实，必须通过个体的练习和习得的经验。这些经验包括自然经验和社会经验。自然经验又分为物理经验和数理逻辑经验。社会经验主要是教育、语言和社会生活等。它对人的影响比自然环境的影响大的多。教育在一定程度上可以加速认知发展，但它对发展的影响也是有条件的。皮亚杰认为认知发展的本质是同化、顺应和平衡化的适应过程。同化是环境刺激纳入个体已有的系统；而顺应是当个体的已有的系统不能同化客体必须建立新的格式时所引起的变化。在个体的成长发展中，会不断地遇到外来刺激，通过同化和适应，个体达到较低水平的平衡。然后该平衡被打破，个体发展到一个新的发展水平。不断发展的平衡状态，就是整个心理的发展过程[48]。

Piaget 认为，认知的发展是整个心理发展的核心，通过对认知发展阶段的基本描述，可以展示心理发展的基本特征。发展过程是一个具有质的差异的连续阶段，心理发展阶段出现的先后顺序固定不变，每个阶段都有其独特的认知结构。前一阶段的结构是后一阶段的基础，发展阶段具有一定程度的重叠和交叉，各个阶段与特定的年龄相联系。个体的认知发展过程可以分成四个阶段：（1）感知运动阶段（0~2 岁）。儿童依靠感知动作适应外部世界，构筑动作格式，即思维与动作密切相关。（2）前运算阶段（3~6 岁）。主要特点是表象思维和直观形象思维。由于该阶段的儿童总是从自己的角度来看待世界，所以具有自我中心的特点。同时儿童不能很好地区分心理和物理的现象，思维具有"泛灵论"的特点，即倾向于把所有活动的物体都视为有生命。（3）具体运算阶段（7~11 岁）。个体的思维具有内化性、可逆性、守恒性及整体性的特点。（4）形式运算阶段（12 岁以后）。该阶段儿童的思维已经摆脱具体事物的约束，而着眼于抽象概念上。他们能够把内容与形式区分开来，对假设进行推理。因此该阶段的思维具有灵活性、系统性和抽象性。

气质和家庭教养的拟合度模型　儿童先天的气质和其面对的教养环境之间的匹配程度，决定儿童的社会性发展。许多研究表明儿童的气质对其社会适应能力产生重要作用。比如，有些婴儿生性喜欢和人相处，而有些婴儿则相对冷淡。那些喜欢被人拥抱的婴儿，就可以得到照料者更多的反应，而冷冰冰的婴儿，更容易引起照料者对此相应的反应。同样，对于一个害羞内向的儿童，母亲提供丰富的引导，能促进儿童的探索行为，帮助孩子克服气质的不足之处；而对于生性活泼好动的儿童，过多的成人干预，则可能会抑制儿童自发的探索行为。同时，父母对儿童行为的信念和态度，构成了儿童发展的重要社会环境。比如，在大家庭中长辈对儿童过分溺爱、放纵的抚育态度有可能不利于儿童人格发展。单亲家庭由于父亲或者母亲的生活负担较重，没有足够的时间照顾婴儿，养育过程中容易产生焦虑、烦躁情绪，也会使得儿童形成困难型气质的比率增加。相比之下，核心家庭的家务和生活负担由夫妻两人承担，有较多时间耐心教育子女，并可为儿童制定系统的教养计划，有利于儿童养成良好的习惯和规律的生活方式。

此外，父母教养方式和儿童气质之间的拟合又受到更宏观的社会环境，文化价值观的影响。Chen 和 Rubin（1995）的研究表明[49]，在西方强调自我个性的文化背景中，羞怯、退缩的儿童，他们的母亲报告采用较多保护和惩罚的教养行为，这些儿童往往社会适应不良，被同伴排斥。然而在中国强调与他人关系和谐的文化背景中，他们的母亲报告采用较多接收和鼓励的教养行为，这些儿童被认为社交成熟度高，获得更多的社会支持和赞同。但是文化价值对个体发展的影响并非一成不变，随着中国社会的变迁，Chen 发现羞怯不再是社会赞许的行为，而与学业成就、社会适应呈负相关[50]。

发展的生态系统观　根据生态系统观，儿童的发展是一个渐进过程。在发展过程中，遗传和环境因素一起选择性地控制着导致心理行为表现复杂性的基因表达，儿童的心理发展变化，不过是儿童发展的生态环境系统适应性调节的必然结果。生态发展的基本思想是：有机体处于一个复杂关联的系统网络之中，既不能孤立存在也不能孤立行动。所有有机体均受到来自内部和外部动因的影响。个体主动塑造着环境，同时环境也在塑造着个体，个体力求达到并保持与环境的动态平衡以适应环境。

Bronfenbrenner 是生态系统观的代表人物，他提出了儿童发展的四种环境系统，由小到大（由内到外）分别是：微系统、中系统、外系统和宏系统。微系统是对儿童产生最直接影响的系统，主要有家庭、学校、同伴及网络。微系统是处于特定环境中的个体的活动方式、角色模式和人际关系模式，环境所具有特殊的物理、社会及符号特征能够容许、促进或者抑制个体在该环境中的活动方式，以及个体与该环境之间持续进行的相互作用方式。家庭是一个复杂的互动社会系统，儿童不是被动的受影响者，抚养行为和儿童行为之间并不是单向的关系，它们之间的关系是相互的。儿童本身的特点影响着父母的教养行为，并且影响着父母的成长[51]。比如，一个认真专心的儿童，可能会博得成人积极、耐心的反应，而一个易分心的儿童，更可能受到约束和惩罚。当这些彼此交互的作用随时间的流逝而反复发生时，它们就对发展产生了持久性的影响。中系统是个体与其所处的微系统及微系统之间的联系或过程。比如，儿童的学业不仅取决于他所在班级中的活动，也受到父母参与学校生活和孩子自己在家中学习表现的影响。外系统是那些个体并未直接参与但却对个人有影响的环境，如社会制度、大众媒体等。这些社会环境可以是正式的组织，如父母的工作场所；也可以是非正式的，如其他人际网络。宏系统是一个文化系统，涵盖社会的宏观层面，如价值取向、风俗习惯等。除此之外，还存在一个时序系统，用于解释成长的时间维度。生活事件的变化可能是源于儿童外界环境的作用，同时这些变化也可能是源于儿童自身，因为在成长过程中，儿童会选择、修正和创造他们自己的环境和经验。而儿童选择、修正和创造环境和经验的方式又取决于他们自身的身体、智力、人格特点和环境机遇。因此在生态系统理论中，发展既不是由外界环境所控制的，也不是由个体的内部倾向性所决定的。儿童既是环境的产物又是环境的缔造者，所以儿童与环境共同构建起一个相互依赖、共同作用的网络。人与环境之间达到最佳拟合有利于心理发展，如果拟合不理想，人就会通过适应、塑造或更换环境来提高拟合度。关注人—环境的拟合度，为现实状态下个体的心理发展提供新思路。

发展的动态系统观 目前有关儿童发展有一种新的理论观点，动态系统理论（dynamic systems）[52]。该理论认为，儿童的身体、心理、与自然和社会环境共同构成了一个引导儿童掌握新技能的集成系统。该系统是动态的，一直变化的。系统成分之间存在非线性互动，对外界影响存在敏感性和不敏感性的阶段以及稳定状态之间的迅速转变。当变化发生时，儿童能够重组他的行为，在这种反复的互动中出现了更高水平的、形式新颖的、规律性的行为，这种过程被称为自组织（self-organization）。有研究者认为，亲子关系就是一种自组织系统，它从最初的单向的、主效应模式的，发展到后来的双向的、相互影响的模式，以及更复杂的、循环的互动模式[53]。动态系统理论认为，人类共同的遗传基因，以及自然和社会环境造就了儿童发展的普遍性和广泛性，但是儿童的天性以及日常所处的环境和面对的抚养者有很多的不同，这使得儿童在发展上又表现出很大的个体差异。即使发展同样的技能，比如走路、说话等，每个儿童都有其独特性；即使对于同一个儿童，其不同技能的成熟水平也存在差异。所以发展不是一个单一的变化，而是一张到处分枝的纤维网。网络中每一条线代表一个发展领域，如认知、情感、社会性等。线的不同分枝方向代表着不同技能的不同发展结果。多条分枝连接交错意味着多种技能作为一个功能组合整体发挥作用。随着网络的发展，技能也变得越来越复杂和有效[52]。

5 智能中的集成

人类不仅能够适应环境、求得生存，也能够认识世界和认识自己，以及改造世界和改造自己。人类的智能就是人类认识世界（及自己）和改造世界（及自己）的才智和本领。潘菽（1985）把感知觉、思维、言语、学习记忆、意向行动（包括注意、情绪、意志、行动）等各种心理过程都当做智能的构成部分，进而提出："心理学是研究人类智能问题的一门科学"[54]。

许多研究者认为智能是多种因素的集成体。Das 等（1994）[55]在信息加工研究的基础上，提出智能的计划—注意—同时性加工—继时性加工模型（Planning-Attention-Simultaneous-Successive processing model, PASS）。该模型认为智力有三个认知功能系统，分别是：注意—唤醒系统，同时性加工—继时性加工系统和计划系统。其中，注意—唤醒系统是基础，使大脑处于合适的工作状态；同时性加工—继时性加工系统处于中间层次，是智能活动中主要的信息操作系统。计划系统处于最高层次，是整个认知功能系统的核心，具有认知过程的计划、监控、调节、评价等高级功能。这三个系统协调配合，保证智力活动的顺利进行。Guil-ford（1968）[56]认为不能只在一个维度上考察智力的结构，要从内容、操作和产品三个维度对智力进行分类，为此他提出智力的三维结构模型。其中智力活动的内容是智力活动的对象或材料，包括听觉、视觉、符号、语义和行为。智力活动的操作是智力活动的过程，它是由上述对象和材料引起的，包括认知、记忆、发散思维、辐合思维和评价。智力活动的产品是智力活动操作所得到的结果，包括单元（V）、分类（C）、关系（R）、系统（T）、转换（S）和蕴合（I）。把上述三个维度集成起来，就形成了包含150种可能的智力因素在内的整体智力结构。Gardner（1993）[57] 认为智力是使个体能够解决问题或产生符合特定文化背景要求的成果的能力，他提出包括言语、逻辑和数学、空间、音乐、身体运动、人际交往和自我认识等七种智力的多元智力理论。他认为各种智力是相对独立的，每种智力具有单独的功能系统，但这些系统之间可以相互作用，从而产生外显的智力行为。

我国学者王垒等（2002）[58] 提出综合智力的概念，它包含传统智力的认知因素，还包含动机因素、情绪性因素以及个性因素。认知因素主要反映个体的思维能力、逻辑能力、言语能力等基本的认知能力；动机因素反映个体行为的目的，指导个体行为的方向，成功目标的选择；情绪因素是指个体平衡情绪和理性的情绪意识和情绪管理的技能。广义的情绪因素还包括良好的社会技能；个性因素反映个体的内隐和外显的行为方式，反映了个体惯常的思维和处世的方式，它决定了社会环境与人相互作用的方式，从而影响认知发挥的形式和质量。

唐孝威（2010）提出"智能集成论"（Intelligence integratics）的观点 [59]。智能集成论是关于心智能力和行为能力集成规律的理论，是研究智能活动中各个层次和各种类型的集成现象以及规律的学科。智能活动包括心智活动、行为活动以及它们之间的耦联，其基础是脑和身体。心智活动是由觉醒—注意能力、认知能力、情感能力、意志能力等各种智能成分集成的；其中每一种智能成分有包含许多具体能力，比如认知能力包括感觉、知觉、记忆、思维等。行为能力是由运动能力、操作能力、适应能力、社会能力等各种智能成分集成的。智能活动不能离开环境，在心—脑—身体—自然环境—社会环境的统一体中存在各种相互作用。智能活动存在不同层次、多种多样的集成作用。智能集成过程是主

173

动的过程。人对外界刺激的多种感受不是简单叠加，而是通过集成过程，在过去知识和经验的基础上，主动地由当前的各种感受构建认知模型，形成对事物的整体认识。从人类进化的角度而言，个体各种智能成分和具体能力不是固定不变，而在先天遗传的基础上、在后天实践中通过智能集成过程而不断发展。因此智能集成是一个不断进行的过程。由于个体先天条件有差异，以及后天实践和学习过程中智能成分、集成作用、集成环境和集成过程的多样性，不同个体的智能存在差异。

6　大统一的心理学框架

认知、动机、情绪、人格、心理发展等各种心理现象之间存在固有的内在联系，需要用正确的观点和方法，探讨它们之间的统一性，逐步建立统一框架下的心理学。首先对心理现象进行还原，分析与心理现象有关的各种心理相互作用，得到对各种心理相互作用的了解。这种还原是合理的还原，因为还原到的各种心理相互作用都有心理学的意义。这里的心理相互作用包括五种：心理活动各种成分之间的相互作用（心理成分相互作用），心理活动和脑之间的相互作用（心脑相互作用），心理活动和身体之间的相互作用（心身相互作用），心理活动和自然环境之间的相互作用（心物相互作用），以及心理活动和社会环境之间的相互作用（心理—社会相互作用）。

然后在分析全部心理相互作用的基础上进行整合，研究它们的统一性，以及由心理相互作用构成的整体过程。这种集成或整合是有机的，因为在心理相互作用的统一体中，各种心理相互作用具有内在的联系，它们构成了有机的整体过程。上述五种心理相互作用都是在心—脑—身—自然环境—社会环境的大统一体中进行的相互作用，它们都以心脑统一性作为共同的、统一的基础，由此就有五种心理相互作用统一的理论，即心理相互作用的大统一理论。在心理相互作用的大统一理论中，心理相互作用之间的统一不是把各种心理相互作用等同起来，也不是把各种心理相互作用都还原为心脑相互作用，而是指出各种心理相互作用的统一性，且强调它们之间的相互联系和协调发展。基于心理相互作用的大统一理论，可以构建以心理相互作用及其统一性为核心的大统一心理学的理论框架。在大统一心理学理论框架中，有可能把当代心理学各个分支学科统一起来。

用心理学的统一研究取向，有可能把当代心理学的各种不同的研究取向集成起来。心理学的统一研究取向，用心理相互作用的观点研究心理现象。强调相互作用中有作用，又有反作用。对于一种心理相互作用，要研究它涉及的时间范围和空间范围，相互作用的具体途径，相互作用的方式，以及相互作用的结果。同时，心理学的统一研究取向强调各种心理相互作用都是动态的、随时间发展的过程，研究各种心理相互作用的动态变化。某一种心理现象不单纯涉及一种心理相互作用，而可能同时涉及多种心理相互作用。对一定的心理现象来说，同时存在的多种心理相互作用中，有些占主导地位，有些占次要地位。总之，心理学的统一研究取向吸收其他研究取向的相关积极内容，并不是把它们作机械的合并，而是在大统一的心理学理论框架中把它们有机地整合起来，进一步丰富大统一心理学理论[60]。

参考文献

[1] 徐建成 . (2008). "发展人"人性假设：一条心理科学的整合之路 . 江苏教育学院学报 (社会科学版)，24, 22—26.

[2] 郝文卓，霍涌泉 . (2010). 论心理学的整合观 . 社会心理科学，109, 259—278.

[3] 崔景贵 . (2005). 论心理教育的分化与整合 . 教育研究，301, 83—89.

[4] Johansson, G. (1973). Visual perception of biological motion and a model for its analyses. *Perception and Psychophysics, 14*, 201—211.

[5]   Koffka, K. (1935). *Principles of gestalt psychology.* New York: Harcourt Brace.

[6]   Kohler, I. (1962). Experiments with goggles. *Scientific American, 206,* 62—72.

[7]   Treisman, A. M., & Gelade, G. (1980). Feature integration theory of attention. *Cognitive Psychology, 12,* 97—136.

[8]   Treisman, A. M. (1988). Features and objects: The fourteenth Bartlett memorial lecture. *Quarterly Journal of Experimental Psychology, 40,* 201—237.

[9]   Andrew, F. (1998). Parallel coding of conjunctions in visual search. *Perception & Psychophysics, 60,* 1117—1127.

[10] 韩振华，曹立人 . (2009). 平行搜索还是系列搜索：视觉搜索机制研究的理论分析 . 西北师大学报 , 46, 129—132.

[11] Stratton, G. (1897). Upright vision and the retinal image. *Psychological Review, 4,* 182—187.

[12] Bruno, N., & Cutting, J. E. (1988). Mini-modularity and the perception of layout. *Journal of Experimental Psychology: General, 117,* 161—170.

[13] 艾森克，基恩 . (2007). 认知心理学 . 上海：华东师范大学出版社 .

[14] Farah, M. J. (1994). Specialisation within visual object recognition: Clues from prosopagnosia and alexia. In M. J. Farah & G. Ratcliff (Eds.), *The neuropsychology of high-level vision: Collected tutorial essays.* Hillsdale, NJ: Lawrence Erlbaum Association Inc.

[15] Michel, C., Caldara, R., Roassion, B. (2006). Same-race faces are perceived more holistically than other-race faces. *Visual Cognition, 14,* 55—73.

[16] Thompson, P., M. (1980). Thatcher: A new illusion. *Perception, 9,* 483—484.

[17] Le Grand, R., Mondloch, C. J., Maurer, D., Brent, H. P. (2001). Early visual experience and face processing. *Nature, 410,* 890.

[18] Hadjikhani, N. & de Gelder, B. (2002). Neutral basis of prosopagnosia: An fMRI study. *Human Brain Mapping, 16,* 176—182.

[19] Buchtel, H. A., Butter, C. M. (1988). Spatial attentional shifts: implications for the role of polysensory mechanisms. *Neuropsychologia, 26:* 499—509.

[20] Mondor, T. A., Amirault, J. K. (1998). Effect of same- and different-modality spatial cues on auditory and visual target identification. *Journal of Experimental Psychology: Human Perception and Performance, 24*, 745—755.

[21] 赵晨，张侃，杨华海 . (2001). 内源性注意与外源性注意的跨通道比较 . 心理学报，33, 219—224.

[22] 吴建辉，罗跃嘉 . (2005). 盲人的跨感觉通道重组 . 心理科学进展，13, 406—412.

[23] Atkinson, J. W. (1964). *An introduction to motivation.* New York: Van Nostrand Reinhold.

[24] Eccles, J. (1983). Expectancies, values & academic behaviors, In J. T. Spence (Eds.), *Achievement and Achievement Motives* (pp. 75—146), San Francisco: Freeman.

[25] Elliot, A. J., Harachiewicz, J. M. (1996). Approach and avoidance achievement goals and intrinsic motivation: A mediational analysis. *Journal of Personality and Social Psychology, 70*, 461—475.

[26] Dweck, C. S., & Leggett, E. L. (1988). A social-cognitive approach to motivation and personality. *Psychological Review, 95*, 256—273.

[27] Archer, J. (1994). Achievement goals as a measure of motivation in university students. *Contemporary Educational Psychology, 1,* 430—446.

[28] Barron, K. K., Harachiewicz, J. M. (2001). Achievement goals and optimal motivation: Testing multiple goal models. *Journal of Personality and Social Psychology, 80*, 706—722.

[29] 刘海骅，庄明科 . (2004). 成就动机的多重目标理论 . 心理与行为研究 , 2, 474—478.

[30] Weiner, B. (1986). *An attribution theory of motivation and emotion.* New York: Springer Verlag.

[31] Weiner, B. (1992). *Human Motivation: motivation: Metaphors, theories, and research.* Sage: Newbury Park.

[32] 孙煜明 .(1993). 动机心理学 . 南京：南京大学出版社 .

[33] 郭德俊，李燕平 . (2006). 动机心理学：理论与实践 . 北京：人民教育出版社 .

[34] Izard, C. E. (1991). *The psychology of emotions*. New York: Plenum Press.

[35] Hart, D., Karmel, M. P. (1996). Self-awareness and self-knowledge in humans, apes, and monkeys. In A. E. Russon, K. A. Bard, S. T. Parker (Eds.), *Reaching into thought: The minds of great apes* (pp. 325—347). Cambridge, UK: Cambridge University Press.

[36] 杨槐，王江华 . (2009). 青少年自我概念研究综述 . 当代教育论坛，2, 48—49.

[37] Kitayama, S., Markus, H., & Kurokawa, M. (2000). Culture, emotion, and well-being : Good feelings in Japan and the United States. *Cognition and Emotion, 14*, 93—124.

[38] 孙晓玲，邱扶东，吴明证 . (2007). 自我复杂性模型述评 . 心理科学进展，15, 338—343.

[39] 王树青，张文新，张玲玲 . (2007). 大学生自我同一性状态与同一性风格、亲子沟通的关系 . 心理发展与教育，1, 59—65.

[40] Marcia, J. E. (1980). Identity in adolescence. In J.Andelson (Eds.), *Handbook of adolescent psychology*. New York: Wiley.

[41] 刘楠，张雅明 . (2010). 同一性风格：青少年自我同一性研究的新视角 . 心理科学进展，18, 691—698.

[42] 郭金山 . (2003). 西方心理学自我同一性概念的解析 . 心理科学进展，11, 227—234.

[43] 韩晓峰，郭金山 . (2004). 论自我同一性概念的整合 . 心理学探新，90, 7—11.

[44] 江伟，黄希庭，陈本友，赵婷婷 . (2008). 自我调节研究进展 . 西南大学学报 (社会科学版)，34, 12—16.

[45] 王雨露 . (2008). 自我调节结构研究述评 . 成都大学学报 (教育科学版)，22, 24—27.

[46] 乐国安，纪海英 . (2007). 班杜拉社会认知观的自我调节理论研究及其展望 . 南开学报 (社会科学版)，5, 118—124.

[47] 桑标 . (2009). 儿童发展心理学 . 北京：高等教育出版社 .

[48] 弗拉维尔，米勒，邓赐平，刘明 . (2002). 认知发展 (第四版). 上海：华东师范大学出版社 .

[49] Chen, X., Rubin, K. H., & Li, Z. (1995). Social functioning and adjustment in Chinese children: A longitudinal study. *Developmental Psychology, 31*, 531—539.

[50] Chen, X. & French, D. (2008). Children's social competence in cultural context. *Annual Review of Psychology, 59*, 591—616.

[51] Bronfenbrenner, U. (1994). Nature-nurture reconceptualized in developmental perspective: A bioecological model. *Psychological Review, 101*, 568—586.

[52] Fischer, K. W., & Bidell, T. R. (1998). Dynamic development of psychological structures in action and thought. In R. M. Lerner (Eds.) *Handbook of child psychology. Vol 1: Theoretical models of human development* (5th ed., pp. 467—561). New York: Wiley.

[53] 扶跃辉，李燕 . (2006). 亲子关系研究新进展：自组织研究 . 儿童发展与教育，10, 11—13.

[54] 潘菽 . (1985). 人类的智能 . 上海：上海科学技术出版社 .

[55] Das, J., Naglieri, J., & Kirby, J. (1994). *Assessment of cognitive processes: The PASS theory of intelligence.* Boston: Allyn and Bacon.

[56] Guilford, J. (1968). Intelligence has three faces. *Science, 160*, 615—620.

[57] Gardner, H. (1993). Multiple intelligence: The theory in practice. New York: Basic Books.

[58] 王垒，李林，梁觉 . (2002). 综合智力：对智力概念的整合 . 教育技术通信 , 2, 1—5.

[59] 唐孝威 . (2010). 智能论：心智能力和行为能力的集成 . 杭州：浙江大学出版社 .

[60] 唐孝威 . (2007). 统一框架下的心理学与认知理论 . 上海：上海人民出版社 .

记忆机制在语言理解信息集成中的作用

赵　鸣*

1　引言

　　语言理解的神经机制，一直是认知神经科学的重点问题之一。在语言理解的过程中，需要对语音、语义、句法、语用等不同层级的信息进行集成加工，而在该过程中记忆机制发挥着至关重要的作用。根据信息存储和保持的时效性，可以将记忆分为工作记忆和长时记忆。工作记忆是对信息进行暂时存储和操作的记忆系统，包括中央执行系统、语音环、视—空间模板、情境缓冲器。其中，中央执行系统具有执行和控制能力，负责对工作记忆的内容进行监控和调节；语音环和视—空间模板则负责言语片段的存储和保持。信息在工作记忆中的存储和保持仅有几十秒，但是可以通过语音环的语音复述功能转化为长时记忆。长时记忆又可以分为情景记忆和语义记忆，前者包括对发生于特定时间、地点的特定事件或情节的贮存，后者是有关客观世界的知识组织。工作记忆和长时记忆可以通过情境缓冲器联系起来，集成不同层次的信息[1]。语言理解过程对于工作记忆和长时记忆都具有依赖性。本文将在论证语言理解与记忆机制关系的基础上，结合行为学以及近年来较多采用的神经电

*　赵鸣，浙江大学语言与认知研究中心博士。

生理学事件相关电位技术（event-related potentials，ERP）方面的实验证据，对语言理解信息集成中记忆机制的作用、性质、理论争议等问题进行总结和分析，并对未来的研究进行展望。值得一提的是，ERP技术将同刺激事件相关的、并在时间上同刺激锁定的脑电信号加以平均，得到一系列和认知事件相关的电位成分，这些电位成分的潜伏期、波幅、头皮分布等特征提供了非常丰富的脑内信息。一般认为事件电位成分的潜伏期表示了对认知事件的评估时间，波幅反映了对认知事件加工过程中心理负荷的强度，成分头皮分布较为显著的脑区则反映脑区内参与认知加工的神经元数量较多，说明该脑区很大程度上可能具有相关的认知加工功能。同时，ERP技术具有毫秒级的高时间分辨率，因而对于实时动态地揭示认知事件加工过程存在很大优势。

2 工作记忆与语言理解信息集成

2.1 工作记忆对语言理解信息集成的影响

工作记忆对语言理解信息集成的影响及其认知机制主要体现在两个方面。首先，语言理解信息集成依赖于工作记忆资源的支持。这是由语言线条性属性所决定的。所谓线条性是指语言符号只能依次在时间的线性向度上展开，这意味着语言理解需要按照语言单位出现的线性顺序进行加工。因此，如果两个意义相关联的语言单位之间因插入一定数量的其他成分而距离变长，那么首先接收的语言单位只能暂时存储于工作记忆中，直至与之关联的语言单位加工时，再从工作记忆中提取出来进行意义集成，这一过程就需要借助于工作记忆资源的支持。意义相关的语言单位间距离越长，所消耗的工作记忆资源则越多。

这种依赖于工作记忆资源的语言理解信息集成机制，在长距离回指结构和句法移位结构的理解中表现得尤其突出。回指结构是指某个语言单位和已经表达的语言单位两者所指相同的表达方式，如例句

（1）、（2）中前后出现的"Lisa"和"Peter"分别指示同一人，即为回指结构。其中，先前已被表达的语言单位称为"先行词（antecedent）"（如例句（1）中首次出现的"Lisa"），而其后表达的与先行词所指相同的语言单位称为"照应语（anaphor）"（如例句（1）中再次出现的"Lisa"）。先行词和照应语之间可以插入其他的语言成分，使先行词和照应语间存在一定的距离，从而可以划分为长距离回指结构和短距离回指结构。相关的 ERP 实验发现，与短距离回指结构（例句2）相比，先行词和照应语之间距离的增长（例句1）会在前额区诱发出反映工作记忆负荷增加的前部负波（anterior negativity, AN）。这说明在照应语位置上需要从工作记忆中提取出与其对应的先行词进行意义集成，而增长的距离使得在工作记忆中保持和提取先行词的负荷增加[2]。在对句法移位结构的理解中也存在类似的距离效应。移位结构是指处于句子特定位置上的某个词类成分，根据一定的需要和规则，移动到句子的其他位置。被移位的成分称为填充语（filler），填充语移位后所留下的位置，即填充语原来所处的规范位置，称作语迹（trace），常用 t 表示。如例句（3）、（4）中的"reporter"便是根据一定句法规则由规范位置移动至句首位置，即为填充语，t 所示的空位是填充语原本的规范位置，即为语迹。当填充语和语迹之间存在较长的距离，使移位成分不能立即与语迹进行集成加工时，就需要耗用额外的工作记忆代价（如例句4）。这一过程在脑电上表现为移位结构在前额区所诱发的持续性前部负波（sustained anterior negativity, SAN），且 SAN 随两者间距离的增长而波幅增大，漂移持续时间加长，说明移位短语和语迹间的距离越长，消耗的工作记忆代价就越大[3]。

（1）*Lisa* strolls across a bazaar. Peter sells gems to tourists...Then *Lisa* will buy a diamond from the trader.

（2）Lisa strolls across a bazaar. *Peter* sells gems to tourists...Then *Peter* will buy a diamond from the trader.

（3）The *reporter* who *(t)* harshly attacked the senator admitted the error.

（4）The *reporter* who the senator harshly attacked *(t)* admitted the error.

其次，工作记忆也影响和制约语言理解信息集成的策略性。工作记忆具有容量有限性的特点，一般认为可暂时性存储 7±2 个信息单位。这直接导致语言理解信息集成需要采取即时加工的策略（immediate interpretation），即对句子中每一个顺序呈现的语言单位进行立即的理解，使保持在工作记忆中有待分析的语言单位最小化，从而来减轻工作记忆的存储负荷。例如 ERP 实验发现，在对例句（5）理解时，动词"攻击"会在 400 ms 左右诱发出较大波幅的与语义加工相关的负成分（N400）。研究者表示这是因为读者在理解"政客"时，为避免增加工作记忆负荷，会即时地将其分析为"介绍"的宾语，但是当理解至"攻击"时，读者又会意识到之前分析错误，并对语义进行重新理解加工，致使诱发出波幅较大的 N400 成分[4]。

（5）那个议员介绍政客攻击的那个律师给公众认识。

Frazier & Rayner 另外指出，在语言理解信息集成中，要缓解工作记忆的负荷压力，除需要使用即时加工策略外，还必须遵守最小附加原则（minimal attachment）和迟关闭原则（late closure）[5]。最小附加原则指在句法构建的过程中，附加至当前句子结构中的每个词条要尽可能构建最简单的句法结构，从而减少在工作记忆中的计算步骤。迟关闭原则是指在句法结构正确的前提下，每个词条应附加在尚处于构建的短语结构上。所以在例句（5）中"政客"在呈现后不会被立即理解为关系从句的主语，而是作为动词的直接宾语即时地附加在尚处于构建的句法结构中，以使得加工至"政客"时所构建的句法结构最为简单，这正是迟关闭原则和最小附加原则的体现。而这些都是基于工作记忆容量有限性而形成的语言理解信息集成策略。

2.2 影响语言理解的工作记忆性质

影响语言理解信息集成的工作记忆是否存在一个独立的语言加工的系统，对于这一问题目前学界存有较多争议。总体来看，主要集中于两种理论假设的探讨：单一资源理论（single verbal resource theory）和独立资源理论（separate verbal resource theory）（另可参见张亚旭，蒋晓鸣，黄永静，2007[6]）。

2.2.1　单一资源理论

单一资源理论认为存在一般性的言语工作记忆系统，其具备的功能有：词汇通达，即词汇音、形、义等信息的激活；题元指派，即词语作为施事、受事、处所、目标等语义关系角色的安排；句法表征，即句子主语、谓语、宾语等句法关系的构建等语言信息加工；以及以语言为中介的其他认知加工，而这些信息加工处理是共享同一个工作记忆系统的。工作记忆中的中央执行系统，可以在给定的时间内通达所需信息，控制何种信息优先加工。但是由于工作记忆系统容量有限，当任务要求超出工作记忆资源的上限时，工作记忆资源将仅对信息进行保存或是仅执行相关的操作加工，而不是两者兼有[7,8]。这在双重任务范式（dual-task）的实验中得到验证。双重任务实验一般要求被试同时操作两种任务，一种是和语言理解相关的主要任务，另一种是以语言为中介的其他认知加工的次要任务，实验逻辑是如果两种任务加工共享同一个工作系统，那么同时完成两种任务就会竞争所共享的资源有限的工作记忆系统，从而使被试在完成语言理解的主要任务时，引起判断反应时的增长和正确率的降低[9]。

工作记忆资源单一性同时表现在语言理解信息集成加工中，尤其是句法分析加工中，因为不具有独立的工作记忆资源支持，所以个体工作记忆资源的高/低能够影响语言信息集成的结果。MacDonald, Just & Carpenter（1992）区分了工作记忆容量高/低两组被试，采用自定步速阅读范式（self-paced reading），即由被试自己通过按键控制文本阅读的速度，来完成句子理解任务（例句6）。句中在解歧词"raid"呈现前，词语"warded"既可以理解为过去式用以充当句子的谓语动词，也可以作为过去分词引导从句，即"warded"包含有暂时性歧义结构。实验结果发现两组被试均在歧义区间（"before the midnight"）花费较多的阅读时间，但在具有歧义消解功能的词汇（"raid"）理解上，即解歧区的理解却只有高工作记忆容量被试的阅读时间更长。研究者认为，这表明不同工作记忆容量被试在句法结构构建的初始阶段都能够通达两种歧义表征结构，但是低容量被试会较早地放弃偏向性较弱的表征，而只有高容量被试才能更持久地维持初始构建的两种句法表征 [7]。近来的 ERP 研究也显示，在代词所指歧义条件下，如例句（7）中，"his"既可以指称"Anton"，也可以指称"Michael"时，高容量被试会诱发出波幅更大的 SAN 成分，反映了工作记忆容量越高越有利于通达歧义代词各种可能的指代，并维持多种结构表征，而低容量被试在歧义结构理解中可能只选用单一的、偏好性的解读方式 [10]。

（6）The experienced soldiers **warned** about the dangers before the midnight raid.

（7）Anton forgave Michael the problem because **his** car was a wreck.

此外，工作记忆资源的高 / 低还能够影响语言理解信息集成策略的选用，这也给予单一资源理论有利的支持。例如眼动实验发现高 / 低容量被试在阅读例句（8）、（9）时就很可能采用不同的理解策略 [8]。例（8）中的主语 "evidence" 是 "– 生命性"，只能作为受事理解，而在例（9）中主语 "defendant" 是 "+ 生命性"，具有作为施事或受事理解的两种可能性，所以如果被试对 "defendant" 注视时间长于 "evidence"，则说明被试可以及时调用语义信息进行早期的句法分析。实验结果显示，低容量被试对于生命性不同的主语名词注视时间几乎相等，而高容量被试对于 "+ 生命性" 主语名词的注视时间显著大于 "– 生命性" 主语名词，说明高容量被试在早期句法分析阶段，就可以直接调用相关的语义信息，而低容量被试则不能。

（8）The **evidence** examined by the lawyer shocked the jury.

（9）The **defendant** examined by the lawyer shocked the jury.

2.2.2 独立资源理论

尽管单一资源理论得到较多的实验结果支持，但是却仍然受到其他相关研究的质疑。例如有学者认为使用双重任务证明的共享工作记忆资源的结论，可能是任务转换代价或是不同工作记忆容量的被试在保持实验任务上具有的差异性而导致的[11]。来自失语症患者的研究也表明，尽管患者阅读记忆广度得分仅有 0 或 1 分，但是对语言复杂结构的句法分析能力并没有受到低水平工作记忆容量的影响[12]。这说明在工作记忆资源中可能存在一个独立的语言加工的系统，专职于语言信息集成的操作加工，而不受工作记忆能力水平或工作记忆资源占用情况的影响。同时，对于工作记忆单一资源而导致的不同工作记忆容量水平，影响语言理解信息集成结果的观点同样有学者持有异议。例如针对 MacDonald 等（1992）的重复性实验并没有发现容量水平不同的被试对于歧义结构的信息集成策略上存在差异[13]。也有学者认为 MacDonald 等（1992）所观察到的差异性很可能是高工作记忆容量被试具有更加熟练地运用限定性信息的能力，同时对于语言结构的合理性更为敏感造成的。由于实验采用的歧义结构句子合理性较低，从而导致解歧区阅读时间更长[14]。另外，也有学者并不赞同单一资源理论所认为的工作记忆容量高/低影响语言理解信息集成策略选用的观点。他们认为高容量被试可以更快速地通达世界知识或是对语义线索更敏感，并能够有效排除错误的分析，而这是低容量被试所欠缺的，因此调用世界知识的能力或对语义线索的敏感性是引起语言理解信息集成策略差异性的根本原因，而不是工作记忆容量水平所决定的[11,15]。

这些与单一资源理论存在分歧的实验证据也为独立资源理论提供了有利支持。独立资源理论认为存在两种工作记忆资源，一种专职于语言信息集成加工，负责对所输入的语言信息进行词汇通达、句法构建、题元分派、确立同指关系等，这种加工具有自动化、即时性的特点，又称为解释性加工；另一种工作记忆资源则负责处理以语言为中介的认知加工任务，如会话隐含意义的推理加工、在语义记忆中进行信息精细化检索等，这种加工特点是有意识的、自主的、非即时性，又称为解释后加工[12]。

独立资源理论同样也得到相关的 ERP 实验研究支持。例如对于句法暂时性歧义结构的理解加工，只有高容量被试能够在解歧成分上诱发出潜伏期在 600 ms 左右、与句法再分析相关的正成分（P600）。研究者认为该条件下 P600 成分的诱发可以有两种解释方式：一是，高容量被试能够有效地进行句法分析，抑制未被选择的句法表征，对所输入的句子进行最简句法结构分析，而低容量被试则试图保持多种激活，加工效率低，因而没有表现出歧义效应；二是，高容量被试有足够的工作记忆资源进行句法再分析，而低容量被试则不具有[16,17,18]，Vos & Friederici 明确表示至少高容量者应具有独立的句法加工资源[17]。另外，对于移位结构理解加工的 ERP 实验结果显示，在语迹位置上所诱发的 P600 成分其波幅变化既不受填充语和语迹间距离效应的影响，也独立于工作记忆容量个体差异性，说明在工作记忆中负责句法操作的认知资源具有独立性[3]。

3　长时记忆与语言理解信息集成

3.1　长时记忆对语言理解信息集成的影响

长时记忆对于语言理解信息集成的影响及其认知机制集中体现在语篇理解的过程中。Kintsch 将语篇信息表征分为三个水平：位于最低水平的是词汇水平，即表层表征；其次是由各语句命题及其命题间关系构成的语义结构水平，即文本基面表征；最高层则是文本基面与一般性世界知识相集成的表征，即情境模型[19]。这三个水平的语篇信息的表征和集成都离不开长时记忆。

首先，语篇表层的词汇表征以心理词典的形式存储于长时记忆中。

心理词典包含了词语的语义结构、语音表征、正字法表征等信息，对词汇信息的提取和辨别都需要长时记忆的支持[20]。

其次，在语篇理解信息集成的过程中，已获取的命题表征通过工作记忆的语音复述功能，可以转化为长时记忆[1]，而当前命题的加工又需要不断地与先前命题相集成，因而要完成文本基面表征就要从长时记忆中调取先前命题，形成并实时更新文本基面表征。

第三，一般性世界知识在语篇的段落和语句之间常为缺省的，一旦这些缺省信息未得到及时激活和补充，语句和段落间就将缺少连贯性，从而无法构建语篇的情景模型。一般性的世界知识是以图示结构的形式存储于长时记忆中[21]，图示是有关客观世界、事件、人物和行动的知识组块。Rumelhart 认为语篇理解信息集成就是读 / 听者在所输入一定信息的基础上，于长时记忆中搜寻与之相关的图式结构，当匹配的图示结构被激活且命题具体化后，读 / 听者便获取了意义[22]。

3.2　长时记忆信息的激活机制

就语言理解信息集成中长时记忆认知机制问题的探讨主要集中于，语言理解信息集成所需的各种信息在长时记忆中的激活时间是否具有即时性。一般认为词汇—语义的激活时间是即时的，但对于先前命题和一般性世界知识，即与当前命题理解相关的背景知识，激活时间是否也具有即时性存有争议，这突出反映在激活延迟性假说和激活即时性假说的争论上。

3.2.1　激活延迟性假说

激活延迟性假说以最低限度假说（minimalist hypothesis）[23]为代表，认为在语篇理解信息集成过程中对于背景知识的激活取决于语篇结构的连贯性。在语篇信息连贯的情况下，读者仅需对当前命题和在工作记忆中暂存的少数已加工命题进行集成，从而保持语篇结构的连贯性。只有当语篇信息不连贯时，读者才会激活长时记忆中先前的命题信息或相关的世界知识，对语篇缺省内容进行必要的填充。换句话说，激活延迟性假说，认为长时记忆中关联信息的激活不是自动地、即时性发生的。

采用自定步速阅读范式的实验研究，较多支持激活延迟性假说。实验证据是句尾词的阅读时间显著长于句中词，因此研究者认为只有在句尾对全句信息进行信息集成时，长时记忆中相关的背景知识才能得到激活，并对缺省信息进行补充[24]。然而，自定步速阅读实验得到的结论，可能只反映了读者采用了某种缓冲的加工策略，即由于读者按键速度不及理解速度，从而采用快速按键直至句尾处，再对材料进行集成加工的策略[25]。所以激活延迟性假说受到较多质疑。

3.2.2 激活即时性假说

激活即时性假说以构建主义理论（constructionist theory）和基于记忆理论模型（memory-based model）为代表。该假说认为语篇理解信息集成的过程，特别需要读/听者积极主动地参与，不断地即时激活长时记忆中的相关信息，以此得到文章中的缺省内容[26]。即使在语篇信息连贯的情况下，相关背景信息也能即时性激活。当前理解的句子进入工作记忆后，其蕴含的概念、命题以及存储于工作记忆中的信息都会自动向长时记忆发送信号，快速激活长时记忆中与其相匹配的信息。当前加工的句子命题不仅能够与工作记忆中保持的较近出现的文本信息进行意义集成，来维持局部连贯性；并且能通过"共振"的方式激活长时记忆中较早出现的先前文本信息和一般世界知识，以维持整体连贯性[27]。

早期采用记忆测试的行为学实验研究结果，较多支持激活即时性假说。研究者让被试在阅读短文后根据问题进行回忆，实验发现短文标题可以迅速激活相应的图示结构，被试依据图示结构，可以更好地完成实验理解任务[28]。但是记忆测试的实验方法，只是对长时记忆激活时间的间接探测，无法明晰长时记忆信息是自动性激活，还是为完成记忆测验的策略性激活。

近年来，较多的 ERP 实验证实，在语言理解中存储于长时记忆的先前命题激活具有即时性。例如，实验发现当被试理解与先前命题不相符的句子时，会在 400 ms 左右诱发出反映前后语篇的语义关系失匹配的负成分（N400），说明语篇的先前命题可以即时性地提取，并直接影响当前句子命题理解 [29]。当类似的句子以听觉形式呈现时，会在 200 ms 左右诱发出反映语音信息失匹配的负波（N200），说明被试在根据声学特征完整判断出一个词语前，就已经在所听到的 2~3 个音素的基础上根据先前命题的提示性信息，将预期出现的词语和先前命题进行意义集成 [30]。ERP 实验还发现先前命题不仅是即时性激活，而且读 / 听者更能够基于先前命题知识，积极地对下文进行推理、预期，这一预期可以对当前信息的理解产生直接影响，使读 / 听者迅速判断出当前信息的合理性 [31]。Nieuwland & van Berkum 的实验更进一步证明，在一定条件下，先前命题甚至可以把有悖于世界知识的当前信息，转化为正确的信息进行理解 [32]。该实验的材料是由六个句子组成的两篇短文，短文一中的人物是 psychotherapist 和 sailor，短文二仅把短文一中的 sailor 替换为 yacht，其他字句未作改动，造成句子生命性范畴的违反。实验发现，与"＋生命性"的 sailor 理解加工相比，短文二第一个句子中"－生命性"的 yacht 呈现时，会因生命性范畴违反而诱发出 N400 成分，然而至第五个句子呈现时 N400 成分却消失了，说明被试已经将有悖于常理的命题转化为正确命题进行解读。此外，其他的研究还发现在被试构建起童话或科幻为故事主题的条件下，非生命性事物拟人化（例句 10），或人物行为夸张化（例句 11）所诱发的 N400 成分波幅明显减小 [33]，而符合世界知识的句子（例句 12）却诱发出具有最大波幅的 N400 成分，说明在童话语境中，对于合乎常理的语言理解反而更困难 [34]。这些实验结果不仅证明了先前命题具有激活即时性的特点，而且反映了先前命题以逐渐累积增量的方式，影响新命题的理解，当意义相关的先前命题信息量积累至一定程度，便能够直接改变我们对于不合常理信息的判断。

（10）Peanuts fall in love.

（11）He picked up the lorry and carried on down the road.

（12）The peanut was salted.

另外，相关的 ERP 实验也考察了在语言理解信息集成中，存储于长时记忆的一般性世界知识是否具有激活即时性。Hagoort 等（2004）发现对于例句（13）的理解，即便句子真值意义是正确的，但其语义内容违反了"荷兰的火车是黄色的"一般性世界知识，也会诱发出 N400 成分，说明世界知识在语言理解信息集成中得到了即时性激活[35]。其他研究还证明了与生活经验相关的场景类世界知识同样能够即时性激活[36]。同时，当言语信息违反社会角色知识时，比如一个小孩说"Last year I got married in a beautiful castle"，也发现即时性诱发出 N400 成分[37]，反映了读 / 听者在对话语表层意义理解的同时也激活了大量相关的社会背景知识，从而对话语的合适度进行考量。此外，读 / 听者还可以根据先前命题中的提示性线索和相关的社会背景知识，即时地对一个人的行为目的[38]、性格特征[39]、语体风格[40]等方面进行预测和判断。

（13）The Dutch trains are white and very crowed.

这些 ERP 实验研究证明了在语言理解信息集成中，存储于长时记忆中的先前命题和一般性世界知识能够即时性激活，并直接作用于语言理解的信息集成，而且这种影响和作用在语言理解信息集成中是持续存在的。这些研究也为激活即时性假说给予了有力地支持。

4　结语

语言理解信息集成是一个极其复杂的认知加工过程，当前的研究证实了记忆机制在这一过程中，发挥着重要作用。一方面，语言理解信息集成依赖于工作记忆资源的支持，工作记忆容量的有限性也对语言理解信息集成的策略产生影响，并且大脑中可能存在一个专职于语言理解信息集成的工作记忆系统；另一方面，语言理解信息集成同样离不开长时记忆的配合，在语言理解信息集成的过程中，需要不断地从长时记忆中提取所存储的词汇概念、先前命题，尤其是调用所储备的世界知识以填补有关的缺省信息，而这些信息的激活是即时性的。

尽管当前语言理解信息集成记忆机制的研究已取得长足的进展，但仍存有问题有待于进一步深入地探讨：

首先，工作记忆容量的评测标准需要统一和标准化。容量高/低被试的筛选对于以明确工作记忆容量性质为目标的实验来说作用重要，目前筛选工作多数采用阅读记忆广度测试进行，但是测试材料的字句长度、命题个数、句式结构类型和复杂度没有统一，而测试材料选取标准的统一是实验结论可靠性和实验比对有效性的保障。

其次，虽然长时记忆激活即时性假说得到较多实验的支持，但是并不能完全排除信息集成在一定条件下延迟的可能性，这种可能性与当前信息加工的难易度、背景信息的凸显度、当前信息与背景知识冲突的显著度等因素相关。然而由于这些因素的控制较为复杂，目前相关的探讨较少，因而究竟在何种条件下，可能导致激活延迟的问题仍需要更多探讨。

最后，在汉语理解信息集成中，长时记忆机制的作用有待于深入研究。当前大多针对语言理解中，长时记忆激活问题的研究是围绕印欧语展开，对于同印欧语存在较大差异性的汉语方面的研究较少，且多限于行为学方面的论证，缺少神经机制方面的实验研究。汉语理解信息集成的特点在于强调意合关系，对语境提供的命题条件和背景信息依赖性较大，有学者认为汉语语篇信息集成的加工过程不能即时性实现[41]，因此展开更多针对汉语方面的研究，不仅有利于解决理论争论，也有助于探讨人类语言理解中记忆机制的普遍性。

参考文献

[1] Baddeley, A. D. (2000). The episodic buffer: a new component of working

memory? *Trends in Cognitive Sciences, 4,* 417—423.

[2] Streb, J., Hennighausen, E., & Rosler, F. (2004). Different anaphoric expressions are investigated by event–related brain potentials. *Journal of Psycholinguistic Research, 33,* 175—201.

[3] Fiebach, C. J., Schlesewsky, M., & Friederici, A. D. (2001). Syntactic working memory and the establishment of filler–gap dependencies: insights from ERPs and fMRI. *Journal of Psycholinguistic Research,, 30,* 321—338.

[4] Yang, C. L., Perfetti, C., & Liu, Y. (2010). Sentence integration processes: An ERP study of Chinese sentence comprehension with relative clauses. *Brain and Language, 112,* 85—100.

[5] Frazier, L., & Rayner, K. (1982). Making and correcting errors during sentence comprehension: Eye movements in the analysis of structurally ambiguous sentence. *Cognitive Psychology, 14,* 178—210.

[6] 张亚旭, 蒋晓鸣, 黄永静. (2007). 言语工作记忆、句子理解与句法依存关系加工. 心理科学进展, 15, 22—28.

[7] MacDonald, M. C., Just, M. A., & Carpenter, P. A. (1992). Working memory constraints on the processing of syntactic ambiguity. *Cognitive Psychology, 24,* 56—98.

[8] Just, M. A., & Carpenter, P. A. (1992). A capacity theory of comprehension: Individual differences in working memory capacity. *Psychological Review, 99,* 122—149.

[9] King, J., & Just, M. A. (1991). Individual differences in syntactic processing: the role of working memory. *Journal of Memory and Language, 30,* 580—602.

[10] Nieuwland, M. S., & van Berkum, J. (2006). Individual differences and contextual bias in pronoun resolution: Evidence from ERPs. *Brain Language, 1118,* 155—167.

[11] Traxler, M. J., Williams, R. S., &Blozis, S. A. (2005). Morris RK. Working memory, animacy, and verb class in the processing of relative clauses. *Journal of*

Memory and Language, 53，204—224.

[12] Caplan, D., & Waters, G. S. (2005). Verbal working memory and sentence comprehension. *Behavioral and Brain Sciences, 22*，77—94.

[13] Waters, G. S., & Caplan, D. (1996). Processing resource capacity and the comprehension of garden path sentences. *Memory and Cognition, 24*, 342—355.

[14] Pearlmutter, N. J., & MacDonald, M. C. (1995). Individual differences and probabilistic constraints in syntactic ambiguity resolution. *Journal of Memory and Language, 34*, 521—542.

[15] Ni, W., Crain, S., & Shankweiler, D. (1996). Sidestepping garden paths: Assessing the contributions of syntax, semantics and plausibility in resolving ambiguities. *Language and Cognitive Processes, 11*, 283—334.

[16] Friederici, A. D., Steinhauer, K., Mecklinger, A., & Meyer, M. (1998). Working memory constraints on syntactic ambiguity resolution as revealed by electrical brain responses. *Biological Psychology, 47*, 193—221.

[17] Vos, S. H., & Friederici, A. D. (2003). Intersentential syntactic context effects on comprehension: the role of working memory. *Cognitive Brain Research, 16*, 111—122.

[18] Bornkessel, I. D., Fiebach, C. J., & Friederici, A. D. (2004). On the cost of syntactic ambiguity in human language comprehension: an individual differences approach. *Cognitive Brain Research, 21*, 11—21.

[19] Kintsch, W.(1988). The Role of Knowledge Discourse Comprehension: A Construction–Integration Model. *Psychological Review, 95*, 163—182.

[20] Aitchison, J. (1987). *Words in the Mind: An Introduction to the Mental Lexicon* (pp. 240—248). Oxford, England: Blasil Blackwell.

[21] Bransford, J. D., Barclay, J., & Frank, J. (1972). Sentence memory: A constructive versus interpretive approach. *Cognitive Psychology, 3*, 193—209.

[22] Rumelhart, D. E. (1980). Schemata: The building blocks of cognition. In Spiro RJ, Bruce B, Brewer W (Eds.), *Theoretical issues in reading comprehension* (pp. 33—

58). Hillsdale, NJ: Erlbaum.

[23] McKoon, G., & Ratcliff, R. (1992). Inference during reading. *Psychological Review, 99*, 440—466.

[24] Haberlandt, K., Graesser, A. C. (1989). Processing of new arguments at clause boundaries. *Memory & Cognition, 17*, 186—193.

[25] Magliano, J. P., Graesser, A. C., Eymard, L. A., Haberlandt, K., & Gholson, B. (1993). Locus of interpretive and inference processes during text comprehension: A comparison of gaze durations and word reading times. *Journal of Experimental Psychology: Learning, Memory, & Cognition, 19*, 704—709.

[26] Bransford, J. D., Barclay, J., & Frank, J. (1972). Sentence memory: A constructive versus interpretive approach. *Cognitive Psychology, 3*, 193—209.

[27] McKoon, G., & Ratcliff, R. (1998). Memory-based language processing: Psycholinguistic research in the 1990s. *Annual Review of Psychology, 49*, 25—42.

[28] Bransford, J. D., & Johnson, M. (1972). Contextual prerequisites for understanding. *Journal of Verbal Learning & Verbal Behavior, 11*, 717—726.

[29] van Berkum, J. J. A., Hagoort, P., & Brown, C. (1999). Semantic integration in sentences and discourse: Evidence from the N400. *Journal of Cognitive Neuroscience, 11*, 657—671.

[30] van Berkum, J. J. A., Zwitserlood, P., Brown, C., & Hagoort, P. (2003). When and how do listeners relate a sentence to the wider discourse? Evidence from the N400 effect. *Cognitive Brain Research, 17*, 701—718.

[31] Otten, M., & van Berkum, J. (2008). Discourse-based word anticipation during language processing: prediction or priming? *Discourse Process, 45*, 464—496.

[32] Nieuwland, M. S., & van Berkum, J. (2006). When peanuts fall in love: N400 evidence for the power of discourse. *Journal of Cognitive Neuroscience, 18*, 1098—1111.

[33] Filik, R., & Leuthold, H. (2008). Processing local pragmatic anomalies in fictional contexts: Evidence from the N400. *Psychophysiology, 45*, 554—558.

[34] Nieuwland, M. S., & van Berkum, J. (2005). Testing the limits of the semantic illusion phenomenon: ERPs reveal temporary semantic change deafness in discourse comprehension. *Cognitive Brain Research, 24*, 691—701.

[35] Hagoort, P., Hald, L., Bastiaansen, M., & Petersson, K. M. (2004). Integration of word meaning and world knowledge in language comprehension. *Science, 304*, 438—441.

[36] Otten, M., & van Berkum, J. (2007). What makes a discourse constraining? Comparing the effects of discourse message and scenario fit on the discourse-dependent N400 effect. *Brain Research, 1153*, 166—177.

[37] van Berkum, J. J. A, van den Brink, D., Tesink, C., Kos, M., & Hagoort, P. (2008). The neural integration of speaker and message. *Journal of Cognitive Neuroscience, 20*, 580—591.

[38] van der Cruyssen, L., van Duynslaeger, M., Cortoos, A., & van Overwalle, F. (2008). ERP time course and localization of spontaneous and intentional goal inferences. *Social Neuroscience, 4*, 165—184.

[39] van Duynslaeger, M., Sterken, C., Van Overwalle, F., & Verstraeten, E. (2008). EEG components of spontaneous trait inferences. *Social Neuroscience, 3*, 164—177.

[40] Regel, S., Coulson, S, & Gunter, T. (2010). The communicative style of a speaker can affect language comprehension? ERP evidence from the comprehension of irony. *Brain Research, 1311*, 121—135.

[41] Aaronson, D., & Ferros, S. (1986). Sentence processing in Chinese-American bilinguals. *Journal of Memory & Language, 25*, 136—162.

（原载《生物物理学报》2011 年第 9 期，第 739—748 页，选入本论文集时略有改动）

第四篇　人机集成论

从人机交互到人机集成 *

陈 硕**

1 引言

唐孝威先生在以物理科学、生物科学和脑科学为主导的多学科交叉探索过程中，形成了"一般集成论"的理论。"一般集成论讨论普遍存在于自然界、技术领域和人类社会中的一般性集成现象。"[1] "一般集成论指出：集成现象是复杂系统的普遍现象。在集成过程中，许多集成成分在一定环境中，通过它们之间的相互作用以及它们和环境之间的相互作用，组织成为协调活动的统一整体。"[1] 一般集成论可以在人机交互领域得到充分体现和应用，一般集成论从本质上指出人机交互是方法和途径，人机环境的集成是目的。广义的人机交互是指用户与一切机器设备的交互方式，英文为 Human Machine Interaction；而随着信息通信技术的飞速发展，计算机在人类的生活环境中无处不在，人机交互在很大程度上已经成为人—计算机交互（Human Computer Interaction），故下文的人机交互狭义指人—计算机交互，广义指人—信息通信系统交互；人机集成狭义指人—计算机集成，广义指人—信息通信系统集成。

---

* 本文得到浙江省教育厅资助项目（Y201017852）资助，特此致谢。

** 陈硕，浙江大学心理与行为科学系副教授。

人机交互是综合性学科，先天具有集成的特点。学科本身与计算机科学、信息科学、行为科学、工业和艺术设计以及社会学等学科相交叉，研究成果也包括软硬件的设计原则和实现，交互理论以及信息技术发展对人类社会产生的影响等。人机交互的学科特点要求相关工作者，既能分析，又能综合。可以从纷繁复杂的人机交互现实中分析、抽象出研究问题，又可以将研究结论还原到人机交互的现实中，推动人机系统的改进和发展。一般集成论可以用于指导从分析到综合再到分析的循环过程，为相关工作者保持一个以集成视角看待人机交互系统的清醒意识状态。

现代人机交互系统通常是超级复杂系统，涉及成千上万的研究人员、设计人员、工程技术人员、管理人员等等，各部人员可以对自己直接负责的系统有一个明确清晰的认识，对人—机—环境集成统一体有全面的意识却更加重要。以飞机设计制造业为例，1943 年，英国航空部决定研发一种越洋大型运输客机，布里斯托尔公司的布拉巴赞方案获得了英国政府的资助。布拉巴赞在当时采用了全新的制作技术，其轻金属结构、增压客舱以及液压飞行控制系统直到 20 年后才被其他飞机设计制造者借鉴。布拉巴赞于 1947 年完成第一架原型机总装，1949 年首飞，在 1950 年范堡罗航展和 1951 年巴黎航展大出风头，但是却没有一家公司承诺订购。在 1953 年，英国政府宣布取消该项目。布拉巴赞被称为孤独的大白象，以当时的社会环境而言，布拉巴赞过于先进过于豪华，以致费用高昂而无人愿意承担。布拉巴赞的方案源自一款重型轰炸机，在研发过程中，英国政府和布里斯托尔公司仅仅关注飞机的先进和豪华，没能够形成与社会环境集成的统一体意识，付出了高昂代价，仅仅获得了一些"有用的技术"[2, 3]。

一般集成论指出，"集成是一个动态过程。集成统一体是一个整体。集成统一体内的许多成分称为集成成分，集成统一体内的相互作用称为集成作用，集成过程发生的环境称为集成环境，集成成分组织成为集成统一体的过程称为集成过程，集成过程的产物称为集成统一体。"[1] 根据一般集成论，人—机—环境集成统一体是超越各个集成成分的集成系统。集成系统作为一个整体具有特定的属性和行为模式。人机交互是集成成分集成的作用过程，人—机器—环境的集成是交互作用的结果。人机集成的基本公式是：1+1+1=1，人加机器系统加环境，集成为功能完备、性能增强的新系统。三个集成成分之间动态交互，互为输入输出，各自及时动态地改变各自的状态，实现整个集成系统的和谐存在。由于人—机—环境集成统一体都是为了实现用户意愿的系统，同时考虑到目前的计算机系统基本由信息通信系统构成，因而可以将集成统一体称之为"信息人类"，其单个个体称为"信息人"，以区别于统一体的集成成分之一的"人"。

按照一般集成论的观点，将信息人类作为一个"新"的"人类种族"来看待，将会对信息通信技术对社会的巨大影响认识更加深入。信息人类在认知能力、沟通能力和社会活动能力上较前信息时代的人类有了巨大的进步。

认知能力　对于信息人来说，海量信息触手可及，不出户而知天下。Richard Wray 曾任不列颠著名日报 The Guardian 的通信编辑，于2009 年一篇文章中称"世界上的数字内容如果制成书本，可以从地球到冥王星垒 10 个来回" [4]。为了处理海量信息，各种记录系统、知识管理系统和知识生成系统应运而生。信息人的记忆能力和信息加工能力，因此，拓展到了人类前所未有的境界。

沟通能力　回顾历史，看人机集成对人类沟通能力的拓展历程。电子化发送文字信息，大约可以推溯到 1836 年三位研究者（Samuel F. B. Morse，Joseph Henry 和 Alfred Vail）在美国发明摩尔斯电码（Morse Code）。当代意义上的电子邮件则在一百多年以后出现，1971 年 Ray Tomlinson 从一台计算机给自己发了一条简短的文本消息，在旁边的另外一台计算机上接收到了这条消息。在发送第一封 Email 的计算机的网页中可以看到当时两台计算机的图片，事件的跨时代意义在于消息是通过阿帕网（Arpanet）传递的，阿帕网则是因特网（Internet）的前身。

经过 40 年的发展，Email 当前已经非常普及。根据电子邮件市场报告提供的数据：2010 年在美国市场，微软的 Hotmail 具有 3.69 亿活跃用户，Yahoo! Mail 具有 2.75 亿用户，Gmail 则拥有 1.93 亿用户 [5]。艾瑞咨询报告，2010 年中国个人电子邮箱用户规模达到 2.59 亿 [6]。实际中国拥有电子邮箱的用户数量则远超于此。腾讯给出数据，到 2010 年 3 月，QQ 的注册用户达 10 亿，月活跃用户 5 亿，峰值用户达 1 亿。每个 QQ 用户均拥有一个 QQ 号为用户名的 QQ 邮箱，再考虑到中国各大门户网站均提供 Email 服务，中国的 Email 账户数量可能远远超过美国。

Email 已经渗透到生活的方方面面，Jackson、Dawson 和 Wilson 的研究文章指出，为了将邮件对员工的生产活动干扰降到最低，建议限制新邮件提醒的频率，使每封邮件的重要性一目了然，并去除"全部回复"的回复选项 [7]。从中可以看出企业对邮件的依赖程度，以致邮件太多降低了生产效率。

Email 已经从开始的仅能传送文本信息，到能够传递容量高达 1G 字节附件的能力，同时还具有网页浏览、消息推送、邮件订阅和邮件订制（如明信片等）功能，成为用户联系和沟通的平台。但是在当前，Email 已经远远不是用户青睐的沟通方式。可以视频音频通信的即时通信工具（如 QQ、Skype），尤其是移动客户端的即时通信工具，较 Email 而言，更好地满足了用户随时随地沟通的意愿。

移动电话是从电话通信发展起来的另外一种沟通方式，目前全球移动电话数量估计在 50 亿部左右。过去通过计算机才能完成的功能，目前通过移动电话就可以得以实现。由于信息通信技术设备系统和社会环境的高度集成，信息人类已经具备了突破时间和空间以及群体一致性的限制的能力，实现了即时、即地和群体沟通的可能。

社会活动能力 社会活动能力包括社交能力和社会事物处理能力。社交能力的拓展已经在沟通能力的部分述及。信息人不仅具有强大的社会沟通联系能力，也具有强大的社会事务处理能力。先从一个例子看起：在计算机远程股票交易出现以前，股票交易所的大户往往利用人工

操作的时间差低买高卖，而散户想买买不进，想逃逃不掉，经常处于被动挨打的状态。计算机远程股票交易实现以后，无论大户还是散户，面对的都是同一个市场，交易的时间也可以忽略不计，大户优势在信息人面前减弱了很多。信息人类的社会活动，有些是作为萌芽附属在现有的社会形态和社会活动之中，如电子商务和电子政务；有些则对现有的社会活动产生了巨大的冲击，如电子传媒业。

电子商务　Morgan 的资深分析师 Imran Kahn 发布年度报告称，2011年全球电子商务交易额在 2010 年的基础上增长 18.9%，而达到 6 800 亿美元。其中美国增长 13.2%，达到 1 870 亿美元。全球电子商务交易额在 2013 年可望达到 9 630 亿美元。中国电子商务研究中心发布《2010年度中国电子商务市场数据监测报告》，报告显示 2010 年中国电子商务市场交易额达到 4.5 万亿人民币，同比增长 22%。

电子政务　《2010—2015 年中国电子政务市场发展分析及投资策略研究报告》指出，近年来我国电子政务建设取得了重大进展，到 2010年年底，我国基本建成从中央到地方统一的国家政务外网，网络基础设施形成规模，基本能够满足电子政务应用的需要。从 2002—2010 年，严格意义上属于国家电子政务有关建设的总投资超过 300 亿元人民币，中央政府投资超过 130 亿元人民币。尽管如此，联合国推出的《2010 年电子政务调查》（United Nations E-Government Survey 2010）报告中，电子政务发展的前 20 位国家中，中国榜上无名。可见世界范围内电子政务发展速度之快。按照一般集成论的观点，电子政务是现有的行政机制集成信息通信技术系统以后形成的新系统，而不是一套从属于现有行政系统的单独存在的子系统。

电子传媒　相比于电子商务和电子政务，信息通信技术对有些领域的冲击异常彻底，比如传媒业。2010 年 9 月 8 日，《纽约时报》主席和发行人苏兹伯格在伦敦宣称，"我们最终将在未来的某个时间停止《纽约时报》的印刷，日期待定。"日本报刊继续停刊，巴西日报用网络版代替印刷版。网络的兴起正在蚕食传统印刷业的市场。

虽然目前的社会在方方面面承受着信息人类带来的变化，而实际上"信息人类"仅仅是现实社会中部分人类集成信息通信系统后所具有的行为模式，信息人类在上述行为模式之外，还要在生理、心理和社会活动模式层面与现有社会相匹配。两者不匹配带来诸多的社会问题，如信息通信技术环境的适应，信息拥有和使用的不平等，网络成瘾，宅文化以及网络犯罪等。

一般集成论指出，"集成过程常有大量集成成分参与。不同种类的集成成分及其相互作用是集成过程的基础。集成成分是参与集成过程并组成集成统一体的单元。复杂系统内部不是单一成分，它们是由多种成分集成的统一体。一些复杂系统具有层次性结构。在每一层次，都有不同的集成作用、集成过程和不同的集成统一体。"[1] 本文试图应用一般集成论，从集成成分、集成过程和集成统一体的角度对人机交互的本质问题进行分析。

2　从人机交互到人机集成

人机环境集成是主客观系统的动态集成。在集成过程中，用户必须严格按照设备所需要的交互方式才能完成人机集成；同时用户从来不认为自己是集成系统的"一个子系统"，一般都认为机器受自己控制而运行。千百年来由于文化积淀而形成的一些个体和群体行为模式，用户总是希望在机器的使用过程中，尽可能得到保留。从信息通信科技的发展轨迹看，尽可能适应人的行为特点以及提高机器的可用性从而提高人机集成程度，已经成为人机交互领域的核心发展理念。

2.1　从个体操作空间看设备形制

计算机发明以来，超级计算机已经达至每秒 G FLOPS 级运算速度，包含数以万计的 CPU，数百 T 字节内存和 P 字节级的存储量。个人计算机从台式计算机到笔记本式计算机再到平板式电脑，体积越来越小，重量越来越轻。小巧轻便的信息通信设备正以每年数以亿计的速度不断涌现，屏幕越来越大，重量越来越轻。如移动电话从 1 英寸屏幕发展到 5.5 英寸屏幕，重量逐渐减轻。个人计算机和移动终端形制变化的内在原因在于人机集成的完美程度受到个体操作空间制约。从用户行为角度来说，以用户为中心，大致可以划分为三层行为空间：个体空间、桌面空间和客厅空间。

个体空间　个体空间主要指个体肢体轻松可及的空间范围，该空间内使用的设备具有个性展示和可移动的特点。以音乐播放器、移动电话、平板电脑、电子书和各种移动终端为主。

个体空间的信息通信设备大多即身使用，随主人出现在各个场合，如公共、工作和社交场合等。一款时尚炫酷的移动电话或者平板电脑会充分表达主人的品位和追求，周围人群的羡慕和赞叹也会让主人感觉良好。苹果公司的 iPhone、iPad 等系列产品从满足用户品位需求的角度取得了巨大成功。

信息设备的移动性可以让用户随时随地通过网络集成与他人沟通，获得了用户极大的青睐。比如脸书（Facebook）给出的数据，大约有 2.5 亿用户通过移动设备使用，移动用户的活跃程度也是非移动用户的两倍。移动性要求设备小巧便携，同时电池要有足够的续航能力。从便携性的单一维度来说，只要减小设备的尺寸和重量就可以实现，以目前的半导体工艺和材料工艺的水准来说，制造出以"轻"和"薄"为特色的产品不是非常困难。轻薄产品却不能尽物理和材料性能做到极致，还要受到两个因素的限制：电池续航能力和人的操作特性。

电池续航能力　在传呼机时代和黑白屏移动电话时代，电池容量的增大创造了一代又一代的待机王，往往待机时间长达数天、数十天乃至几个月。随着彩屏的问世，电池研发所取得的大量进步突然显得微不足道，移动电话和各种平板电脑待机时间纷纷降至一两天乃至几个小时。以电子书 Nook 为例，二代 Nook 使用 E-ink 电子纸技术，待机时间长达两个月。新一代 Nook（名为 Nook Color）的问世，给用户带来了电子书加平板电脑的体验，但是待机时间缩短为 8 个小时，如果进行上网浏览等操作，电池仅能支撑 4 个小时左右，明显限制了它与竞争产品（如亚马逊迷你平板电脑 Kindle Fire）的竞争能力。

移动设备依赖轻薄获得的便携性，实现了移动的可能，却同时大大制约于电池的容量。由减法而获得的便携性不得不借助加法来延时。有些厂商针对大容量电池的需求，几乎无限制地封装电池芯，推出了给笔记本供电长达数十小时的锂电池。更有甚者，推出了需要车载的笔记本供电锂电池，适合笔记本电脑的野外作业使用。但发生在美国某机场安检时笔记本电池起火的事件，也显示加装大容量电池有很多弊端。

电池对于用户人机集成体验是一种累赘，对于移动设备又是一种必备。看似小问题的电池，实际上大大制约了产品的移动性，在美国机场，人流密度最大的不是星巴克或者汉堡王，而是机场善意设置的充电站。充电站周围，总是围满了人，给自己的笔记本、移动电话、平板电脑和各种终端充电，还有一些人占不到位置给自己的设备充电，只能在较远的地方等候。

华硕推出的平板电脑（EEE Pad）对电池问题理解非常深刻。其可拆装底座是第二块电池，和 EEE Pad 自身的电池合起来，一次充电可以使用 16 个小时，足以应付大多数旅行，想用即用，一收即走，通过良好的移动性实现了非常好的人机集成。

从人机交互的视角看，电池的制约作用不是非常突出。从人机集成的角度看，电池实际上真正制约着设备的移动性。高性能小型电池的开发一直以来受到重视，2009 年美国密苏里大学的 Jae Kwon 和他的同事宣称正致力于大小和一美分硬币相当的小型核能电池研究，相关研究成果发表于 *Journal of Applied Physics Letters, Journal of Radioanalytical* 以及 *Nuclear Chemistry*。此外，他们的核电池研究论文获 IEEE International Conference on Solid State Sensors, Actuators and Microsystems in Denver 杰出论文奖。可以预计，类似的微型核电池可以大规模商业应用的时代一旦来临，移动终端设备会因此产生革命性的变化，进一步提高人机集成程度。

人的操作特性 人体尺寸决定了交互设备不能太小，在移动电话炫酷小巧的同时，卡车司机等一些重体力工作人员往往因为按键太小而操作困难。随着媒体的发达和显示信息的丰富，从信息显示和屏幕操作的角度看，用户总是希望交互产品的尺寸越大越好。移动电话屏幕从1英寸，慢慢增加到2英寸，目前4英寸已经逐渐成为主流。电子书6英寸和10英寸的屏幕是主流。王翠洁等[8]的研究结果表明，在个体空间中，显示屏的极限尺寸是10英寸。小于10英寸的屏幕，视野受限；大于10英寸的屏幕，移动性受限，不能或者不方便以各种姿势使用设备。目前各种平板电脑均以10英寸屏幕为主流设计，可以提供最佳人机集成体验。

桌面空间 桌面空间是指个体空间之外，桌面尺度距离之内的空间范围。桌面空间的交互设备以个人计算机为主，显示器尺寸一般从14寸到22寸左右为主流。计算机等设备一般分布在个人非可及范围之外的近距离范围之内，通常借助键盘、鼠标等输入设备来操作。

计算机的小型化、图形用户界面和指点设备的出现，推动了个人计算机的出现，进而引发了席卷全球的信息革命。从人机集成的角度看，将人类原本需要跨时空进行的交互，转变为桌面空间内进行的人机交互。计算机曾经是占地数千平方英尺，二进制方式输入输出，人机集成只能是将人的思维方式转化为机器运行方式才能顺利完成。桌面空间的建立是人机集成过程中一个里程碑式的成就。弹指之间，足不出户而知天下，古人的理想，在计算机发展几十年后得到了非常好的实现。就目前而言，桌面空间还是无纸化办公、电子商务和电子政务的主流工作空间。

桌面空间的移动化，笔记本电脑的发展是对信息人类的再一次解放。美国市场笔记本电脑已经超过台式电脑的销售量，中国大陆市场也在2011年左右笔记本电脑超过台式电脑的销售量。以键盘、鼠标和显示器为标志的桌面空间正在逐渐变化。

客厅空间 个人空间对应个体的自我，桌面空间对应自我的工作，而客厅空间则是以互动电视和遥控器为主导的家庭和社交空间。互动电视的发展最能体现集成的思想，代表性的发展措施如"三网融合"，目标是将电信网、广播电视网和计算机通信网相互渗透、互相兼容、并逐步集成为统一的信息通信网络。陈辉等人总结了互动电视的用户操作特点：用户以娱乐放松的状态，以仰靠沙发的姿态，与互动电视交互。互动电视屏幕呈现电子节目单或者虚拟键盘，用户通过遥控器来选择和确认选项，由于遥控器主要是拇指进行控制，该种交互方式又被称为拇指交互[9]。

对于人机集成来说，不同的个体操作空间有不同的交互方式来创造最佳人机集成。违背人机集成的原则，先进的理念和技术也难以成功。而成功的技术和产品，基本是那些能够使人机集成良好的技术产品。举一个例子来加以说明。1999年3月，微软耗资数10亿美元，在全球范围内力推"维纳斯计划"。考虑到当时仅中国就有超过3亿台的海量电视机资源，维纳斯计划的构想可谓非常宏伟，但是以失败告终。

2003年，微软公司推出新款"微软电视"（Microsoft TV），微软电视是一种基于数字电视机顶盒的互动电视新技术平台，可以提供电视收视、点播、互动广告等交互服务，互动电视运营商可以按照用户需求开发新的服务。美国著名市场研究公司——Forrester公司分析指出微软电视是微软在经过10多年的"无效"努力后，在互动电视以及数字电视服务方面最成功的产品。

"维纳斯计划"采用技术导向进行产品设计，产品使用行为与用户习惯行为差距太大，导致该产品以消失告终。在吸取了"维纳斯计划"的教训之后，微软进行了大量用户研究，深入了解到用户的电视观看行为和相关需求，进而围绕用户的电视观看行为习惯，对微软电视进行了小心翼翼地设计。2003年推出的微软电视虽然平台和技术都有了巨大的进步，但是用户已经完全看不到技术主导的痕迹，用户觉得自己面对的仅仅是一台很好用、功能很强大的"电视"，用户固有的习惯和微软电视可以很容易地集成，微软电视由此而得到了用户的认可。

三层操作空间的划分有助于设计开发具有良好可用性的交互设备。一个值得注意的根本问题是，人可以在三层空间动态随意改变自己的位置和状态，三层空间各自的设备却无法随之任意运动。为了在三层空间人机无缝集成，显然有很多值得研究的问题。如目前三屏合一的提法，互动电视、计算机和移动终端都能无缝切换显示内容，无疑是很好的设想。

2.2 从个体认知特性看人机界面

Christopher Wickens 等人定义了视觉显示器设计的 13 条原则，充分说明了人机交互中视觉信息显示的重要性[10]。Duncan Graham-Rowe 对人机界面的发展进行了简明扼要的回顾，从人机界面的发展脉络中可以发现，视觉信息显示的交互方式到目前为止依然处在主导地位[11]。

命令行界面 基于文本的命令行界面大约起源于 20 世纪 50 年代，是各种计算机界面的始祖。用户通过文本指令与计算机交互，显示器和键盘成为标准人机交互设备。直到今天，命令行界面依然是计算机专家用户的有力工具，其持久的生命力在于其通过简洁的方式实现了高效的人机集成。

图形用户界面 鼠标等指点设备和图形用户界面在 20 世纪 80 年代得以流行，图形用户界面通过图标、菜单和指点设备集成，极大提升了计算机的易用性，普通用户可以简易直观地使用计算机而不用了解计算机原理和交互指令。

多点触控（Multitouch）界面 手和手势是人与人之间直观的信息交流媒体和"语言"，人机界面中的双手输入方式成为许多研究者所关注的重点，多点触控技术是其中代表性的研究成果，有力推动了用户友好交互方式的发展。张锋等人对多点触控界面进行了回顾和展望。多点触控技术是一种自然、友好的人机集成方式，允许用户同时通过多个接触点与系统进行交互，系统能够同时辨识多个接触点的数量和位置。多点触控系统除了支持单用户的双手操作外，还能实现多个用户与同一个界面同时交互，提供了一种全新的人机交互体验。该技术近年来在一些产品中得到应用，包括微软桌面式电脑、虚拟墙和苹果移动电话等，其中多点触控界面是苹果移动电话提升用户体验的重量级武器，其后面世的移动设备如智能移动电话或者平板电脑等均将多点触控作为标准交互方式，应用多点触控用户可以更为自然地表达复杂交互意图[12]。

手势感知（Gesture Sensing） 手势感知指对二维平面或者三维立体空间的手势动作进行感知。刘子慧等人对鼠标手势的发展进行了总结[13]。与传统窗口、图标、鼠标和指针环境中常用的鼠标点击和快捷键操作相比，鼠标手势在执行简单命令时有更好的操作绩效。与鼠标点击相比，鼠标手势只需要用户在屏幕上做出简单的拖动动作，而不必用光标精确点击菜单项，就可以执行某一任务，从而降低对用户的动作准确性要求，减少手移动的距离。与快捷键相比，鼠标手势免去了从鼠标到键盘的往返动作，用户仅使用鼠标便可以完成类似快捷键的操作。用户相关研究也表明，用户可以很快学会简单的鼠标手势，并且绝大多数用户乐于接受这种新的操作方式。与鼠标手势不同，某游戏机遥控器（如 Wii）可以在三维空间识别手势。手势感知和多点触控的目的一致，都是通过复杂手势的感知来提升用户交互的自然程度，只是与多点触控的输入技术不同。多点触控是对显示屏幕交互手势的感知，手势感知则是通过其他输入方式（如鼠标，遥控器或者摄像装置），来感知用户手势。在不同的交互场合下，不同的交互方式可以实现更好的人机集成。比如多点触控适合在二维屏幕上进行交互，而三维遥控器则适合在比较大的三维空间进行仿真体育游戏交互。

多点足控（Multitoe） 目前得以实际应用的交互方式，主要是基于对手指运动的识别，或者将计算机指令编码为手指的组合运动，比如命令行界面；或者是将计算机指令编码为手指的运动轨迹，比如图形菜单和多点触控等。足部运动难以表达精确交互意图，在实际中没有得到非常好的应用和发展，多点足控是该类研究的一个显著进展。多点足控被称为多点触控与交互地板结合而发展起来的交互方式。用户能够通过双脚和身体运动触发交互地板实现交互意图，目前能够实现身份识别、头部位置追踪、文本输入与旋转缩放等交互功能。多点足控非常适用于公共场合多人社交交互，如演唱会现场，用户可以与演员通过交互地板直接互动，增加用户的参与程度；再如购物中心，通过对客户步态等的识别可以提供个性化广告和导购服务，丰富用户的购物体验。多点足控在健身和汽车驾驶等领域也会有良好的发展前景。

力反馈（Force Feedback）　力反馈是针对触觉的反馈。计算机系统识别用户在虚拟环境中的位置和状态，通过阻力、旋转和振动等作用力方式提供触觉反馈。有些游戏杆会根据游戏情节产生振动，有些移动电话可以用摇动的方式来静音。力反馈通道与视觉和听觉通道交互方式集成，是多通道交互发展较好的一个领域。

多通道交互一直是人机交互探索和发展的方向，符合一般集成论的基本原理。多通道同时作用是用户在自然环境中对对象和客体感知的基本方式，如对苹果颜色、香气和味道同时感知；对汽车的颜色、车型和运动速度同时感知。用户对各个通道的冗余信息自动加工，形成关于对象和客体感性认识。从一般集成论的角度看，多个通道的集成为用户提供大量冗余交互信息，实现用户多维感知和加工，可以提供模仿自然感知的交互体验。单一通道交互的维持需要用户持续分配注意力资源，从一般集成论的角度看，多个通道的集成交互，可望实现有意注意和无意注意同时作用的交互方式，减低持续高度注意力分配的要求，有效降低交互过程中用户的认知负荷。

语音识别（Voice Recognition）　语音识别是用户以语音提供计算机交互指令信息的交互方式。计算机系统基于信号处理技术对输入语音信号进行特征提取和模式识别，感知用户身份或者语音内容，前者称为言语者识别，后者称为语音识别。目前计算机的计算能力增强，解析算法更加聪明，语音识别不断得到改进，一些移动终端已经具有很好的语音识别能力。2008年谷歌公司发布了一款iPhone的语音搜索应用服务（App），用户不需要按任何按键即可进行搜索。

言语交流较文字和图形交流而言更加自然流畅，言语同时具有复杂性和模糊性，前者指同一词汇或语句可以表达不同含义，后者指含义的内涵与外延边界不明确。人与人之间的面对面交流充分发挥言语的复杂性和模糊性特性，借助面部表情、身体语言及场景信息，实现有效的交流与沟通。而在目前的技术条件下，计算机系统还无法理解人类言语。用户言语对于计算机而言，存在高度的差异性和不确定性，前者指不同用户之间的差异性，后者则指人类语言自身的复杂性和模糊性。对人类语言的深入了解以及自然语言处理技术的发展，将推动人类用自然语言同计算机交互，实现更为自然的集成。

增强现实（Augmented Reality） 增强现实指计算机系统将系统信息，包括真实或者虚拟的信息实时地叠加到现实的视频场景或者画面上。如汽车导航的例子，和现有的地图式导航不同，增强现实导航在真实道路视景上，随需要叠加实际被遮挡的建筑物和道路图像，也可以提供从当地到目的地"一目了然"，"栩栩如生"的"真实"导航信息。

空间界面（Spatial Interfaces） 空间界面通过对设备进行GPS定位来感知用户所处的地点，从而驱动相应交互应用提供系统反馈。如一个应用的例子，在荷兰，用户坐火车时可以设定目的地，系统会提醒用户到站下车，不会坐过站。空间界面基于用户行为模式感知，提取相关信息作为系统输入，而无须用户提供明确交互信息，是智能人机交互的一种典型模式，具有良好发展前景。

由于全球化的加速，目前人们移动频繁，国与国之间、城市与城市之间的迁移非常容易，而人们往往在达到目标建筑物数百米范围内迷失。特别是在一些发展中地区，道路和建筑物标志建设缺乏，迷失在门前的现象更是普遍。上述增强现实和空间界面的集成，可以有效解决门前迷失的问题，给用户即时即地"我在这里"的清晰知觉，为用户提供流畅的生活体验。

脑机接口（Brain-Computer Interfaces） 计算机系统处理脑电图
（Electroencephalogram，EEG） 信号，通过信号模式识别判断用户意图
而实现用户输入。目前实现的功能有打字、轮椅控制和游戏等。根据一
般集成论，脑机接口涉及实验技术、信息和计算机技术以及机械传动技
术的集成。脑机接口提供了"心想事成"的交互方式，是人机交互的一
种极致境界，实现了用户和计算机之间的和谐集成。

此外，人机集成的领域还涉及人—计算机—环境，以及多人之间的
集成，包括可穿戴计算机（Wearable Computer），普适计算（Ubiquitous
Computing），计算机支持协同工作（Computer Supported Cooperative Work，
CSCW），社交网络（Social Network）以及城市交互等。

可穿戴计算机 可穿戴计算机是由小型部件构成，置于衣物里层或
者表层的计算机系统。可穿戴计算机是以人为中心的人机集成方式。可
穿戴计算机可以随用户活动出现在不同的场合，专门设计的数据通信设
备可以自动收集用户的数据和输入，输出设备以用户容易接收的方式输
出结果和提示。可穿戴计算机实现了用户主导的人机集成，用户可以专
注于自己的各项工作任务，而无须关注和计算机的交互。

在可穿戴计算机中，外骨骼可穿戴机器人（Exoskeletons Wearable
Robotics）是一个独特的研究方向。在美国加州大学伯克利分校 2011
年的毕业典礼上，一位特别的毕业生 Austin Whitney 听到自己的名字
时，借助外骨骼从轮椅上站起来，走向校长 Robert Birgeneau 并同他握
手，营造了一个激动人心的时刻。Whitney 的奇迹起源于 2000 年一位
著名研究者 Kazerooni 的外骨骼研究项目，以及后续的 2004 年伯克利下
肢末端外骨骼（Berkeley Lower Extremity Exoskeleton，BLEEX）项目。
Whitney 为项目提供了宝贵的用户需求信息和测试，最重要的是，为项
目的发展提供了强大的动力，对项目的发展起到了不可估量的推动作用。
该项目另外一个特色是保持系统的简单性。作为机电自控一体化系统，
通过复杂系统实现设计意图不难，项目的难点是保持系统的简单性。最
终采用最简单的设计，使用市场上常见的器材作为部件，实现了价格低

廉可望民用的外骨骼系统[14]。

普适计算 普适计算被称为"后桌面"人机交互模型。按照一般集成论的观点，普适计算属于"集大成"层面的人机集成，普适计算将多种计算机设备和系统集成为一个大的统一体，用户不需要意识到其中各个系统的存在。用户环境中的任何对象、用户的任何活动都被集成到信息处理的系统和过程中。普适计算是用户中心的一种人机集成方式。普适计算可以同时感知多个用户交互需求，具有发展群体交互的潜质。基于普适计算的群体交互模型，可以感知群体交互情境，提供交互便利以提高群体的合作程度[15, 16]。

计算机支持协同工作 1984 年 Irene Greif 和 Paul M. Cash-man 提出计算机支持协同工作的概念。通过计算机及网络支持通信、合作和协调，使一个群体协同工作共同完成工作任务，包括群体工作方式的集成以及合适的支持群体工作的工具、信息系统和环境。计算机支持协同工作研究工作状态下的人机集成和人与人之间的集成，较单个个体用户如何无缝集成计算机和环境而言，计算机支持协同工作需要考虑更深层次的集成，即人类合作行为的集成。人类行为的集成本质在于集成各个合作个体的能力、认知状态和情绪情感，形成具有公共能力、公共知识以及群体的归属感和成就感等情绪情感状态，并能够完成任何单个个体无法企及的工作任务。

社交网络 社交网络是支持群体实现社交互动的人—计算机—环境集成系统。社交网络契合了社会公众的社交需求，在用户的热捧下，涌现了一大批信息通信产业界的新贵企业，比如脸书（Facebook）和推特（Twitter）等。脸书已经成为继微软和谷歌之后，互联网经济发展的第三代偶像企业。脸书创造了一种新的社交模式，并对传统社会形态产生了深远影响。以 2011 年爆发的英国伦敦骚乱为例。一名帮派成员 Mark Duggan 因与警察冲突而致命，后在脸书上出现了纪念该成员的网页，该网页短时间内涌现了近万名粉丝。网页管理员号召发起游行抗议警察暴行以纪念 Duggan，形成了 200 多人规模的实际游行。游行失控，发生骚乱，骚乱的成员在与警察周旋的同时，不忘用移动电话等播报现场乱况，在网络上扩大事态，影响更多人卷入事件，社交网络和现实互动，使社会骚乱事件不断升级扩大。

2011年9月17日，美国纽约市发生"占领华尔街"示威活动，近千名示威者进入金融中心华尔街示威。到10月17日，活动满月，全美已经有超过60个占领活动在进行中。纽约的示威者以祖科蒂公园为大本营，示威者在推特上发布消息征集食物，世界各地的支持者用订餐或者快递食物的方式表示自己的支持，各种食物成品、半成品甚至新鲜食物源源不断抵达。示威者在祖科蒂公园的抗议场地专门划出了一块"临时厨房区"，负责为数千抗议者的提供食物。美国《纽约时报》10月11日以纽约祖科蒂公园为例说，"吃得好"或许是抗议活动从几天发展到数周并没有停止迹象的一个重要原因。

以社交网络等为介质的人际关系属于一种弱连接，一般不会对传统社会的强连接关系产生明显冲击，弱连接是强连接的一种补充和拓展。伦敦骚乱和占领华尔街活动则说明，一旦弱连接发生突变成为现实社会中强连接关系，将对原有的社会秩序产生极大的冲击，是非常值得重视的社会现象。

城市交互　按照一般集成论的观点，一个城市的公共、文化及旅游设施等实现公众群体和城市的互动集成。城市设计中，一般都会设计一个或多个广场以为节日庆典等公众活动用途。有些城市更是设计了特色项目，如大规模的自然景观、建筑和设施，提供了公众群体的活动项目，实现了人群与自然或者人群与城市的交互与集成，属于文化层面的人和环境的集成。在美国旧金山市，一百多年前的电车系统依然维护良好，运作正常，和谐地存在于现代化的城市之中。终点站的乘客队伍排得很长，等待体验电车的大多是游客。当满载游客的电车启动，铃声响起，游客会有穿越百年时光的体验。旧金山多山，电车从小山顶俯冲而下时，开放车厢的乘客与行人和车辆擦边而过，紧张刺激，大喊大叫。多位乘客同时叫喊，是一种非常难忘的交互体验。

美国赌城拉斯维加斯则着力营造昏天黑地纸醉金迷的体验，其中一条最大赌场云集的街，佛利蒙街——整个街道上空覆盖了一层屏幕，以供佛利蒙街天空帷幕秀（Fremont Street Experience）之用。晚上各种表演开始，屏幕点亮，音乐在整条街上轰鸣，所有的游客都驻足仰头张大嘴巴为大屏幕上的多媒体信息所吸引。而街道上萨克斯的演奏者一曲奏罢，会指着头顶屏幕上巨大的 CD 封面说，你刚刚听到的音乐就在我这张 CD 里，CD 现场签名售卖。实现了人与环境，现实与梦想的互动。互动和集成程度更显著的是迪斯尼主题公园，将整个地区开发为专为群体互动的娱乐集成系统，吸引了全世界无数的游客参与。

人机交互是人机系统的集成作用过程。从人机界面的发展可以发现，人机交互逐渐从以机器为中心向以人为中心发展，对人的认知特性认识不断深入，对应的交互方式也不断更新。以人为中心的交互方式，本质是为了更好实现人机集成，充分发挥人和机器各自最佳效能，而得到总体最佳效能。人优于抽象判断推理等高级逻辑思维以及联想想象等非逻辑思维，弱于精确的信息格式化和机械输入；计算机则长于海量信息检索和大规模具体高速运算。在以机器为中心的人机交互中，受制于输入这个环节，人需要大量时间将使用意图转化为格式化输入，而机器消耗大量时间等待用户输入，人机集成的效能显著制约于交互方式。

以人为中心的人机交互方式，让计算机变得更"聪明"，发挥计算机强大运算能力和多维信息的感知能力，更为直接地了解用户的意图和环境信息，将用户从与计算机交互的繁重任务中解脱出来，可以直接专心于用户需要完成的工作任务，充分发挥人和计算机各自的优势，实现集成统一体的最佳效能。从集成统一体的总体效能，以及三个集成成分各自的特点看，未来的人机交互界面将更加人性和谐，用户并不觉得在和计算机交互，而能够专注于自己的工作任务或者娱乐体验。人机交互方式也从信息加工为主导，向群体交互为主导发展，通过计算机系统突破时空限制，实现人类社会随时随地应需出现的合作和社交需求。

从以上分析可以看出，一般集成论可以作为人机交互探索的基本指导理论，具体交互模式研究可以具有更高层面集成的考虑和设计。同时具体交互方式的集成也将为具体交互模式的发展带来理论研究和实际应用的创新动力。从目前看来，可以关注个体各个感知觉通道交互的集成、个体之间的集成以及群体与群体之间的集成，三个方面的集成将是未来相当长时间内人机交互与集成的探索和发展方向。

2.3 从应用发展看人机集成

根据报道，在 2008 年全球大约有 10 亿台个人计算机，到 2014 年大致会达到 20 亿台 [17]。根据国际电信联盟（International Telecommunication Union, ITU）的数据，全球移动电话在 2010 年达到 50 亿只 [18]。与之相伴而生的是支撑数十亿个人计算机设备和移动电话联网运行的网络和数量更多的软件应用。巨大成就背后是巨大的社会需求，包括来自科学探索的需求、来自社会事务处理和个人通信娱乐的需求。

科学计算指应用计算机的大规模计算能力通过数学建模和定量分析技术来进行科学探索，是一种新兴的有别于传统以理论和实验为主旨的科学研究方法。科学计算推动了数十门以计算为主导的新兴学科出现，包括计算数学、计算物理、计算化学、地理信息系统和计算语言学等学科，也包括生物计算、金融计算和社会计算等学科，同时也包括计算工程和高性能计算等关注科学计算自身的学科。

科学计算基本是为了解决国计民生乃至人类生存问题而兴起的学科，从人机集成的角度看，首先，推动了超级计算机的不断涌现。从一组数据来看计算机发展取得的成就：计算机的浮点运算（FLOP）能力，初期只有每秒几千次，2011 年一些超级计算机已经达到 PFLOPS 的运算能力，PFLOPS 指每秒进行 10 的 15 次方浮点运算。为了实现一个 GFLOPS 计算的硬件成本，1961 年为 1 万 1 千亿美元，2011 年 3 月则为 1.8 美元。而且从超级计算机的发展趋势看，相当多的都有后来居上、极力赶超的劲头；其次，各种科学计算软件的出现，包括极其优秀的商业软件和开源软件，优秀的开源计算软为任何有意科学计算的人，提供了极低成本的科研活动可能，为科学的发展作出了不可估量的贡献；第三，作为人—计算机—环境集成的标志性结果，是产生了一些基于计算方法的新兴理论，超越了传统的思维能力，是非常值得关注的新成就。举例来说，1976 年 Kenneth Appel 和 Wolfgang Haken 将平面地图简约为 1936 种状态，用计算机通过枚举法证明了困扰数学家长达一百多年的四色问题。有人对该种证明方式不能接受，觉得不符合数学证明的规范，批评说"好的数学像一首诗，这纯粹是一本电话号码簿。"两位研究者在 1977 年的一次访谈中同意他们的证明不够"优雅和简洁"，也不是"人类数学思维能够完全理解"的。两位研究者无意中开创了计算机辅助证明的研究方向，他们的回应揭示了一个新的境界，人类和计算机各自发挥自己的优势，人机集成统一体具有超越各个集成成分的能力，从而完成了各自难以独立完成的任务。

社会事务处理同样得益于人机集成统一体的超越能力，具体包括电子商务、电子传媒、电子政务、远程（电子）教育等，其中以电子商务和电子传媒最为突出。以电子商务为例，电子商务平台突破了时空的限制，将分散在世界各地不同文化背景下的一个个小的经济体，集成为一个全球统一的大市场。将有限范围内有限数量的供需能力与全球范围内的供需能力即时即地相匹配，从而达成"天下没有难做的生意"。电子商务的兴起，极大的点燃了大大小小商户触网的需求。小的商户无法承担电子商务系统的建设和维护费用，大的商户也要考虑电子商务系统的拥有成本，于是云计算应运而生。云计算既不提供硬件，也不提供软件，而是提供满足用户需求的集成统一体，云计算称之为服务。云计算的出现，以服务的形式向社会公众开放了海量的计算资源，可能会为电子商务带来新的变化。对电子传媒而言，互联网和电信网用户极大地推动了新闻的即时性，用户生成内容往往成了最新的一线报道。与传统的权威机构发布媒体信息相比，用户作为纯受众的时代正在逐渐远去。一个无数受众和内容制作者发布者动态交互的时代正在到来，虽然各国政府和媒体都在尽力维持原有的格局，同时也希望在新的格局中继续保持有利地位。

与科学计算和社会事务处理比较而言，个人用户的需求是推动信息通信技术产品发展最中坚力量。计算机发展的本意是信息处理，科学计算和社会事务处理能力本质上还是得力于计算机的信息存储、检索和运算能力。对于终端用户而言，信息处理功能是远远不够的，于是信息处理、通信和娱乐应用的开发带动了层出不穷的信息通信技术产品的出现。

对于设备形制的设计和交互方式的发展，个人用户的选择在其中起着决定性的作用。如个人计算机和便携式计算机，其键盘和鼠标是标准配置，对于信息处理和精确定位不可缺少。对于通信和娱乐为主导的各种移动设备，多点触控成为标准交互方式。个人用户的终端产品是信息通信技术产品中个性化最高的产品，充分体现了人—机集成的原理。对于集成统一体而言，其集成功能具有涌现的特征。涌现特征同样体现在个人的人机集成上，包括软件产品和硬件产品。一旦某一产品流行开来，就会爆炸性地占据市场，iPhone 和安卓操作系统的涌现，都视为典型。

3　人类信息通信技术集成对传统社会的冲击

人类集成信息通信系统带给人类便利和解放的同时，也需要人类付出巨大代价，具体表现在对人类自我意识、智力和情绪情感平衡、信息拥有量、生存环境、社会集成大系统的冲动和理智表现以及人机集成的伦理等方面产生影响。

信息时代的自我　Kenneth J. Gergen 于 2000 年发表的文章《信息时代的自我》[19] 对信息技术对人类心理的影响进行了深入思考，包括正在涌现的信息技术对人类个体的心理功能是怎样影响的？人类个体的认知、动机、情感和价值观是如何被信息环境塑造或者重塑的？以 Walter Ong 的研究论文"From Orality to Literacy"和 David Olson 的研究论文"The World on Paper"为例，回顾了人类社会从口语交往时代发展到印刷文字交往时代，整个西方文化都发生了迁移，从言语和思想统一的朴素时代，迁移到思索文字背后意义的时代。作者提出从印刷文字时代到信息时代，所产生的变迁较前一个时代更为宏大深远，表现在四个方面。

一、社区危机。自出生命名之时起，个体与社区的联系逐渐增强，人们相互认识也相互界定，稳定地维持了个体与社区的一致性。信息技术的发展，人机集成的结果，使得大量移动人口出现，人际关系网络错综复杂，人际联系淡化。这些都冲击了传统的社区关系，曾经的归属感和人际信任都不复存在。

二、从明确的真理到社会建构的真理。正如科学取代宗教赋予人们新的真理观，信息环境也逐渐模糊科学赋予人们真理的权威性。人们处在一个众多权威信息发布源之中，包括各种观点、数据、证明和提案，导致的后果是多重真理或者是真理缺失。同时另外一个方面是个体对内的自我中心，对外的怀疑主义。

三、本我被侵蚀，表现为四种趋势：（1）独立自我向多态自我（Polyvocality）迁移；（2）从稳定性向可塑性（Plasticity）迁移；（3）权威感消解（Deauthentication）；（4）本我的商品化（Commodification of the self）。

四、传统社会的反作用力，表现为从冲突到集成的四种情况：（1）传统的自我消减（Retrenchment）但未消失；（2）自我认同与群体认同融合；（3）忠诚弱化，彼此依赖增强；（4）新兴关系的理论和实践。

从人机集成角度看，人机集成统一体具有不同于传统社会个体的行为模式，在即身的认知层面，最直接的交互来自交互设备而不是身边和社区的他人。在社会的认知层面，地区和国家民族的认同弱化，直接的交互同样来自交互设备。交互设备的便利性提供自我中心的无限可能性，而将社区、地区、国家的认同不断弱化，社会和文化的认同也不断消解。当然，总的看来自我中心化是一个缓慢长期的演变过程，但无疑是非常值得关注的一个社会发展趋势。

智力和情绪情感平衡　人类集成信息通信系统带给人类认知能力、沟通能力和社会事务处理能力的同时，人类的情绪情感等等状态依然停留在传统状态，没有能够同时快速"进化"。Ecclestone 和 Hayes 的研究结果表明，现代教育关注于认知和实践能力的培养，对个体的情绪情感关注不够[20]。信息通信技术集成的社会环境下，认知和实践的关注得到强化，情绪和情感继续被淡化。情绪和情感也被精确化和数字化，并且可以进行计算。个体情绪也同时被商业化，推动了娱乐产业、游戏产业、心理咨询和心理治疗等等行业的蓬勃发展。在个体情绪情感之外，Katherine Weare 的一项关于信息技术对青年情感和社会健康（Social Health）影响研究指出，信息技术有助于青年群体获得健康信息，但是不利于青年发展充分的社会交往能力[21]。信息通信技术的使用消耗了人类大量的注意力资源和时间资源，减少了人类直接交往的机会和意愿，使人类面对面交往能力退化，表现为宅文化的出现，人们愿意待在自己的小天地，通过人机交互来实现人际交互。信息通信设备随时随地满足用户需求也导致用户产生依赖心理和行为，比如网络成瘾，游戏成瘾，苹果控，微博控等等，数字化生存的严重依赖者在现实社会中会遇到一系列的适应问题。

信息"贫富"差距　在现实世界中，贫者越贫，富者越富被称为"马太效应"。在信息通信技术集成的社会环境中，个体拥有信息量的差距依然服从马太效应，呈幂函数形态分布，极少数个体或者群体拥有极大量的信息，而分布在长尾上的众多个体或者群体只拥有极少量的信息。不同人群的差异体现在：（1）网络集成能力。新潮的用户，可能会拥有电话，台式计算机，便携式计算机，互动电视，智能移动电话，平板电脑，GPS 设备等各种设备或者服务，以极大的冗余程度保持和信息通信网络的集成；而同时即使在世界上最发达地区，也会有用户仅仅能够单一通道联网，并且操作系统和软件均为多年以前的版本。世界上众多的发展和不发达地区，人们还绝缘于信息通信网络。（2）语言问题。到目前为止，世界上95%的高质量信息源其语言为英语。对于非英语国家的大多数用户来说，都是巨大的障碍。（3）设备进化和用户认知能力退化。信息通信技术设备纷纷涌现，新产品不断更新，旧产品不断淘汰。世界各国面临人口老龄化问题，老龄化导致用户认知能力降低，行为能力下降，无法跟上信息通信技术设备更新的步伐。（4）信息检索加工能力。信息通信网络存储着海量信息，个体用户如何从中检索到自己需要的信息，需要信息检索加工能力。信息检索加工能力是当前学校和社会教育尚未关注的一个新兴领域，大部分用户也只能根据自己的经验，在信息的海洋中大海捞针。（5）虚实世界平衡能力。信息通信网络中的信息仅仅是现实世界对象的虚拟化和概念化，如何在网络信息和现实世界的认知中保持平衡，互相促进而不是互相冲突，则是较检索加工能力更为复杂的能力。

环境问题　信息通信设备的更新周期短，个人计算机一般为3~5年，移动电话一般为1~2年。考虑到全球拥有近十亿台个人计算机和数十亿只移动电话，报废以后将产生惊人数量的电子垃圾。电子垃圾毒性大，分解时间长，对环境产生很大破坏。在信息通信设备的生产过程中，也会产生废气和废水，严重影响环境。全球信息通信网络也是电能的黑洞，每年消耗全球巨量的电能。据报道国内乃至世界最大互联网公司之一，其每年的运营支出中，有1/3用于支付电力的消耗。谷歌等网络巨头，也谋求在接近北极的地区兴建数据中心，借助环境条件减少设备制冷的电费。目前绿色网络的兴起，是应对网络能源消耗的探索。

社会集成大系统的冲动和理智　按照一般集成论，大系统的集成过程中往往出现"涌现"现象，系统的集成成分的数量及交互程度超过某一临界点，集成大系统性质和行为发生突变。突变行为具有自组织的行为特征，系统的行为突变来源于大量集成成分的互动。人—计算机—社会网络集成系统具有自组织特征，涌现现象时有发生，善与恶，都在集成系统中得到了特别的放大。人—计算机—社会网络集成系统的善行包括，各种开源组织和开源行为，各种慈善活动，各种公益活动等等，个体的爱心和善意通过网络快速传播和放大。人类的一些恶行，也通过网络得到了飞速发展，比如网络欺诈，网络攻击，以及借助网络完成现实世界的犯罪。

社会集成大系统网络的自组织发展往往起源于少数个体的冲动行为，能否将网络涌现行为导向到有利于国计民生人类生存的理智状态，是值得研究的课题。以目前困扰中国的 CPI 上涨问题为例，CPI 上涨的主力因素是食品价格，食品价格的上涨源于菜农生产的无序性。中国食品最底层的提供者，是 50% 的个体养殖户和超过半数的个体种植户。他们的种植决策只能依据当前的食品价格，跟风现象极其突出。导致"不听话的猪"（猪肉），"将你军"（生姜），"算你狠"（大蒜）和"逗你玩"（绿豆）等食物价格巨幅波动现象在食品市场轮番上演，种养殖户、消费者和国家全面受伤。在信息通信网络发达的今天，村村通工程使得个体养殖种植户有条件接入网络。如果设计模拟中国农产品市场的系统，任何人在实际种、养殖之前，在系统中模拟一下自己的供应量和市场价格，系统则返回总量及市场价格，也许可以减少盲目跟风的种植养殖行为。

人机集成的伦理问题　目前在很多快餐及销售行业，应用即时通信系统作为客服工具。用户可能不知道，正与自己亲切应对的服务人员其实不是自己的同类，而是聊天机器人。预计在不远的将来，聊天机器人在客服系统中应用将达到 10%，并且还有不断升高的趋势。另外一个例子是，植入式芯片目前还主要处于研究阶段，等到普及以后，可能婴儿出生即植入身份识别芯片，随着年龄的增加不断植入知识、技能和经验芯片，同时装备各种炫酷轻便的外骨骼助力系统。以上两个例子引发的是人类的认同问题，人将如何识别和认同自己的同类？基因、血型、肤色和语言也许都不再重要，而版本、制造商和功能才是归类的依据。

目前，人们看球赛激动了，有人摔掉电视机庆祝。生气了，有人摔掉自己的移动电话。只要不妨碍他人，类似行为在当前不会有很大的问题，再智能的机器也仍然是附属财产，主人可以任意处置。随着时间的迁移，交互设备智能化进一步提高，人类与交互设备的交互行为进一步增加，人类对交互设备的情感和态度会不会发生变化？比如从财产到宠物。进而，会不会赋予智能设备，比如机器人的生存权利和权益？更进一步，会不会作为自己的同类？比如美国电影《机器人五号》以及一些机器人影片，都将机器人看作人的同类作为最终诉求。

第三类问题更具挑战性，按照目前人工智能和机器学习的发展速度，人工智能体是否有一天会产生自主意识？按照目前的系统理论，在人类不赋予人工智能体自主意识的条件下，人工智能体是不可能产生意识的，何况目前人类对自身的自主意识是如何产生的尚不十分清楚。但是如果按照自组织系统的涌现特征来说，人工智能体存在突变的可能性，问题因此而更加复杂有趣了。人工智能体具有自主意识的影片有不少，模式都是人工智能体要统治人类，人类精英经过奋斗，往往还在一个善良人工智能体的帮助下，消灭了"坏家伙"，挽救了人类。由此而引发另外一个话题，假如人工智能体有了自主意识，人类能够与之继续合作集成，帮助彼此进一步发展进化吗？

4 总结

一般集成论符合人类认识事物的规律。人的认知具有格式塔特点，可以自动将具有相似特征的成分形成组合认知，比如树林、星系和社会等。而在人—计算机集成系统中，人作为其中的集成成分存在，一定程度上影响了人们对人—计算机集成系统的整体认知。一般集成论有助于形成人机环境集成统一体的认识。

本文应用一般集成论对人机交互的现状和未来进行了分析，发现人机交互的本质是人机集成，进而从集成成分的特征、集成的作用过程和集成统一体的功能等角度进行了具体分析，并探索了集成统一体可能产生的社会及伦理影响。具体包括：首先，人—计算机—环境的集成统一体带给人类前所未有的认知能力、沟通能力和社会活动能力。其次，集成成分特点制约交互方式，包括设备形制、操作特性和应用，有利于集成统一体功能最大化的交互方式可以得到充分发展。最后，人—计算机—环境的集成统一体具有新的行为模式，自我中心化将对传统社会组织模式和伦理观念带来巨大影响。

总之，人机交互方式是具体途径，人机环境集成是根本目的，两者互相依存共同发展。

参考文献

[1] 唐孝威．（2011）．一般集成论——向脑学习．浙江大学出版社．

[2] 司古．(2009). 孤独的大白象．航空知识，12, 64—65.

[3] Gilbert, J. (1978). The World's Worst Aircraft. Philadelphia, PA: Coronet Books.

[4] Wray, R.(2009). Internet data heads for 500bn gigabytes. http://www.guardian. co.uk/business/2009/may/18/digital-content-expansion.

[5] Brownlow, M. (2011). Email and webmail statistics,. http://www.email-marketing-reports.com/metrics/email-statistics.htm.

[6] 艾瑞咨询．2010 年中国个人电子邮箱用户规模达 2.59 亿增幅大幅放缓．*http:// service.iresearch.cn/18/20110621/142517.shtml.*

[7] Thomas, W., Jackson, R. D., & Darren W. (2003). Understanding email interaction increases organizational productivity. *Communications of the ACM*, 46, 80—84.

[8] 王翠洁，陈硕．(2011). 交互设备的交互模式分类及其显示属性影响研究．人类工效学，17, 5—9.

[9] 陈辉，陈硕. (2010). 互动电视用户界面可用性研究综述. 人类工效学，16，83—85.

[10] Wickens, C. D., Gordon, S. E., & Liu, Y. (1998).An introduction to human factors engineering. New York: Addison Wesley.

[11] Graham-Rowe, D. (2009). The best computer interfaces: past，present and future. *http://www.technologyreview.com/computing/22393/page1/.*

[12] 张锋，陈硕. (2010). 多点触控交互方式的回顾与展望. 人类工效学，16, 76—78.

[13] 刘子慧，陈硕. (2009). 鼠标手势的工效学研究进展. 人类工效学，15, 53—55.

[14] Yang, S. (2009). Engineers to help paraplegic student walk at graduation. *http://newscenter.berkeley.edu/2011/05/12/paraplegic-student-exoskeleton-graduation-walk/.*

[15] Yoo, Y., & Lyytinen, K. (2005). Editorial: Social impacts of ubiquitous computing: Exploring critical interactions between mobility，context and technology. Information and organization.，15, 91—94.

[16] Wang，B., Bodily，J., & Gupta, E. K. S. (2004). Supporting persistent social groups in ubiquitous computing environments using context aware ephemeral group service. *In Proceedings of the Second IEEE International Conference on Pervasive Computing and Communications*, 287—296.

[17] Shiffler, G. (2007). Forecast: PC Installed Base. Worldwide, 2003—2011, September 2007 Update. Gartner, Inc..

[18] Whitney, L. (2010). Cell phone subscriptions to hit 5 billion globally. *http://reviews. cnet. com/8301-13970_7-10454065-78.html.*

[19] Gergen, K. J. (2000). The self in the age of information. *The Washington Quarterly*，23, 201—214.

[20] Ecclestone, K., & Hayes, D. (2008). Affect: knowledge，communication，creativity and emotion. http://www. beyondcurrenthorizons. org. uk/ affect –

knowledge – communication – creativity – and - emotion/.

[21]Weare, K. (2004). What impact is information technology having on our young people's health and well-being? Health Education, 104, 129—131.

第五篇　语言集成论

人脑词类信息的集成加工机制
——来自汉语名动分离的 ERP 研究*

杨亦鸣　刘　涛**

1　引言

　　根据大脑集成论的观点，人脑是集成的统一体，脑内存在着不同种类的集成作用和集成过程，例如脑的结构集成、功能集成、信息集成、心理集成等[1]。语言是人脑最为高级的功能，因此大脑对于语言的加工过程也是一种集成加工，研究大脑如何产生、接收、存储和提取语言信息是脑内语言信息集成的基本问题之一。其中，关于词类范畴信息，尤其是名词和动词在大脑中是如何表征和组织的，一直以来都是认知神经科学和神经语言学的研究焦点，对于该问题的研究，有利于揭示脑内词类信息的集成加工机制。

　　对失语症病人的大量测查结果表明，不同部位的大脑皮层区受损会对储取名词和动词造成不同程度的损害，例如，左半球额叶皮层损伤的

＊　本文得到了国家社会科学基金重大招标项目（10&ZD126）、国家自然科学基金项目（30740040）、教育部人文社会科学研究规划项目（07JA740027）、江苏省社会科学基金项目（11YYC011）和江苏省高校哲学社会科学基金重点项目（09SJB740001）的资助。
＊＊　杨亦鸣，江苏师范大学语言科学学院教授；刘涛，江苏师范大学讲师。

失语症病人在储取动词信息时比较困难，而颞叶和／或大脑后部皮层受损的失语症病人则在储取名词信息时产生困难。因此，研究者们假设名词和动词具有相互分离的神经表征：名词的加工主要由颞叶和／或大脑后部皮层负责；而左侧额叶则在动词的加工中起主要作用[2-5]。近年来，更多的研究者开始以正常人为被试研究名动分离问题，实验结果大都支持了名动分离的假设。例如，Preissl 等（1995）[6]、Pulvermüller 等（1996，1999a，1999b）[7,8,9] 和 Federmeier 等（2000）[10] 使用 ERP 技术，Tyler 等（2003）[11] 使用 fMRI 技术，Shapiro 等（2005）[12] 使用 PET 技术进行实验研究，结果都显示名词和动词具有不同的神经表征和加工机制。

但到目前为止，造成名动分离的原因还不十分清楚。一些研究指出，名动分离的神经表征是以二者不同的语义表征为基础的，名词和动词脑机制上的差异反映的是大脑对实体和行为神经表征的不同：名词具有更强的视觉感知特征，所以加工时会较强的激活大脑后部的视觉皮层区和颞区；而动词具有很强的运动联想，在加工时与运动相关的大脑前部额叶皮层区域自然就会有更强的激活[6-9]。另一些研究则认为语法原因是导致名动分离的原因，名词和动词在不同语法语境下体现的语法性质对它们的神经表征有重要影响[10]，名词和动词的形态变化也是造成名动神经表征不同的一个重要方面[11,12]。

上述研究主要是以印欧语言为语料进行的，对于汉语名动分离的研究还不是很多。Bates 等（1991）[13] 和 Chen 等（1998）[14] 对汉语失语症病人进行测查，结果发现布洛卡失语症病人生成动词有困难，韦尼克失语症病人生成名词有困难。由于与印欧语言相比，汉语缺少丰富的形态标记和形态变化，因此 Bates 等人认为，汉语名动分离的原因不是词语的形态变化，而是语义原因。张钦等（2003）[15] 使用词汇判断任务，考察具体名词和具体动词、抽象名词和抽象动词的 ERP 差异，结果显示，在 200~300ms 时窗和 N400 上，具体名词在两半球的额叶和颞叶诱发的 ERP 比具体动词更负，但抽象名词与抽象动词的 ERP 差异并不明显。张钦等人认为具体名词和具体动词之所以存在差异是因为它们具有不同的语义表征，而抽象名词和抽象动词则不太可能与具体的人、事、物或行为动作等非语言刺激共同出现，其心理表征会比较相似。Li 等（2004）[16] 使用 fMRI 技术通过词汇判断任务考察汉语名动加工的脑机制，结果发现，动词和名词的激活区域广泛地分布于大脑两半球，无明显差别。Li 等人对此的解释是，汉语是缺乏形态变化的语言，很难通过形态来辨识其语法功能，这种语言类型上的特异性会对语法范畴的神经表征产生影响，因而从语法的角度来看，汉语名词和动词的神经机制是没有区别的。

可以看出，这些研究都把汉语名动的差异归结为语义原因。但如果是这样的话，就表明大脑对于汉语名词和动词的加工只涉及语义信息的集成加工，而缺少语法信息的集成加工。然而，仔细分析可以发现，与许多印欧语言的研究相似，上述实验所使用的任务基本上都是基于语义的图片命名任务或词汇判断任务，就任务本身而言，不可能触及到被试的语法知识，因此自然也就不能从语法层面去揭示名词和动词的差别。另一方面，实验中刺激词单个、孤立的呈现也不能充分体现出词语的语法性质，因为词的语法功能指的是词与词的组合能力以及词充当句子成分的能力，词的语法性质必须从词语组合特征的角度才能体现出来，也就是说，词类的加工应该体现的是词与词之间语法信息的集成加工。

杨亦鸣等（2002）[17] 曾从词语组合能力的语法功能角度出发，设计实验来研究汉语名动分离问题，初步发现名词和动词具有不同的脑神经加工机制，从而证明名动分离的神经表征可以是由其语法特征的不同造成的。本研究在此基础上继续使用 ERP 技术，从汉语名词、动词及动名兼类词与其他词语组合能力的语法角度，来考察汉语名动分离的问题，从而进一步探讨造成名动分离的原因，以及在名词和动词的加工中是否存在词类语法信息的集成加工。

在汉语中，能否受名量词修饰和能否受能愿动词修饰是划分名词和动词的重要语法标准。因此在实验设计上，我们以名量词和能愿动词作启动词，提供了两种能分别凸显名词和动词语法功能的语法语境，由于名词、动词与启动词能否搭配一定程度上取决于它们与启动词的语法特征是否匹配，所以名词、动词在与启动词的整合过程中应该要进行语法信息的集成加工。如果名词和动词在各自适合的语法语境中能诱发出与语法加工相关的 P600 成分，并且二者所诱发的 P600 成分存在差异，则说明名词和动词具有不同的语法加工机制，从而证明名词和动词的语法功能在名动分离中具有一定作用。另外，实验也扩大了所考察语料的范围，除了选取名词和动词外，还选取了动名兼类词，即兼有名词和动词两种词性的词，但当这类词只出现在名词语境或动词语境中时，仅体现出一种词性。目前判定兼类词的标准主要是语法标准，即一类词是否为动名兼类词，关键是看该类词在语法的组合能力上能否体现出动词或名词的性质。因此，考察名词语境和动词语境下动名兼类词的加工，也更有利于从语法角度揭示名词性词语和动词性词语的神经加工机制。

2 实验方法

2.1 被试

本实验共有以汉语为母语的健康大学生 14 人（男女比例为 1：1），年龄范围为 19~22 岁，根据 Snyder & Harris（1993）[18] 的测试标准，所有被试均为右利手，视力正常或矫正后正常，均无任何精神和神经疾病史，自愿参与本实验，实验前签署知情同意书和实验协议，实验结束后适当付酬。

2.2 实验材料

如表 1 所示，实验材料包括 6 组不同搭配的短语：（a）"一 Q" + 动名兼类词；（b）"不 M"＋动名兼类词；（c）"一 Q"＋名词；（d）"不 M"
＋动词；（e）"一 Q"＋动词；（f）"不 M"＋名词。（Q 为名量词，如"个"、
"张"、"条"等；M 为能愿动词，如"能"、"愿"、"可"等）其中（a）、
（b）、（c）、（d）组为正确搭配，每组短语各 45 个，e、f 组为错误搭配，
每组短语各 90 个，6 组短语共 360 个。每个短语由启动刺激和目标刺激
构成，启动刺激为"一 Q"和"不 M"，目标刺激为名词、动词和动名
兼类词，均为双音节词。

表 1　6 组不同搭配类型短语示例

(a)"一Q"+兼	(b)"不M"+兼	(c)"一Q"+N	(d)"不M"+V	(e)"一Q"+V	(f)"不M"+N
一项 研究	不许 研究	一个 学生	不愿 承担	一张 背叛	不应 耳朵
一项 工作	不肯 工作	一片 雪化	不许 回避	一位 排挤	不肯 雪花
一份 申请	不愿 申请	一把 钥匙	不能 制止	一条 撤销	不愿 学校

　　名词、动词和动名兼类词均选自《现代汉语规范词典》和《现代
汉语词典》[①]，动名兼类词在词性上只兼有名词和动词两种词性，名词
和动词只具有一种词性。由于具有名词和动词双重性质的词大多数为双
音节词，因此，为了使所有类型的目标词在音节上匹配，都选用双音节
词。根据《现代汉语常用词词频词典》（刘源等编，北京：宇航出版社，
1990 年版），所选取的名词、动词和兼类词都是相对高频词：名词的平
均频率为 68.76 次／百万，动词为 62.28 次／百万，动名兼类词为 109.48
次／百万。对所选取的词进行熟悉度问卷调查，熟悉度层次分为熟悉和
不熟悉，选择熟悉度高于 90% 的词进入最后正式实验。

　　选用"一 Q"和"不 M"作为启动词，分别与名词和动词相搭配，
可以反映出名词和动词对立的两条基本的语法特征：名量词只能修饰名

---

① 李行健主编，《现代汉语规范词典》，北京：外语教学与研究出版社、语文出版社，2004 年版；
中国社会科学院语言所词典编辑室编，《现代汉语词典》（第 5 版），北京：商务印书馆，2006 年版。

词，不能修饰动词；能愿动词后只能接动词，不能与名词搭配。比如可以说"一张桌子"，"不愿争取"，但是不能说"一张争取"，"不愿桌子"。动名兼类词兼有这两种语法特征。因此，实验通过启动词提供了名动对立的两种语法语境，可以从语法角度考察名词和动词的神经机制。

2.3　实验任务和步骤

　　实验在隔音的电磁屏蔽室内进行，要求被试双手拿按键盒，双眼水平注视计算机屏幕中央，视距约80cm，视角为4.2°，实验中尽量放松、少动。刺激材料为48号宋体，在计算机屏幕中央呈现，屏幕的底色为深灰色，字体颜色为黑色。在正式实验开始前，对被试讲明实验任务，并进行简短练习，以熟悉实验任务。实验分为3个组块，每个组块大约6分钟，各包含180个试次，每个试次由一个启动刺激和一个目标刺激构成。两个组块之间有短暂休息。

　　实验任务为词语搭配判断任务，要求被试对启动刺激和目标刺激之间的搭配是否正确，尽快作出准确的按键反应，反应手在被试中交叉平衡设计。刺激材料随机编排，先呈现"一Q"或"不M"，后呈现名词或动词。启动词和目标词的呈现时间均为200ms，启动词和目标词之间的时间间隔为800ms，相邻两个试次间的时间间隔为2 500ms。

2.4　脑电记录

　　被试佩带 Quick-Cap 32 导联电极帽，采用 Neuroscan Synamps 2 记录32 导脑电。电极按国际10~20系统放置。双侧耳后乳突连线为参考，接地点在 FPz 和 Fz 的中点，记录垂直眼电和水平眼电。电极与头皮接触电阻保持在 5kΩ 以下。采样率为 1 000Hz，带宽为 0.05~100Hz。离线分析脑电数据。最后用于总平均分析的各类 ERP 的平均叠加次数不低于各类总刺激数的85%。

2.5　数据处理和分析

使用 Neuroscan 4.3 对采集的脑电进行离线分析处理。相关法排除眨眼对脑电的影响，分析时程（epoch）为目标词呈现前 100ms（作为基线校正）至目标词呈现后 1 000ms，波幅大于 ±100μV 的 epoch 被视为伪迹剔除。对每个试次中目标词的脑电数据进行分类叠加平均，记录分析所要考察的四类刺激的 ERP："一 Q"语境下的名词、动名兼类词，"不 M"语境下的动词和动名兼类词。为了消除参考电极对头皮电压分布的影响，将得到的 ERP 都转换为平均参考。对这四类刺激的 ERP 进行 20Hz（24dB/oct）的无相移低通数字滤波器滤波。

根据 ERP 总平均波形图特征，四类刺激的 ERP 差异主要集中在三个成分上：目标词呈现后波峰位于约 200ms 处的一个正波（P200），250~400ms 时窗内的一个负波（N400），以及一个 450ms 左右开始的晚期正成分（P600）。采用平均幅值测量法对 P200、N400 和 P600 成分进行分析，分析时段分别为 145~225ms、250~400ms 和 450~650ms。由于正确语境中的名词和动词 P600 的潜伏期也表现出差异，因此对其400~700ms 间的潜伏期进行测量分析。最后的统计处理使用 SPSS12.0软件进行，方法为重复测量的方差分析（repeated measures analysis of variance），统计结果使用 Greenhouse-Geiss 法进行校正。

3　实验结果

3.1　行为数据

对 6 种类型短语"一 Q+ 兼"、"不 M+ 兼"、"一 Q+N"、"不 M+V"、"一 Q+V"、"不 M+N"判断的平均反应时分别为 734.43ms、727.75ms、684.71ms、732.75ms、694.82ms、702.32ms，错误率分别为 10.95%、10.00%、6.51%、9.21%、6.67%、8.57%。单因素方差分析（One-way ANOVA）结果显示，各种类型短语的反应时、错误率均没有达到显著差异。

3.2 ERP 数据

3.2.1 正确语境中名词和动词的比较

图 1 标明了正确语境中的名词（"一 Q+＿"中的名词）与动词（"不 M+＿"中的动词）之间的 ERP 比较结果，二者在 P200、N400 和 P600 成分上都存在差异。

在 145~225ms 时窗内，词类（名、动）× 电极（F3、FZ、F4、FC3、FCZ、FC4、C3、CZ、C4、CP3、CPZ、CP4）的重复测量的方差

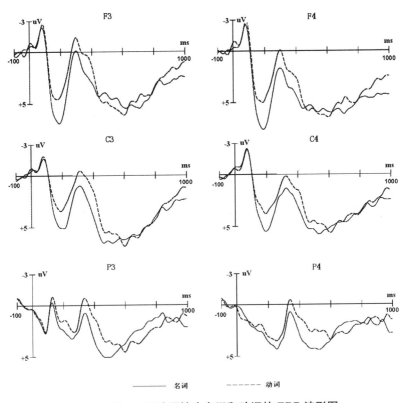

图 1　正确语境中名词和动词的 ERP 波形图

分析结果显示，词类主效应显著，F（1，13）=31.95，p=0.000。同动词相比，在大脑的广泛区域，名词诱发出一个更大的 P200 成分。

在 250~400ms 时窗内，对 N400 幅值所做的词类（名、动）× 电极（FC3、FCZ、FC4、C3、CZ、C4、CP3、CPZ、CP4、P3、PZ、P4）的重复测量的方差分析结果表明，词类主效应显著：F（1，13）=15.26，p=0.002。名词和动词虽然在大脑的广泛区域都诱发出 N400，但是与名词相比，动词的 N400 更大。

在 450~650ms 时窗内，对 P600 幅值进行词类（名、动）× 电极（CP3、CPZ、CP4、P3、PZ、P4）的重复测量的方差分析，结果显示，词类主效应显著，F（1，13）=9.23，p=0.010。如图 1 所示，这一效应主要分布在中央顶区和顶区等后部脑区，名词诱发的 P600 比动词要大。同时，400~700ms 时窗内的潜伏期测量结果，也显示出显著的词类土效应，F（1，13）=9.17，p=0.010。在后部脑区，动词 P600 的潜伏期比名词更加滞后。

3.2.2 名词语境中的兼类词和动词语境中的兼类词的比较

图 2 标明了动名兼类词在名词语境（"一 Q+_"）中诱发的 ERP 与在动词语境（"不 M+_"）中诱发的 ERP 之间的比较，二者的差异主要反映在 P200 成分和 P600 成分上，N400 成分没有显著差异。

在 145~225ms 时窗内，选取大脑左侧部分电极点（F3、FC3、C3、CP3），进行词类 × 电极的重复测量的方差分析，结果显示词类主效应显著，F（1，13）=6.08，p=0.028，在大脑左侧区域，名词语境中的动名兼类词诱发出更大的 P200 成分。

在 450~650ms 时窗内，对 P600 的平均幅值所做的词类 × 电极（FC3、FCZ、FC4、C3、CZ、C4、CP3、CPZ、CP4、P3、PZ、P4）的重复测量的方差分析也揭示出显著的词类主效应，F（1，13）=8.99，p=0.010。在大脑的广泛区域，与动词语境中的动名兼类词相比，名词语境中的动名兼类词诱发出一个增大的 P600。

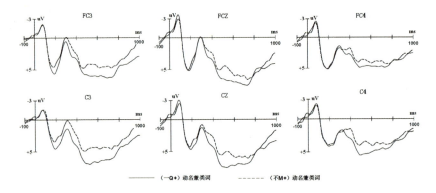

图 2　名词语境和动词语境中的动名兼类词的 ERP 波形图

4　分析与讨论

4.1　名动加工的 ERP 差异

本实验采用词语搭配判断任务，以"一 Q"和"不 M"作为语法启动词，考察目标词名词和动词的脑神经加工机制。启动词和目标词之间的 SOA 为 800ms，相邻两个 trail 间的 SOA 为 2 500ms，虽然刺激间的时间间隔为固定间隔，但对于前一个刺激（启动词）来讲，其呈现后 800ms 就已经是慢波成分了，因此对于下一个刺激（目标词）的影响较小，所以刺激之间的间隔应该足够长，对实验的影响较小。在一些类似的有启动范式的实验中，启动词和目标词的刺激间隔在 800ms 左右的也较为常见 [19,20]。

实验结果显示，当名词和动词出现在各自适合的语境中时，名词诱发出增大的 P200。虽然 P200 在语言加工中的作用还不十分明确，但有研究认为，P200 是一个与词汇语义信息识别相关的成分 [21,22,23]。在一些研究名动加工的实验中也发现了 P200 成分，但主要集中在额区 [6,7]，而本实验中 P200 的分布要更广。由于名词和动词本身固有的词汇语义信息不同，名词主要是指称人和事物，而动词主要指称动作行为，因此我们认为，实验中的 P200 效应可能在一定程度上，反映了早期在识别名词和动词词汇语义信息时加工上的差别。

许多研究证明，N400 和 P600 是两个与语言加工相关的 ERP 成分。N400 与语义加工相关，反映了大脑对语义信息加工整合的困难程度，语义信息越难整合，N400 波幅越大 [24,25,26,27]。P600 则被认为是与语法加工相关的 ERP 成分，主要反映了大脑对语法的分析、修补以及晚期的整合过程 [27]。但在 P600 波幅与加工难度的关系上还有不同的观点，一般认为，心理资源投入量越大，加工越难，P600 波幅越大 [28,29]，但是也有研究 [30,31] 得出 P600 波幅与心理资源投入量成反比的结论。

在本实验中，当名词和动词都出现在正确的语境中时，相对于名词，动词在大脑的广泛区域诱发出一个增大的 N400 和较小的 P600。我们认为，实验结果反映了名词和动词在语义加工和语法加工上的不同。生成语法理论认为，大脑词库中的动词含有论元结构信息和题元结构信息①，前者与动词的语法特征相关，要求在以动词为中心的结构中出现的论元必须满足动词所要求的最少数量，以达到语法上的自足；后者反映了动词和论元的语义关系，即动词负责给论元结构中的每个论元位置分派合适的题元角色，如施事、受事、目标、来源等语义角色，使结构符合语义上的要求。从论元结构来看，本实验中的动词多为二元动词，因此，至少要有一个内部论元成分和一个外部论元成分，在结构中与动词同现，才能达到语法上的自足，但动词和启动词合并后，并没有论元成分出现，语法上仍不自足，所以需要投入更多的心理资源支持动词继续寻找论元，以构建完整的论元结构。另一方面，题元结构也要求动词寻找潜在的论元结构位置分派合适的题元角色，以建立起与论元的语义关系，达到语义上的自足，这种语义加工也需要耗费更多心理资源。而

---

① "论元结构"通常是指以动词为中心联系若干名词的结构形式。动词的论元结构规定了实现动词表达的动作或状态所需要的最少名词（论元）数量，即动词要求有几个论元，句中就必须有几个论元与动词同现。"题元结构"要求动词给论元结构中，能够出现论元的结构位置分派合适的题元角色，如施事、受事、目标、来源、方位、感受者、受益者等语义角色，它体现了动词和论元之间的语义关系。

大脑词库中的名词不包含论元结构信息，也没有分派题元角色的能力，所以在实验中名词和启动词合并后，名词不需要再寻找论元和分派题元角色，整个短语在语义和语法上都达到了自足。因此，与名词相比，动词无论是在语义加工方面还是在语法加工方面，消耗的能量都要更多，加工的难度也更大。同时，本实验也支持了 P600 波幅与心理资源投入量成反比的结论。

实验对于动名兼类词的研究发现，同正确语境中名词和动词的比较相类似，与动词语境中作为动词使用的动名兼类词相比，名词语境中作名词使用的动名兼类词也诱发出一个增大的 P600，而且分布的脑区更加广泛。由于动名兼类词用在名词语境和动词语境中时，分别相当于名词性词语和动词性词语，同时 P600 是与语法加工相关的成分，实验结果表明，名词性词语和动词性词语在语法加工上并不相同。与正确语境中名词、动词比较结果不同的是，动名兼类词作名词使用和作动词使用时 N400 并没有表现出差异，我们认为，这可能同动名兼类词的性质有关。动名兼类词主要是根据词的语法功能标准划分出来的词类，兼有名词和动词的语法特征，因此当分别作名词和动词使用时，更能体现出类似于名词和动词的语法特征上的对立。但是两种语境中的动名兼类词在语义特征上，是相同或十分相近的，所以实验显示在与语义加工相关的 N400 成分上，并没有表现出显著差异。还有一些研究报道了与本实验不同的结果，例如，Federmeier 等（2000）[10] 的实验结果显示，名词语境中的兼类词在额区和中央区诱发出一个更大的 N400。Brown 等（1980）[32] 也发现作为名词使用的词类歧义词相对于作为动词使用时，会在后部脑区诱发出一个增大的负成分。我们认为，实验结果上的不同，可能是语料选取上的原因。在一些以印欧语为语料的研究中，一般把词性不同的同形同音词都看作是兼类词（class-ambiguous word），因此在所选取的语料中，可能会包括许多意义相差很大的同音同形词，例如，van Pettern 和 Kutas（1987）[33] 使用的语料中有一半就是同形异义词，Federmeier 等（2000）[10] 的实验语料中，兼类词的名词义和动词义也有很大差别，所以与语义加工相关的 N400 成分可能就会表现出差异。

4.2 名动分离的原因

本研究从语法角度入手，设计实验研究汉语名动加工问题，结果发现汉语名词和动词诱发的 ERP 成分存在差异，由此我们认为，对于汉语名词和动词的加工主要体现了语法信息的集成加工，语法可以是造成汉语名词和动词脑加工机制存在差异的原因。

从实验任务来看，与基于语义的词汇判断任务不同，本研究所使用的词语搭配判断任务能够凸显出名词和动词的语法特征。启动词"不 M"和"一 Q"提供了名词、动词相互对立的语法环境，分别要求具有动词语法特征和名词语法特征的词与之相搭配，目标词和启动词能否搭配主要是取决丁二者的语法特征是否匹配，所以被试不可避免地要对启动词和目标词进行语法信息的集成加工。

从实验结果来看，当名词和动词都处在正确语境中时，相对于动词，名词诱发出增大的 P600 成分，学术界一般把 P600 成分看作是语法加工的指标（如前述所证明，本实验结果支持了 P600 成分大小与加工难度呈负相关）。因此，我们认为，实验中名词和动词在 P600 上的差异也反映了名词和动词语法加工上的不同，根据 4.1 小节中的分析，这种语法加工上的不同本质上，是由名词和动词语法性质的不同决定的。

实验还选择了动名兼类词作为语料进行考察，所谓动名兼类词，是根据其语法功能划分出来的一类词，是指兼有名词和动词两种词类语法性质的词，当动名兼类词用在名词语境中时，体现出名词的语法性质，相当于名词性词语，用在动词语境中时，体现出动词的语法性质，相当于动词性词语。同时，当同一个动名兼类词分别用在名词和动词语境中时，语义并没有发生明显变化，二者语义相同或十分相近，在语义上与名词或动词语境也都十分匹配。因此，名词语境中的动名兼类词和动词语境中的动名兼类词的差异就主要体现在二者的语法性质的不同上，即名词语法性质和动词语法性质的不同。实验结果显示，名、动两种语境中的动名兼类词语法性质上的不同，在神经加工机制上有所表现，二者在与语义加工相关的 N400 成分上，并没有显著差异，这表明二者在语义加工上没有显著差别。但是与动词语境中的动名兼类词相比，名词语境中的动名兼类词诱发出了增大的 P600 成分，这个增大的 P600 效应也和名词、动词的比较结果一致，这表明二者在语法加工上存在差异。由于两种语境中的动名兼类词分别相当于名词性词语和动词性词语，所以实验结果表明大脑对动词性词语和名词性词语的加工是不同的，而没有显著差异的 N400 效应和增大 P600 效应则显示，大脑在加工名词性词语和动词性词语时产生的差异不是语义原因造成的，而是词语的语法功能起了主要作用。

需要指出的是，虽然也有一些国外的学者认为：语法是导致名动分离的原因，但他们的所讲的语法主要指的是词的形态变化功能，认为只有对发生形态变化的名词和动词进行研究才能发现二者神经机制上的差异 [11,12]。按照这种观点，汉语是一种缺少形态变化的语言，从语法上必然看不到名动分离的现象，所以一些研究者只能把汉语名动分离的原因归结为语义原因 [13,14]，而认为汉语名词和动词语法范畴的神经表征是不存在差异的 [16]。但本实验中所选用的动词和名词在形态上也都没发生变化，可我们仍然发现了名动分离的现象。实际上，并不能把名动分离的语法原因简单的归结为词的形态变化，因为形态不过是功能的标志，即使在印欧语言中，形态也只是表达语法信息的载体，词的语法功能根本上还是由词与词的组合能力和相互关系决定的。我们的实验正是从词语语法组合搭配关系上证明了名词和动词是可分的。同时，从大脑集成论的角度来看，也表明大脑对于名词和动词的加工包含了语法信息的集成加工，并且这种语法信息的集成加工在词类身份的识别中起重要作用。

然而，我们也并不能完全否认语义在名动分离中所起的作用。国外的许多研究表明，对于语义、语法信息的加工会涉及不同的脑机制 [34,35]。例如，Luke 等（2002）[35] 运用 fMRI 技术对汉语的语法、语义加工进行研究，发现语法、语义加工各自激活了不同的脑区，其中大脑左侧额叶中回更多地参与了语法加工，而大脑前部左侧额叶下回和左侧颞叶中上回更多地参与了语义加工。由于每种词类本身都包含着丰富的语义、语法信息，所以我们推测，无论是从语义角度还是从语法角度，可能都能够发现名词和动词不同的神经加工机制，只不过实验任务的特异性可能决定了语法、语义在名词、动词的加工中所起的作用。认为语义决定名动分离的实验，其任务只涉及语义，所以得到的结论只能是语义导致了名动分离。而当实验任务同时牵涉到了语法和语义信息的加工时，语法、语义就都有可能在名词、动词的表征和加工中产生影响。例如，Shapiro 等（2005）[12] 使用 PET 实验研究名动分离时认为，实验结果所发现的激活区中并不是所有的都参与了语法加工，一些激活区可能反映了对语义信息的加工。本研究从语法角度出发设计实验，证明语法可以是造成汉语名动分离的原因，但是在反映语义加工的 N400 指标上，名词和动词也存在差异，说明语义在名动分离中也是起作用的。对于语义和语法在名动分离中的关系及其与实验任务的关系，我们尚需进一步探讨。

5　结语

本研究运用 ERP 技术考察了汉语名动分离问题。与以往基于语义的实验任务不同，我们从语法角度出发设计实验，提供了两种名动相互区别的语法语境："一 Q+__"、"不 M+__"。同时在语料上，扩大了考察的范围，在考察名动的基础上，进一步考察了动名兼类词，能够更好地从语法角度揭示名词性词语和动词性词语的加工机制。实验结果显示，名词和动词在 P200、N400 和 P600 等 ERP 成分上存在差异。P200成分可能与词汇信息加工相关，对早期的词汇识别起一定作用；N400和 P600 反映了名词和动词的语义和语法加工过程，N400 成分与加工难度成正比，但实验支持 P600 与加工难度成反比的观点。根据分析讨论，我们认为，汉语名词和动词具有不同的神经加工机制，语法是造成名动分离的原因，不能因为汉语缺少形态变化，而把名动分离的原因简单的归结为语义；大脑对于词类范畴信息的加工，不仅包含了语义信息的集成加工，而且词语语法信息的集成加工，是更为重要的部分。

参考文献

[1] 唐孝威. (2011). 一般集成论——向脑学习. 杭州：浙江大学出版社.

[2] Miceli, G., Silveri, M. C., Villa, G., & Caramazza, A. (1984). On the basis for the agrammatic's difficulty in producing main verbs. *Cortex, 20*, 207—220.

[3] Caramazza, A., & Hillis, A. E. (1991). Lexical organization of nouns and verbs in the brain. *Nature, 28*, 788—790.

[4] Damasio, A. R., & Tranel, D. (1993). Nouns and verbs are retrieved with differently distributed neural systems. *Neurobiology, 90*, 4957—4960.

[5] Shapiro, K. A, & Caramazza, A. (2003). Grammatical processing of nouns and verbs in left frontal cortex? *Neuropsychologia, 41*, 1189—1198.

[6] Preissl, H., Pulvermüller, F., Lutzenberger, W., & Birbarmer, N. (1995). Evoked potentials distinguish between nouns and verbs. *Neuroscience Letters, 197*, 81—83.

[7] Pulvermuller, F., Preissl, H., Lutzenberger, W., & Birbaumer, N. (1996). Brain rhythms of language: nouns versus verbs. *European Journal of Neuroscience, 8*, 937—941.

[8] Pulvermüller, F., Lutzenberger, W., & Preissl, H. (1999). Noun and verbs in the intact Brain:evidence from Event-related potentials and high-frequency cortical responses. *Cerebral Cortex, 9*, 497—506.

[9] Pulvermüller, F., Mohr, B., & Schleichert, H. (1999). Semantic or lexico-syntactic factors: what determines word-class specific activity in the human brain?

Neuroscience Letters, 275, 81—84.

[10] Federmeier, K., Segal, J., Lombrozo, T., & Kutas, M. (2000). Brain response to nouns,verbs and class—ambiguous words in cortex.. *Brain, 123*, 2552—2566.

[11] Tyler, L. K., Bright, P., Fletcher, P., & Stamatakis, E. A. (2003). Neural processing of nouns and verbs: the role of inflectional morphology. *Neuropsychologia, 42*, 512—523.

[12] Shapiro, K. A., Mottaghy, F. M., Schiller, N. O., Poeppel, T. D., Flqg, M. O., Mqller, H-W., et al. (2005). Dissociating neural correlates for nouns and verbs. *NeuroImage, 24*, 1058—1067.

[13] Bates, E., Chen, S., Tzeng, O., Li, P., & Opie, M. (1991). The noun–verb problem in Chinese aphasia. *Brain and Language, 41*, 203—233.

[14] Chen, S., & Bates, E. (1998). The dissociation between nouns and verbs in Broca's and Wernicke's aphasia: findings from Chinese. *Aphasiology, 12*, 5—36.

[15] 张钦, 丁锦红, 郭春彦, 王争艳. (2003). 名词与动词加工的 ERP 差异. 心理学报, 35, 753—760.

[16] Li, P., Zhen, J., & Tan, L. H. (2004). Neural representations of nouns and verbs in Chinese: an fMRI study. *NeuroImage, 21*, 1533—1541.

[17] 杨亦鸣, 梁丹丹, 顾介鑫, 翁旭初, 封世文. (2002). 名动分类：语法的还是语义的——汉语名动分类的神经语言学研究. 语言科学, 1, 31—46.

[18] Snyder, P. J., & Harris, L. J. (1993). Handedness, sex and familiar sinistrality effects on spatial tasks. *Cortex, 29*, 115—134.

[19] Gwen, A., & Frishkoff. (2007). Hemispheric differences in strong versus weak semantic priming: Evidence from event-related brain potentials. *Brain and Language, 100*, 23—43.

[20] Gomes, H., Ritter, W., Tartter, V. C., Herbert, G., Vaughan, Jr., & Rosen, J. J. (1997). Lexical processing of visually and auditorily presented nouns and verbs: evidence from reaction time and N400 priming data. *Cognitive Brain Research, 6*, 121—134.

[21] Skrandies, W. (1998). Evoked potential correlates of semantic meaning: A brain mapping study. *Cognitive Brain Research, 6*, 173—183.

[22] Martin-Loeches, M., Hinojosa, J. A., Gomez-Jarabo, G., & Rubia, F. J. (1999). The recognition potential: An ERP index of lexical access. *Brain and Language, 70*, 364—384.

[23] Martin, F. H., Kaine, A., & Kirby, M. (2006). Event-related brain potentials elicited during word recognition by adult good and poor phonological decoders. *Brain and Language, 96*, 1—13.

[24] Kutas, M., & Hillyard, S. A. (1980). Reading senseless sentences:brain potentials reflect semantic incongruity. *Science, 207*, 203—205.

[25] Kutas, M., Hillyard, S. A. (1984). Brain potentials during reading reflect word expectancy and semantic association. *Nature, 307*, 161—163.

[26] Friederici, A. D., & Kotz, S. A. (2003). The brain basis of syntactic processes: functional imaging and lesion studies. *NeuroImage, 20*, 8—17.

[27] Holcomb, P. J. (1993). Semantic priming and stimulus degradation: Implications for the role of the N400 in language processing. *Psychophysiology, 30*, 47—61.

[28] Osterhourt, L., & Holcomb, P. L. (1992). Event-related potentials elicited by syntactic anomaly. *Journal of Memory and Language, 31*, 785—806.

[29] Friederici, A. D., & Meyer, M. (2004). The brain knowns the difference:two type of grammatical violations. *Brain Research, 1000*, 72—77.

[30] Hagen, G. F., Gatherwright, J. R., Lopez, B. A., & Polich, J. (2006). P3a from visual stimuli: Task difficulty effects. *International Journal of Psychophysiology, 59*, 8—14.

[31] 张珊珊, 赵仑, 刘涛, 顾介鑫, 杨亦鸣 . (2006). 大脑中的基本语言单位——来自汉语单音节语言单位加工的 ERPs 证据 . 语言科学 , 6, 3—13.

[32] Brown, W. S., Lehmann, D., & Marsh, J. T. (1980). Linguistic meaning related differences in evoked potential topography:English, Swiss-German, and imagined. *Brain and Language, 11*, 340—353.

[33] van Petten, C., & Kutas, M. (1987). Ambiguous word in context: an event-related potentials analysis of the time course of meaning activation. *Journal of Memory and Language, 26,* 188—208.

[34] Ainsworth-Darnell, K., Shulman, H. G., & Boland, J. E. (1998). Dissociating Brain Responses to Syntactic and Semantic Anomalies: Evidence from Event—Related Potentials. *Journal of Memory and Language, 38,* 112—130.

[35] Luke, K. K., Liu, H-L., Wai, Y-Y., Wan, Y-L., & Tan, L. H. (2002). Functional anatomy of syntactic and semantic processing in language comprehension. *Human Brain Mapping, 16,* 133—145.

（原载《心理学报》2008 年第 6 期，第 671—680 页，选入本论文集时有改动）

隐喻认知集成观

王小潞*

1　引言

　　集成在认知过程中扮演着重要的角色。很多表面上毫不相关的输入信息，会在大脑统一的神经网络系统中，得到整合或集成概念，使人们能够比较合理地认识客观世界和主观世界。人们对隐喻的认知也不例外，看似毫不相干的两个知识域，经过大脑相关部位所储存信息的匹配和映射，通过联想，把它们整合在一个认知域里，成为一个新的集成概念。以下我们分三部分来介绍隐喻认知的集成观。第一部分从理论层面介绍在同一框架下的隐喻认知理论（概念整合理论和联结主义理论）；第二部分从隐喻存在的不同模态来讨论隐喻的多模态化；第三部分从大脑信息加工层面看多模态的隐喻，是怎样在大脑神经网络中形成集成概念的。

＊　王小潞，浙江大学外国语言文化与国际交流学院教授。

2 同一框架下的隐喻认知理论

2.1 概念整合理论

在 Lakoff 和 Johnson 概念隐喻理论[1] 的基础之上, Fauconnier 和 Turner 从 1997—2008 年提出并完善了概念整合理论 (conceptual blending/integration theory)。所谓整合 (blend), 指的是两个或多个输入数据部分地相互映现, 然后选择性地投射到一个新的心理空间, 突显出新的结构 [2,3,4]。他们认为, 语言的理解过程实际上是一个认知过程, 概念是语言认知的产物。新概念是贮存在人们记忆中的旧概念经过整合之后的结果, 因此概念整合是人类的基本认知方式, 而隐喻具有整合网络构建特征。

概念整合理论之所以比概念隐喻理论更进了一步, 有更强的解释力, 是因为它具有概念的动态发展和概念集成的特点。基本的概念整合网络包含四个心理空间。其中二个称为输入空间 (input spaces), 即源空间和目标空间, 并在两者之间建立跨空间的映现。跨空间映现、创造或反映了两个输入空间所共享的更抽象的空间, 即类属空间 (generic space)。第四个空间是整合空间 (blended space), 是从输入空间中进行选择性的映现而来的, 它以各种方式形成两个输入空间所不具备的突现结构或层创结构 (emergent structure), 并可把这一结构映现回网络的其他空间。这四个空间彼此联系, 相互作用产生层创结构; 输入空间的对应 (counterpart) 联系由跨空间映射完成, 输入空间的结构被选择性地投射到合成空间。合成空间通过组合、完善和扩展而不断发展。在 1998 年用他们建立的模型, 详细地论证了各空间之间的相互关系与作用, 如图 1 所示。概念整合涉及的四个心理空间是包含各种元素的部分集合 (partial assemblies), 由框架和认知模式构成, 他们之间相互联结, 并随着思维和语篇的展开而作修改。心理空间可以用来模拟思维和语言中的动态映射[3]。

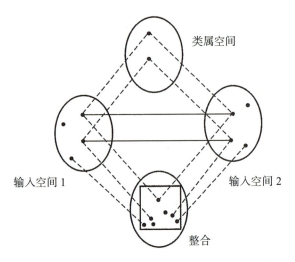

类属空间

输入空间 1   输入空间 2

整合

图 1　各空间之间的相互关系与作用模型图[①]

该模型表明，类属空间（Generic Space）向两个输入空间映射隐喻，具有整合网络构建特征。它反映输入空间共同常见的更抽象的组织与结构，规定核心跨空间映射。输入空间的映射具有部分与选择的属性。当输入空间 1 与 2 部分地投射到合成空间（Blend）后通过"组合"、"完善"和"扩展"三个彼此关联的心理认知过程的相互作用而产生层创结构（见图 1）。层创结构的产生过程便是意义的运算与产生过程。正因为如此，整个模型是个动态模型与一个集成模型。例如：

1）*This surgeon is a butcher.*（这个外科医生是屠夫。）

例 1 的隐喻可以用下列概念整合网络图作解释（如图 2 所示）。

这一隐喻强调了"这个外科医生"的"笨拙"以及引起的令人不快的后果。但这一推理并不仅仅是从"butcher（屠夫）"的认知域直接映现到"surgery（外科医生）"的认知域的过程。在整合网络中，两个输入空间，只具有"切肉"和"外科手术"的部分结构，在类属空间的基础上，相互映现，结果在两个输入空间中，一方面手术室、病人和外科

---

① Fauconnier, G. *Mappings in Thought and Language.* Cambridge: CUP. 1997:151.

医生与另一方面的屠夫的工具，其运作方法和切肉方式相互映现，在整合空间中形成了层创结构，见图 2 所示。

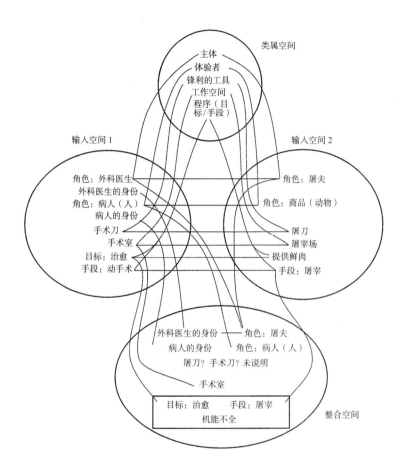

图 2 "外科大夫比作屠夫"概念整合网络图[①]

概念整合理论被看成是概念隐喻理论的进一步发展，因为前者在后者的基础之上，加进了动态的隐喻映射过程，并可进一步解释某些后者

① Grady, J. E. et al.: Blending and Metaphor. In G. Steen & R. Gibbs (Eds.), *Metaphor in cognitive linguistics*. Philadelphia: John Benjamins, 1997.

解释不了的现象。Fauconnier 和 Turner（1998）[3] 认为，几乎所有的隐喻和转喻都可用概念整合理论来解释。Turner 举了一个例子来说明：人们最近称股票市场为牛市（bull market），在这一市场中，投资者被称为牛，当市场出现疲软现象时，人们说"Everybody has their horns pulled in（每个人都将牛角缩进）"。在牛群活动的输入空间里，牛无法收回其牛角，而在金融的输入空间中，投资者没有牛角，但他们能收回其投资。在整合空间中，投资者成为具有可缩回牛角的牛。这一层创结构是无法直接通过始源域和目标域的隐喻映射获得的。隐喻不仅包括两个空间的映射或整合，它涉及很多空间，涉及网络中的层创结构。映射本身尽管非常明显确定，但解释不了网络中复杂的层创结构（Fauconnier & Turner，1996）。[5] 从最初跨空间映现及其所产生的最显著结果的研究视角，Fauconnier 和 Turner（2008）[6] 又从这一过程的各种不同的视角重新审视隐喻，来进行细节性概念整合研究，这些研究包括：整合网络（integration networks）、修补和塑造（cobbling and sculpting）、压缩（compression）、推论转移（inference transfer）、层创结构（emergent structure）以及概念整合的不同种类（various species of conceptual integration），因为他们认为隐喻映射、隐喻理论和隐喻分析都应该得到修正以涵括认知的永恒特征。

（1）整合网络：概念产物决非单单是映射的结果。隐喻不仅仅是从源域到目标域的简单映射，而是在适当的认知语境下多个心智空间互相映射的在线关联复合过程。基本的概念整合网络包含四个心理空间（见图1）。我们所称的"时间是金钱（Time is money）"或者"时间是空间（Time is space）"之类的概念隐喻，结果是在通过一般跨空间原则构建的精致整合网络中涉及多个空间和多个映射的心理建构。这些空间的整合，远远复杂于目前一般隐喻理论所认为的两两捆绑过程。

（2）修补和塑造：如此的网络整合并非完全建立在跨空间过程之中，也非先存于常规结构之中。潜在思想和行为的网络整合总是一个混合过程，这就是修补和塑造。一方面，不同文化的网络建构是一个一代传一代的漫长过程；另一方面，构建具体网络的手段也同时在传递，而人们可以在任一时代背景改革建构手法，结果便形成由常规部分（常规已经构建的部分）和新映现与压缩的部分共同构建成的整合网络。

（3）压缩：新近研究得到的一个显著结论是：整合网络得到系统性的压缩，而这一点被早期的隐喻理论和早期的整合理论所忽略。在概念整合网络中的压缩引发了各种各样的心智模式，其中包括违实句、隐喻和语法构建。人类运用标准方法以及运用压缩和解压模式的能力使我们能够在精致的整合网络下迅速加工隐喻。例如：在网络中连接不同心理空间的因果关系可以被压缩成一个表征关系，或是在整合空间中的恒等关系。又如：在时间像空间（Time as space）的概念隐喻中，手表、钟以及其他报时装置被有效的内在压缩系统绑定在计时器的概念上。

（4）推论转移：早期隐喻认知理论将研究重点放在单一的映射和推论转移上，而推论转移本身并不是隐喻背后的驱动力量。事实上，在突现整合空间中违反"源域"推论是一种典型现象。这是因为多重输入的网络拓扑会产生冲突，而造成不是所有的成分都被映射到整合空间的结果。这一点在很多方面留给后来研究者提出整合网络的动力，即开发基于先存概念结构之上的突现结构的能力和获得在跨域时压缩的能力。

（5）突现结构：新的动力结构在推论转移的整合网络中突现。早期隐喻认知理论忽略了大量整合网络框架下的映射和推论转移的能量，特别是基于先存概念结构之上的开发突现结构的能力，以及跨越各个概念结构获得压缩的能力。事实上，像"空间⇒时间"这样最基本的、最明显的隐喻映现，可以在精致的网络中以连续整合的方式自我映现。层创结构并非主要居于已经整合了的空间之中，而是扩散在整个网络之中。这一观点可用来解释以下悖论：

新的数学概念（如：复数）可以有直接明了的组织系统；

复杂意义（使役词）可以用"简单的"，熟悉的语法规则来编码。

（6）概念整合的不同种类：概念整合种类繁多，一些先前我们认为是分离的现象，甚至是一些分离的心智活动（如：违实句、框架、归类、转喻、隐喻等），都是人类基本同样的能力进行双重辖域整合

（double-scope blending）的结果。具体而言，所有这些现象在同样的一般原则和拱形目标之下都是整合网络中的产品。它们在理论上和实践中都是不可分的：大多数的例子都涉及两种以上的整合。最终产品既可同时属于表面形式（隐喻、违实句、类推、框架、归类、转喻），又可不属于这些形式。

概念整合理论揭示了概念集成这一十分普遍的认知过程。它汲取了 Lakoff 和 Johnson 的认知语义学理论，如"意象图式"理论和概念隐喻理论。这一理论分析的是抽象的意义建构过程：跨空间映射是两个输入空间在结构上的对应关系，而不是某种具体的对应关系；类属空间反映的也是两空间所共有的抽象结构与组织；层创结构的形成是一个高度抽象的过程。它启发我们以语义、概念为出发点，透过语言形式挖掘语义结构。尽管合成空间理论十分抽象，但它有着较强的可操作性。它对认知过程的分析井井有条，细致入微，为我们分析概念的形成提供了一套新的方案，也为我们对不同类别的概念因子合成新的概念提供了思路。

2.2 联结主义理论

联结主义是现代认知科学发展中的两个重要方向之一[①]，其思想萌芽产生于20世纪40年代。直到80年代末，随着鲁梅尔哈特（Rumelhart, D. E.）和麦克莱兰德（McClelland, J. L.）合著的《并行分布加工》（1986）[7]一书的出版，联结主义的认知研究范式才真正登上历史舞台，并逐渐占了上风，该书被公认为是联结主义事业的"圣经"。联结主义的指导性启示和灵感来自于大脑的神经网络，由此，联结主义也被称之为网络的研究范式。它的目标不是建立脑活动的模型，而是以类似于脑的神经元网络的系统建立认知活动的模型。它不是把认知解释成符号运算，而是看成一个网络（network）的整体活动。网络是由类似于神经元的基本单元（units）或结点（nodes）构成，故也被称之为神经网络

---

① 另一个方向是符号主义。

模型（neural network model）。网络是个动态的系统，单元彼此相互连接在一起，每个单元都有不同的活性（activation），既可以激活或抑制其他单元，也可以受到其他单元的激活或抑制。当网络有一初始的输入，其激活和抑制便在单元之间扩散，直到形成一个稳定的状态。在联结主义看来，心理表征就在于网络突现的整体状态与对象世界的特征相一致，这被称之为分布表征理论（distributed representational theory）。网络的信息加工不同于符号的串行加工，而是网络的并行加工，这被称之为并行分布加工（parallel distributed processing），或简称为 PDP[8]。显然，联结主义赋予网络以核心的地位，采纳分布表征和并行加工的理论，强调的是网络的并行分布加工与整合。由于联结主义所提出的神经网络模型与生物神经系统具有较高的类比度。因此，我们可以借助神经网络模型了解隐喻生成态在神经元水平上的表现。

在结构上，一个生物神经元细胞主要由细胞体（cell body）、轴突（axon）和树突（dendrites）等三部分构成。其中，轴突是输出装置，用于向外传输电脉冲；树突是接收装置，里面有接收各种神经化学递质的接收器，见图3：

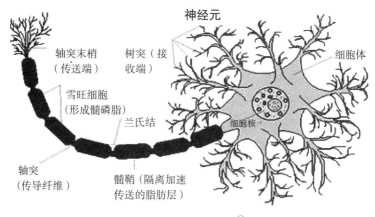

图 3　神经元结构图[①]

---

① 引自：http://www.enchantedlearning.com/subjects/anatomy/brain/Neuron.shtml。

神经元机能最大的特点是特异的信息传递和处理，且具有传递信息的绝缘体和极性。神经元的极性指的是信息的输入极和输出极，输入极是指信息的接收端——树突，输出极是指信息的输出端——轴突。树突和轴突分别向其靶方向的细胞生长并建立突触联系。我们可以从电活性和化学活性两方面了解神经元的机能。前者是神经细胞膜的特性，决定神经元对刺激的反应、换能和传导，表现为在静息膜电位基础上产生的去极化、动作电位传导和复极化过程；后者参与神经元之间的信息传递，表现为神经递质的合成、运输、分泌和重吸收或灭活[9]。因此，当一个神经元细胞被激活时，电脉冲信号就会沿着轴突传导到轴突末梢（axon terminals）。轴突末梢就会释放出神经化学递质，其中有些起兴奋作用，有些起抑制作用。与该神经元的轴突末梢靠得很近的其他神经元的树突会接收这些神经化学递质。各树突上收集的电脉冲信号会在神经元细胞中汇集。当这些电脉冲信号累积起来，达到或超出神经元细胞的激活阈值时，神经元细胞就会向外传送电脉冲信号。由此可见，生物神经元由输入、决策、输出等三个基本功能部分组成。

联结主义用"形式神经元（人工神经元）模拟了生物神经元的输入脉冲电平、决策函数、突触传导性改变（记忆）。从功能结构的角度出发，神经元可以有若干个输入，输出只有一个，但是这个输出可以同时和许多其他的神经元连接"[10]。在人工神经网络中，网络结点模拟生物神经元，多重连接权重（或强度）的加权乘法器模拟"轴突—突触—树突"结构，用来表示二个神经元相互作用的强度，加法器模拟树突的互联功能，阈限值模拟细胞内化学递质产生的开关放电特性，最终实现了对生物神经系统的模拟[11]。人工神经元与生物神经元之间的这种对应模拟关系可用图 4 表示：

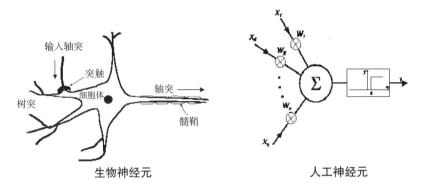

生物神经元　　　　　　　　　　人工神经元

图4　生物神经元与人工神经元的对应关系图[①]

神经元按照一定的操作周期接收输入信息，根据某种函数决定是否触发，这叫做激活规则[11]。该函数包括一个阈限值，刺激必须超过该阈限值神经元才能触发。假设某个神经元 N 的激活阈限值为 0.7（阈限值范围在-1 到 1 之间），它从 A、B、C 三个神经元分别获得了强度为 0.5、0.8 和 0.3 的刺激，它与这三个神经元的连接强度用兴奋权重分别表示为：0.9、0.8、0.8；同时，神经元 N 又从 X、Y、Z 三个神经元分别获得了强度为 0.3、0.5 和 0.2 刺激，它与这三个神经元的抑制连接权重分别为：-0.5、-0.7 和-0.9。根据神经元 N 的激活阈限值，这个神经元 N 就不会被激活，因为 $0.5 \times 0.9 + 0.8 \times 0.8 + 0.3 \times 0.8 - 0.3 \times 0.5 - 0.5 \times 0.7 - 0.2 \times 0.9 = 0.65$，该值小于神经元 N 的激活阈限值 0.7。神经元在学习过程中，代表突触连接强度的权重会发生变化。通过神经元的多次激活，相应的权重会有所增大，这样原来不能激活的神经元在多次学习后，也会很容易地被激活。

在这样的神经连接网络中，大脑可以并行处理不同的信息，它不仅可以处理已知的旧信息，也可以同时对外界接收的新信息进行匹配或补充，因此隐喻的两个概念域的连接与映射就变得相当容易。隐喻怎样在

① Gurney K. Computers and Symbols vesus Nets and Neurons. UCL press, 2000.

神经网络中进行识别与匹配（映射）将在后文"隐喻认知的神经网络"小节中详细展开。

3　隐喻理解与生成的多模态化

模态是指信息交流的渠道和媒介，其中包括语言、技术、图像、颜色、音乐等符号系统[12]。人类通过五种感觉通道（视觉、听觉、嗅觉、味觉、触觉）与周围环境不断进行着信息交换，由此产生了相应的 5 种交际模态，即视觉模态、听觉模态、嗅觉模态、味觉模态以及触觉模态。在一般的信息交流过程中，人们并不是仅仅通过单一的模态进行信息传递的，而是多重模态共同作用的结果[13]。随着对认知研究的不断深入，人们越来越发现，单纯从语言的角度已经不能对交际中的认知进行全面深入地分析和研究，因为交际中的话语意义有时在很大程度上是由非语言因素决定的，如伴随话语的手势、身势、面部表情、动作、身体移动等具有身体特征的意义展示，以及受身体特征以外的 PPT、音响设备、网络、实验室、周围环境等因素的影响。在这种情况下，交际不再是利用某一种感官，而是运用两种或者多种感官同时进行的活动。以这种交际方式进行信息交流就是多模态交际。

2009 年中 Charles J. Forceville 和 Eduardo Urios-Aparisi 主编，Mouton de Gruyter 出版社出版的《多模态隐喻》（*Multimodel Metaphor*）问世，拓展了隐喻研究的视角，让我们看到了不仅仅在语言层面，而且在认知的其他层面也存在着隐喻现象，即隐喻是多元表达的。他们指出，过度强调语言隐喻掩盖了隐喻可以通过语言以外多种模态来表达思想的事实；他们还指出，一个完整的隐喻理论，应该能够解释非语言隐喻和多模态隐喻，否则人类思维普遍具有隐喻性这一命题就会受到质疑。根据 Forceville（2006，2009）[14,15] 的定义，多模态隐喻是指始源域和目标域全部或主要部分是通过两种或两种以上的方式来表征的隐喻。隐喻的概念本质决定了不仅语言，而且图画、音乐以及手势等都可以成为其载体。除了书面语、口语等语言形式的隐喻外，我们在日常生活中还随处可见其他模态的隐喻：广告隐喻、时政漫画隐喻、连环动漫隐喻、音乐隐喻、口语伴随手势隐喻以及电影隐喻等。这些模态的隐喻，有时跟语言或其他模态的隐喻，构成双模态或多模态隐喻共同表征同一概念。下面我们分别阐述这些多模态隐喻的表现形式和特性。

3.1　广告多模态隐喻

广告多模态隐喻指的是广告中文字、图像和声音互动共同表征的多模态隐喻。隐喻现象在人类语言中普遍存在，也是人类基本的认知工具。在广告语言中，隐喻更是无处不在，成为有效的交际手段。众所

图 5　一则禁烟宣传广告[①]

---

① http://image.baidu.com/i?ct=201326592&cl=2&lm=-1&st=-1&tn=baiduimage &istype=2&fm=index&pv=&z=0&word=%D7%D4%CE%C7%D7%D4%D8%D8&s=0.

周知，广告的目的是宣传产品，在宣传时一则广告往往会受到多种条件的限制，因此简洁、明晰便成了广告创作的一项重要原则。由于广告作品在刊播时受到媒介的时间或空间的条件限制，为了力求用最简单的措辞、最明了的画面、最吸引人的表达来突出诉求重点，来表达发布者的意图，创作者往往运用隐喻来达到这一目的。例如，图5的禁烟宣传广告"自吻，自刎！"就很好地利用了文字和图片两种模态来表达一种意义：抽烟等于（慢性）自杀。

隐喻是借此物来表达他物的强有力的手段。为了栩栩如生地表现他告内容，广告创作者们不仅利用语言，而且还利用图像和声音等其他手段来隐喻地突显主题，建构多模态的广告隐喻。例如在《多模态隐喻》中，Rosario Caballero（2009）的《感觉相交：品酒辞与葡萄酒在视听推销中的意象（Cutting across the senses: imagery in winespeak and audiovisual promotion）》[16]的论文，以从专业期刊中收集的有关品酒的12 000条语料中的部分品酒辞，和西班牙与法国视频广告中的葡萄酒的意象为研究对象，分析了人们是如何大量使用转喻、明喻和隐喻等修辞手段，来表达葡萄酒的两个最重要的、却又无法直接用语言表征的特性——芳香和味道。在给西班牙"Torre Muga"酒做的广告宣传画中，画面除了三瓶葡萄酒外还加了文字说明"新一代（THE LATEST GENERATION）"，创作者以"酒是人（WINES ARE PEOPLE）"的概念隐喻来体现"Torre Muga"酒的历史传承与创新。在另一则给西班牙"Montecillo"酒做的广告中，创作者将一瓶"Montecillo"酒用毛巾包裹着放在婴儿做的藤椅里，画中解说词为："有了葡萄酒，生活就是不一样。只有在地窖中的橡木桶里成长，你才算出身高贵"。这一拟人化的隐喻表述表现了创作者利用概念隐喻"酒是婴儿（Wine is baby）"的隐喻创作意图。

於宁（2009）[17]对中国中央电视台一则教育公益广告"心有多大，舞台就有多大"中的隐喻与转喻的非语言和多模态表现方式也做过深层次的分析。这也是一则集视觉、听觉和文字为一体的多模态隐喻，是在特定文化背景下，由多个相互依存的概念隐喻在不同层面加以整合而构成的复杂隐喻。在纯语言层面，学界对于概念隐喻"人生是一场旅行（LIFE IS A JOURNEY）"和"人生是一个舞台（LIFE IS A STAGE）"已经有了广泛的讨论。然而，对这一概念隐喻的其他模态的研究则仅仅是个开端。分析结果表明，凭借电视广告的视觉特性，隐喻的具身性可以普遍地为世界各地的观众所接受，因为整合了的概念隐喻，只有通过多模态的综合表现，才可让电视观众充分理解。

3.2 时政漫画中的多模态隐喻

时政漫画是不同于广告的语类文本，如果说广告是以正面的、褒奖的方式来宣传其产品或服务，那么时政漫画则是以负面的、批评的方式来嘲讽人物或事件的宣传方式，它是现实世界与虚拟世界，视觉与文字的统一。在分析隐喻的多重模态时，文字隐喻和图像隐喻常被误认为属于不同的知识域，解读时需要不同的认知策略的两种心理加工过程。而Francisco Yus（2009）[18] 在"图像隐喻与文字隐喻：统一的描述"中指出，文字隐喻、图像隐喻以及二者结合的多模态隐喻根植于相同的认知机制，都可以追溯到概念隐喻，尽管语言解码不同于图像感知，但是两者的心理加工过程没有本质的区别。他根据 Sperber 和 Wilson 的"关联理论"（1995）[19]，以及 Fodor 的"心智模块化理论"（1983）[20]，解读了西班牙艺术家 El Roto 的一些时政漫画中的隐喻，证明了无论该隐喻是以文字还是以图像的模式呈现，其理解都要通过专门的心理模块解码来完成，这种解码依赖于专门概念的构建，以及由专门概念引发的"突现特性"。

多模态隐喻在时政漫画中的应用十分广泛，因为它可以形象地、清晰地再现漫画作者的意图。例如，图 6 左边的动物是一头犀牛，其上方的文字说明其所在的位置是南非，中间是一只中国西部的大熊猫，右边则是一只中东的鸽子。写有"濒危物种"字样的标签将三个意象串联在一起，表明三者的共同点在于此。

图 6 《基督教科学箴言报》(Clay Bennett)

众所周知，鸽子不同于犀牛和大熊猫，既算不上是濒危物种，也并非中东所特有。由于口衔橄榄枝的鸽子经常被用来象征和平，因此作者将三者放在一起的意图便不难理解，即表明中东和平就像南非犀牛和中国大熊猫，它们的存在都受到巨大威胁，漫画的概念隐喻则是中东和平就像濒危物种。

又如，图 7 漫画体现的主题是"盲目建房是海中的巨浪"。图中，冲浪者遇到了巨浪，但巨浪不是由水构成，而是由建筑物构成。结合2003 年西班牙的社会现实，建房热潮（the construction wave or construction bubble）就像巨浪对冲浪选手造成的威胁一样，会给人们的生活带来不利影响。这个隐喻的本体（建房热潮）和喻体（巨浪）同时再现于卡通画中，通过观察图片和文字注释，根据百科知识，人们很容易就能清楚地理解漫画的深层含义，即盲目建房的巨大危害。因此，这个多模态隐喻既可以通过话语，也可以通过图片隐喻真实地、清晰地表现画者的交际意图。[18]

图 7 建房热浪（El Roto）[①]

Joost Schilperoord 和 Alfons Maes（2009）[21] 对时政漫画中，图像隐喻的概念化问题作了研究。他们通过对自己建立的时政漫画语料库的分析得出，时政漫画中的视觉隐喻理解涉及图式推理和分类推理这两种认知策略。认知图式一般用于识解隐喻的始源域到目标域的映射，而要判断其中蕴含的批判性立场，则需要对其始源域作进一步的范畴化理解。范畴化理解与所谓的诊断原则和 Ortony（1979）[22] 提出的隐喻理解的突显不平衡理论是一致的。简言之，就是两域映射的属性中有些具有高诊断价值（diagnostic value），有些具有低诊断价值，在特定语境下，高诊断价值的那些属性得到突显，读者正是依据这些突显的属性，来判断时政漫画的立场。

3.3 连环动漫中的多模态隐喻

连环动漫又是另一语类：它既与图片有相似之处，但又不同于图

---

① 引自 Forceville C. J., and Urios-Aparisi E. (Eds). *Multimodel Metaphor*. Berlin: Mouton de Gruyter. 2009:160。

片，因为它是动态的图片；它和电影语类也有相同之处，但相比于电影，它是虚拟的。因此它更夸张，更奔放。像《米老鼠和唐老鸭》《喜羊羊与灰太狼》等动画片充满了这样的多模态隐喻表现。

过去 10 年对视觉隐喻和多模态隐喻的研究，大都集中于创造性隐喻（creative metaphors），而 Bart Eerden 的 "《阿斯泰利克斯历险记》（后文简称《阿》）中的愤怒：动画片中的愤怒隐喻表征" 则以跨文化的视角将关注的焦点拓展到结构隐喻（structural metaphor）。他不仅将自己对连环画《阿》中愤怒视觉隐喻的研究与 Charles Forceville（2005）[23] 研究结果进行对照，而且对基于连环画制作的两部动画片《阿》中的愤怒情绪的隐喻表达也予以了剖析。他探讨了文字和动画这两种不同的情绪表达方式，尤其是详细论述了七类表达愤怒情绪的图案。

同样以 Charles Forceville（2005，2009）[15,23] 的情绪隐喻研究框架为基础，Kazuko Shinohara 和 Yoshihiro Matsunaka（2009）[24] 的 "日本漫画中的图片情绪隐喻" 在分析愤怒、开心、喜爱、焦虑、惊奇和失望等多种情绪的隐喻表达之后得出，概念隐喻（例："愤怒是容器中的热液体"）既可以用文字模态表达，也可以用图像模态表达，尽管两种模态具有不同的表现特征，但是它们的基本概念映射没有本质的区别。因此隐喻是概念和认知问题，并非仅仅局限在语言范畴内。

3.4 音乐中的多模态隐喻

音乐中的多模态隐喻指的是音乐主旋律和伴奏声音所表征的隐喻。Lawrence M. Zbikowski（2009）[25] 的 "音乐、语言与多模态隐喻" 和 Charles Forceville（2009）[15] 的 "非语言声音与音乐在多模态隐喻中的作用" 分别考察了音乐和语言之间跨域映射过程中形成的多模态隐喻。Zbikowski 论证了语言和音乐元素在多模态隐喻的意义建构中的不同功能，认为语言的首要功能在于，将他人的注意力吸引到共同的认知框架内的特定事物或概念上，而音乐则可以细微地传达出人类体验的动态过程。Forceville 重点阐释了非语言声音和音乐在隐喻解读中的功能。他在对包含多模态隐喻的五则广告和五部影视作品片段进行分析之后指出：对非语言隐喻而言，隐喻本体和喻体之间的映射关系以共时性为基础，需要视觉或听觉事件同时发生；非语言声音与音乐在隐喻中的作用主要是在图像和文字信息的辅助下暗示隐喻从始源域向目标域的映射。

音乐有四个基本元素：节奏、旋律、和声和音色。作曲家可以不借助语言而凭借这些音乐元素来构建隐喻。例如，贝多芬的钢琴曲《命运交响曲》就是一个典型的代表。乐曲共有四个乐章，分别是：

第一乐章，快板，2/4拍，C小调，奏鸣曲式。

第二乐章，行板，3/8拍，A大调，自由的变奏曲式。

第三乐章，快板，3/4拍，C小调，谐谑曲，三部曲式。

第四乐章，快板，4/4拍，C大调，奏鸣曲式。

第一乐章展示了一幅斗争的场面，是全曲的缩影。乐曲一开始就开门见山，那四声强有力的富有动力性的音符，几乎让每个人只要一听到它就会永远无法忘却。

尽管这一段音乐作者用敲门声来表现，但这些敲门声并非仅仅是对真实的敲门声的模仿或再现，它所表现的是贝多芬称之为"命运"之神在叩门的声音，其音响威严而顽强，鲜明的力度对比、紧张的和声发展在活跃地进行着，震慑而经典，营造出一种惊慌不安的情绪，直奔"命运在敲门"的主题。命运是一个抽象概念，贝多芬用了一个非常具体的敲门声来表现，本身就是一种非常典型的单模态音乐隐喻。这里敲门声是源域，命运是目标域，源域向目标域的映射使人们想象着命运之神敲打心灵的情景。接下来的三个乐章又通过不同的旋律和节拍分别表达了向往未来、艰苦搏斗和欢颂胜利的生命场景。

3.5　电影中的多模态隐喻

电影中的多模态隐喻是显而易见的。20 世纪 20 年代以前很少有对电影理论中隐喻的系统研究。根据经典电影理论，观众可以通过叠化画面、口头形象、蒙太奇、电影艺术以及表层无定形态特征等五种不同的形式来识别电影隐喻。Mats Rohdin（2009）[26] 的"20 世纪 20 年代至 50 年代间经典电影理论中的多模态隐喻"对电影艺术中的这五类隐喻识别方法分别举例加以论证。他提出，形式标准不足以涵盖丰富多样的多模态隐喻，从始源域到目标域之间的映射可以建立在文化内涵和语境特征之上。他还发现，很多电影隐喻都可归于"人是动物（HUMAN IS ANIMAL）"这一概念隐喻。人们可以从电影隐喻中获得额外的意义，因为电影中的视觉造型不仅能够创造引用其他影片的互文参照，还能创造源于日常生活的熟悉现象。此外，出人意料的是，无声电影有特别丰富的文字—图片多模态隐喻，这主要得益于无声电影中小标题的创造性使用。Gunnar Theodór Eggertddon 和 Charles Forceville（2009）[27] 分析了三部恐怖电影中的多模态隐喻，从对恐怖影片中的概念隐喻"人类受害者是动物"的这一多模态表达中，发现了"人类受害者是动物"这一概念隐喻在恐怖电影中占了很大的比重，是恐怖片一个典型的"隐喻场境"。

3.6　口语伴随手势的多模态隐喻

手势也是多模态隐喻的表征方式之一。手势可以有效地表达隐喻所指，例如，说"山腰"时可以用叉腰的手势，这就是手势的隐喻性。《隐喻与手势》[28] 是认知语言学界关于隐喻与手势研究的论文集，它以跨学科和多模态视角实现了隐喻研究描述和解释方法上的突破。

手势和话语相结合可以生动、形象地再现、说明抽象概念，特别在语言教学中，手势和话语的多模态隐喻可以使语法概念通俗易懂、清楚明了。如图 8 所示，根据生成语法，教师用树形图讲解句子结构，在讲解时，她采用隐喻形式——句子结构就是树形，同时又使用手势来模仿树形，从而将这个隐喻的本体（句子结构）和喻体（树形）同时呈现于不同的模态中，形成一个多模态隐喻。通过这个口语伴随手势的多模态隐喻——话语隐喻辅助手势隐喻，教师可以有效地说明句子的树形结构，使课堂生动有趣。[29]

图 8　句子结构如树的枝干

Irene Mittelberg 和 Linda R. Waugh（2009）[29]认为，手势和语言协同表征的多模态隐喻具有符号学的特质，因此他们从认知符号学的角度考察了学术话语中伴随手势的多模态隐喻。Cornelia Müller 和 Alan Cienki（2009）[30]则通过语言、手势及其他方式来考查多模态隐喻在口语中的表达形式。他们认为，口语交际中的多模态隐喻是说话者和听话者，或者手势发出者与接收者共同动态地创造隐喻性的产物。他们的结论支持了 Lakoff 和 Johnson 提出的人类思维具有隐喻性，隐喻性不依赖于表征模式而独立存在的观点。

以上各类多模态隐喻，充分说明隐喻认知绝非仅仅停留在语言层面，所有模态均对应于人的接收信息的感觉通道，如视觉通道、听觉通道、触觉通道、嗅觉通道和味觉通道。各种模态在特定形式的隐喻中缺一不可，即缺少某一模态，就会破坏该隐喻的整体性和形象性。有的感觉通道并不一定直接接收隐喻信息，但在其他感觉通道接收的信息刺激下，也参与隐喻信息的传递与加工，从而在大脑统一的认知框架下整合成一个集成概念。

4　隐喻认知的大脑心智集成

尽管隐喻可以由多种模态来表现，但是这些隐喻的生成、储存、识别、匹配（映射）、整合、提取等过程都在人脑的神经网络中进行。无论用什么模态来创造隐喻，隐喻不管是从哪个感觉通道进入大脑，隐喻的生成与理解都是大脑根据各方信息汇集合成的产物。人脑是人类认知的物质基础，无论隐喻以怎样的模态呈现，它们归根结底都由人的感觉通道输入到大脑这一认知母体中，在大脑神经网络中加工整合，让其成为人们可以认识的集成概念。

4.1　隐喻认知的神经网络

那么，神经网络模型是如何表征概念的呢？联结主义者认为，每个概念都由一组相互连接的神经元来表征，而且这组神经元又与很多其他神经元组相互连接，以表征这个概念的不同方面[31]。他们以水果概念为例，来阐释神经元网络是如何表征水果概念的。表1中的第一排序号代表五个神经元，这五个神经元构成的网络用于表征水果概念。表格左边的第一列，是每个水果概念的清单。表格内的"0"和"1"分别代表神经元的激活或抑制状态。由于每个水果概念都与神经元簇的一种特定的神经元激活类型相对应，所以香蕉概念就用神经元激活类型10010来表征，葡萄概念就用神经元激活类型11001来表征，依此类推。意思是说，在五个神经元中，如果1号和4号神经元激活，那么我们就激活了香蕉这个概念。见表1。

表 1　水果概念——神经网络

神经元序号	1	2	3	4	5
香蕉概念	1	0	0	1	0
葡萄概念	1	1	0	0	1
苹果概念	1	0	0	0	1
香梨概念	1	1	0	0	1
西瓜概念	1	0	1	0	1

　　但是，如果我们要分析隐喻生成所涉及的两个概念域之间的互动关系，我们就必须要考虑一个神经网络与另一个神经网络是如何建立联系的，考虑这两个神经网络连接后怎样在意义上建立层创结构，考虑喻体的哪些特征会在神经网络中得到激活并投射到木休之上。Schnitzer & Pedreira（2005）[31] 以水果概念神经网络和水果名称神经网络的相互激活为例，来解释为什么当我们想起一种水果的时候，会想到它的名字。为简便起见，这里只选取了香蕉这个水果概念。假设有四个神经元共同组成了一个神经网络以表征水果的名称，它们与水果概念神经元的连接强度见表2：

表 2　水果概念神经元与水果名称神经元的连接强度

神经元序号	1	2	3	4	5
香蕉概念	1	0	0	1	0
与水果名称网络中 1 号神经元的连接强度	0.1	0.2	0.3	0.4	0.2
与水果名称网络中 2 号神经元的连接强度	0.3	0.2	0.1	0.1	0.1
与水果名称网络中 3 号神经元的连接强度	0.1	0.3	0.1	0.4	0.2
与水果名称网络中 4 号神经元的连接强度	0.2	0.1	0.2	0.2	0.2

根据表 2 可知，已知香蕉概念的表征是水果概念神经元网络中，1 号、4 号神经元激活，那么 2 号、3 号和 5 号神经元就不参与香蕉概念网络与水果名称网络的连接。下面我们就提取水果概念神经元网络中的 1 号、4 号神经元与水果名称网络的连接关系为例。

表 3　香蕉概念网络与水果名称神经元的连接

	BNC1	BNC4	阈限值
FNN1 连接强度	0.1	0.4	0.4
FNN2 连接强度	0.3	0.1	0.5
FNN3 连接强度	0.1	0.4	0.5
FNN4 连接强度	0.2	0.2	0.6

注：BNC——代表香蕉概念神经元；FNN——代表水果名称神经元（下同）。

表 3 中，第 2 列、第 3 列的数据来自表 2，第 3 列数据是各水果名称神经元的激活阈限值。现在假定，神经元 BNC1 和 BNC4 输出刺激的强度均为 1，那么我们就可以得到水果名称神经元网络的相应激活模式。见表 4 所示：

表 4　香蕉概念在水果名称神经元网络中的相应激活模式

	BNC1	BNC4	总和	阈限值	神经元激活
FNN1 连接强度	0.1	0.4	0.5	0.4	1
FNN2 连接强度	0.3	0.1	0.4	0.5	0
FNN3 连接强度	0.1	0.4	0.5	0.5	1
FNN4 连接强度	0.2	0.2	0.4	0.6	0

表 4 中，第 3 列是水果名称各神经元所接收到的刺激总和。当这个总和大于或等于相应神经元的阈限值时，该神经元就被激活，否则就处于抑制状态。那么我们就可以看到，香蕉概念在水果名称神经元网络中的相应激活模式为：1010。也就是说，当香蕉概念被激活，并对水果名

称神经元网络输出强度为 1 的刺激时，水果名称神经元网络中的 1 号和 3 号神经元被激活，2 号和 4 号神经元被抑制，那么我们就会想起香蕉的名称。虽然这是一个非常简单和粗略的模拟，但是我们可以从中大致了解两个概念域之间在神经元水平上是如何互动的。

从联结主义角度看，隐喻生成过程中，隐喻表达引导了解喻者在两个原来都已存在但彼此分离的神经元网络之间建立起了连接，从而实现在一个概念域的基础上引入另一个概念域。当然，隐喻理解与一般的范畴归属判断在神经网络的活动上会有所不同。例如，在"牛是哺乳动物"这个范畴归属判断中，哺乳动物的概念网络可以全部激活；而"律师是狐狸"这样一个隐喻加工中，狐狸的概念网络只是局部被激活，其他部分被抑制。"狐狸"一词的词典定义是"哺乳动物，外形略像狼，面部较长，耳朵二角形，尾巴长，毛通常亦黄色。性狡猾多疑，昼伏夜出，吃野鼠、鸟类、家禽等。"[①]在"律师是狐狸"这一隐喻中，喻体"狐狸"所拥有的这么多特性中，只有"狡猾"这一特性被映射到了本体"律师"身上，即只有跟"狡猾"意义有关的神经元的激活数量达到了阈值，并连接到"律师"的概念域中，生成一个新的有关律师的特性，使认知主体对该隐喻作出了"律师像狐狸那样狡猾"的解释。从中我们看到了隐喻认知是建立在大脑神经元活动的基础上进行的。

4.2　隐喻加工的全脑总动员

不同模态的隐喻会通过不同的感觉通道进入到大脑相关区域进行加工。但是，哪些是隐喻加工的相关区域？在过去几十年里，科学家为了寻求不同于本义理解的隐喻理解神经机制，进行了大量的本义加工与非本义加工的半球片侧化研究。人们似乎已经达成了共识：右脑在加工比喻性语言（包括隐喻）时起到了特殊作用。然而，随着这一领域的研究的深入，这一观点也遭遇到了越来越多的冲击。对于隐喻信息的大脑

---

① 引自《现代汉语词典》，北京：商务印书馆，2006:574。

加工定位，各路专家众说纷纭，但根据 ERP、fMRI 等脑成像实验和对大脑损伤患者或正常人对隐喻理解的研究情况看，研究者对于隐喻认知的大脑神经机制在脑区分布上主要存在着"右脑说"、"左脑说"和"全脑说"。

4.2.1　右脑说

右脑说认为，大脑右半球在加工非本义语言与复杂语言形式，如幽默、反语、讽刺、隐喻和谚语时起到了主要作用[32-34]。就隐喻而言，右脑说指的是解释隐喻加工的"右半球理论"[35,36]。

右脑说对非本义语言加工的贡献基于临床观察，观察发现右脑损伤病人对于抽象语言认知具有微妙的，但不可否认的困难[37]。右脑损伤可以导致诸如话语反常、会话管理等语用技能方面的缺失，也会导致对于诸如隐喻和幽默等非本义语言的理解困难[38-41]。例如，Winner 和 Gardner（1977）[42] 比较了左右脑损伤患者的隐喻理解能力。他们的测试包括 18 个隐喻句，每一句子有四张图片对应，主试让被试根据这些隐喻句的意义挑选相应的图片。他们报告说，右脑损伤患者比左脑损伤患者在把隐喻句跟图片配对时有更大的困难。例如：他们会把 Sometimes you have to give someone a hand（有时你必须帮别人一把）与"大盘上放着的一只手"的图片对应。

他们的研究方法迅速为许多后来研究者所仿造，用以研究其他患者左脑或右脑的局部损伤对隐喻语言理解造成的影响。Brownell 等人发现[43-47]，一些左脑损伤患者对形容词（例如：冷漠）的隐喻意义显示出存留的理解能力，而右脑损伤患者更倾向于以字面意义来理解同样的形容词。与左脑失语症患者不同，大多数右脑损伤患者的基本语言产出能力与理解能力完好无缺，然而，他们对习语的理解经常表现为过度的字面化[48]。

Anaki 等人（1998）[49] 的一项早期分半视野（divided visual field）研究也支持右脑理解隐喻的理论。主试先向被试呈现主词，然后要求被试对于在他们左视野或右视野所呈现的词汇作出判断。目标词或本义或隐喻地对应于主词。对应于右脑（RH）的左视野的（LVF）加工时间优势（快于总体反应时）呈现在相关的隐喻词上，表现出加工隐喻词的右脑优势。

Faust 和 Mashal（2007）[50] 的实验也是一项视野研究，他们探讨了右脑在加工新隐喻词汇意义的作用时，得到了相同的结果。他们的刺激材料包括四种语义关系的词对（例如：本义、传统隐喻、新颖隐喻与无关词汇）。他们的研究结果显示，对新颖隐喻目标词汇的反应呈现出对应于右脑的左视野优势，左视野比右视野（对应于左脑）对新颖隐喻表达反应更快、更准确。这一结果支持右脑对于加工新颖隐喻词汇意义具有优势的观点。

除了对于脑损伤患者的研究以及分半视野的研究，一些神经成像研究也支持隐喻理解的右脑优势的观点。Bottini 等人（1994）[51] 的 PET 研究具有相当的影响力，它同样支持隐喻理解时右脑的重要作用的观点。在这一研究中，被试需要判断所给的本义句是合理的 *The boy used stones as paperweights*（男孩用石头作压纸器），或是不合理的 *The lady has a bucket as a walking stick*（女士有一个水桶作拐杖）。在隐喻条件下，被试需要判断所给的隐喻是可理解的 *The old man had a head full of dead leaves*（这位老人头上枯叶丛生）①，或是不可理解的 *The investors were trams*（这些投资者是有轨电车）。该项研究显示，在理解与本义句相关的、具有相同结构的隐喻句时，右脑的前额皮质、颞中回、楔前叶、后扣带回等脑区呈现出血流量的增加。研究还显示，右脑损伤患者对于口头范式的隐喻义理解有困难。Sotillo 等人（2005）[52] 运用 ERP 方法来研究隐喻理解，他们的研究也显示，涉及隐喻理解的神经基质与涉及本义理解的神经基质是不同的，除了左脑理解本义外，右脑在理解隐喻时发挥了关键作用。

---

① 指他头发乱糟糟的。汉语中有一种对应说法：他的头像鸡窝。

4.2.2　左脑说

然而，新近的研究对右脑说的理论提出了挑战。一些关于脑损患者的隐喻加工研究揭示，右脑损伤患者仍保留着理解短语隐喻的能力[53-55]。例如：在 Giora 等人（2000）[54] 的研究中，采用了大样本——27 位右脑损伤患者，31 位左脑损伤患者，21 位年龄匹配对照组的正常被试——进行实验。他们给被试呈现传统的短语隐喻（如，broken heart（破碎的心灵）），和无合理意义的本义短语，然后要求他们提供口头言辞解释。结果发现，左脑损伤患者比右脑损伤患者和年龄匹配对照组在用希伯来语解释短语隐喻时有更大、更显著的困难。左脑的损伤程度，而非右半球，与口头解释隐喻意义的表现相关。右脑损伤患者所保留的正确理解隐喻的能力与口头解释隐喻意义的能力表明，左脑有正确加工短语隐喻的能力。

一些 fMRI 理解隐喻词汇的实验研究结果也存在着相悖之处。其中有一个 fMRI 实验发现了右脑优势[56]，而另一个 fMRI 实验却没有发现这种优势[57]。事实上，现已有一大批对于隐喻理解的神经活动模式的 fMRI 研究（包括词汇层面、句法层面和语篇层面的隐喻表达的研究）表明，左脑参与了隐喻理解。例如 Shibataa 等人（2007）[58] 的探索日语判断句的神经机制的研究结果表明，在被试对照本义句阅读隐喻句时，左内侧回（MeFC）、左额上回（SFC）和左额下回（IFC）都有激活，这一实验结果了支持左脑说。

一些研究者就实验结果的矛盾性提出了自己的见解，从先前的研究，如 Bottini 等人（1994）[51] 的实验研究中，得出的隐喻理解右脑优势的结果，也许是因为似真性任务的句子具有不同难度，或是因为任务的复杂性造成的[59]。因此，Rapp 等人（2004）[60] 作了一个追踪研究，研究中他们给本义句和隐喻句的任务难度做完全配对。他们的刺激材料包括 60 句新隐喻句和 20 句本义句，一律用"A 是 B"的结构。这样，他们的实验发现，阅读隐喻句激活了左额下回 （BA 45 与 47）、 左颞下回（BA 19 和 20）、和颞后 / 中 / 下回（BA 37）等脑区的信号变化，显示了左脑对于隐喻加工的更多的激活，而且他们没有发现右脑优先激活的证据。以上结果全部反驳了右脑在通达隐喻词汇意义中的优先选择作用。

4.2.3　全脑说

第三种观点是全脑说。这种观点认为，隐喻理解在左右半脑间没有严格的二分系统。一些分半视野研究表明，左右半脑都具有加工隐喻意义的能力[35, 61-66]。

Spence 等人（1990）[61] 的半侧视野研究（hemifield study）追踪调查了 Gardner 和 Brownell "右脑交际蓄电池"研究中的四个动了连合部切开术的患者的表现，该研究包含 11 个子测验，用来测试以下四部分内容：幽默、情绪、非本义语言、整合过程。除了口头隐喻理解外，这四个患者在所有的测试任务中的表现整体都显著低于正常人。

"右脑交际蓄电池"的研究同样受到了 Zaidel 等人（2002）[62] 的对右脑损伤患者和左脑损伤患者的检验。他们的报告同样表明，当视觉空间和语言障碍因素得到控制时，左右脑损伤患者在隐喻理解测试中的表现没有明显差异。

Faust 等（2000）[63] 和 Gagnon 等人（2003）[64] 调查了在理解隐喻词汇意义中的左右脑不对称现象，前者的调查带句子语境，后者的调查不带句子语境。这两项研究都显示，左脑和右脑一样，都在加工非字面语言方面起了作用。

Kacinik 和 Chiarello（2007）[65] 进行了两项分半视野启动效应实验来调查理解受不同句子约束的隐喻时的左右脑不对称性。在大多数实验条件下，左右两边视野均发现相似的本义与隐喻启动效应。然而，右脑加工过程还保留着隐喻表达加工之后，在句子层面与隐喻不一致的本义加工的激活。这些结果表明，左右两半球的加工过程均可支持隐喻理解，尽管这些加工过程并非通过相同的机制。左半球可以利用句子约束来挑选和整合那些只是与语境相关的本义与隐喻义，而右半球可能对句子语境不太敏感，则可保留某些替换理解的激活。

在一项将半侧视野启动范式与 ERP 方法结合的研究中，Coulson 和 van Petten（2007）[35] 运用 ERP 技术记录了健康成人阅读有一个词在侧面呈现的英语句子，这个词在所给句子中或者是用于本义，或者是用于隐喻义。他们的结论是：ERP 实验得出的隐喻性效果与半侧视野研究得出的隐喻性效果非常相似，这一点表明左右两半球都担负着相似的隐喻意义整合任务，这一观点与隐喻加工的右脑说理论的预言恰恰相反。左右两侧大脑均参与习语理解的结论也见诸于 Proverbio 等人（2009）[67] 相似任务的研究。

整个大脑都参与了隐喻理解的观点还得到了一些来自于 fMRI 研究结论的支持。Rapp 等人（2007）[36] 调查了德语本义或隐喻的句子对（sentence pairs）加工过程，结果发现本义与隐喻刺激在半球优势上没有显示出显著差异。

Ahrens 等人（2007）[59] 作了一个组块设计（block design）的 fMRI 实验，以默读作为实验任务。他们的刺激材料是每句含 11~12 字的汉语句子，但句法结构不同。他们发现，意义反常的隐喻句（如：*Their capital has a lot of rhythm.* 他们的首都有很多节奏）所增加的被试双侧脑区激活与本义句（如：*He studied in the library the whole day.* 他整天在图书馆里学习）以及传统隐喻句（如：*The framework of this theory is very loose.* 这个理论的框架很松散）的激活相关。

笔者认为，各方学者在做实验时，因为文化背景不同、实验任务不同、实验目的不同、所用语料难度不同、被试背景不同，以及其他各种不同的因素造成了不同的实验结果。但是他们的实验结果从不同的侧面反映了人类隐喻认知的过程：（1）隐喻理解，特别是对于新隐喻的理解，是一种创造性的思维过程，因此涉及右脑加工就不足为奇了；（2）隐喻的熟悉度对隐喻加工产生直接影响，人们对于熟悉程度高且已经概念化的隐喻理解，即对死隐喻或传统隐喻的理解，时程短且耗力小，因此理解此类隐喻与理解一般字面意义应该比较接近，在相同的脑区进行加工的可能性也较大；（3）隐喻理解非常依赖语境，在有相关语境的条件下，隐喻理解更加容易。[68] 不管怎样，大脑信息加工是一个复杂的过程，隐喻理解更是如此，它没有完全对应的某个加工区域，它不是某一个脑区可以单独完成的，也许某些脑区对于某些认知承担更多的加工任务而已，它需要全脑的配合，进行全脑总动员，才能确保正确而又迅速地加工隐喻信息。

4.3　隐喻概念的集成

　　人们对客观世界的认识是人们在对外界事物的接触过程中通过感觉通道，即视觉通道、听觉通道、触觉通道、嗅觉通道和味觉通道，输入到大脑。因为输入的通道不同，人们对某一概念的体验就不同。通过这些体验，人们部分地了解了某一事物的部分特征，然后在大脑中将这些体验集成一个对这一事物完整的概念。

　　以对"西湖醋鱼"这一概念的认知为例。人们通过视觉通道体验"西湖醋鱼"的色，通过嗅觉通道体验它的香，通过味觉通道体验它的味，通过听觉（或视觉）通道体验它的名，通过触觉通道接触它的实体。这些体验最后在大脑中汇集成一个完整的对"西湖醋鱼"这一语言表达相对应的概念。反之，当我们的头脑里储存了这一概念之后，当我们提到"西湖醋鱼"这道菜时，我们不仅调动了听觉通道或视觉通道体会这一概念，这一语言表达还触发了触觉通道、嗅觉通道和味觉通道对这一概念的想象和体验。

　　再如，概念"狗"可以和许多不同感觉信息连接，包括狗的形状（视觉）、狗叫（听觉）、狗的体味（嗅觉）、狗的皮毛（触觉）等。当然，"狗"这一概念还可以和相应"狗"这一语词的语音（发音器官）和文字（手、眼等运动部位）相连。

　　图9所示的神经局部网络是学习后的有经验网络。如果听觉叫声输入，并激活概念"狗"，从概念出发，激活又可以延伸到其他一些特征

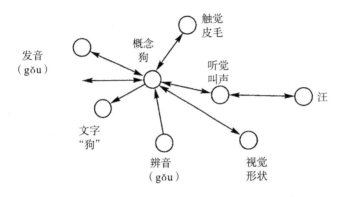

图9 "狗"的连接关系网络（局部）①

（如触觉、视觉等特征）或延伸到文字、语音。当然，其他的特征以及相应的文字、语音也能激活"狗"概念，并从概念延伸到其他特征，这些操作必须以双向的激活延伸为基础。[10]

我们再以达尔文的著作《物种起源》（*The Origin of Species, 1958/ 1993*）[69]的隐喻表述为例，看分散在不同地方的隐喻表述是怎样被整合到全书的概念隐喻（"自然是母亲（*Nature is a mother*）"）之上的。我们在阅读该书时，可以体会到全书充满着隐喻性的描述。Al-Zahrani（2008）[70]对这些描述进行了深入的探讨后发现：达尔文的自然选择理论是在一个隐喻体系中表达的，而且这一隐喻体系前后表现出惊人的一致与连贯。由于很难用经验的方法来探究，达尔文便试图以大规模的、不确定的、含混的观察来探索生物进化的基本机制。这样的研究方法激发了达尔文广泛地应用隐喻来组织观察，构建模糊概念，并最终使他的观察意义突显，明白易懂。作为"理想化的认知模型（Idealized Cognitive Models）"元素，达尔文的隐喻应用表现出了隐喻在达到目的方面的价值。他所用的概念隐喻包括："自然是母亲（NATURE IS A MOTHER）"，"自然是饲养员（NATURE IS A BREEDER）"，"生命是战争（LIFE IS WAR）"，"生命是竞争（LIFE IS A RACE）"，"进化是进步（EVOLUTION

---

① 程琪龙.认知语言学概论.北京：外语教学与研究出版社.2001:79。

IS PROGRESS）"。其中，"自然是母亲"是所有其他所有概念的基础。

Al-Zahrani（2008）[70]认为，《物种起源》中第一层级的概念隐喻为"饲养员是母亲（THE BREEDEER IS A MOTHER）"，第二层级的概念隐喻为"自然是饲养员（NATURE IS A BREEDDER）"，通过推理可得出第三层级的概念隐喻"自然是母亲（NATURE IS A MOTHER）"，以下为推断式：

饲养员 = X

母亲 = Y

自然 = Z

如果 X 是 Y，Z 是 X

那么，Z 是 Y。

"母亲"这一概念属于"簇模型（cluster model）"，它基于一个复杂模型。这个复杂模型连接着许多个体认知模型，形成了一个"簇模型"。概念隐喻"自然是母亲"创造了始源域和目标域之间的相似性，产生了可推性，并且提供了具有一致性的隐喻格式塔。以下是推断式：

概念隐喻"自然是母亲"：

由"母亲生孩子"推出"自然孕育新物种[69]"。

由"母亲为了改善自己的孩子，为了他们的利益而工作"推出"自然以改进每一生物的方式在运作[69]"。

由"母亲不会故意伤害孩子"推出"自然永远不会在某个生物中创建有害于该生物的结构"[69]。

由"母亲会在无意中伤害孩子"推出"自然可能建构过于专门化和'组织规模退化'等发展模式[69]，但是总的特性是在势不可挡地向更好的方向发展"。

根据 Al-Zahrani（2008）[70]，语言范畴化是人类适应客观世界的第一顺序认知，但仅仅靠这一手段是不够的，有时是效率低下的，因此，第二顺序——隐喻映射便显示出其必要性。他认为概念隐喻是绝大多数隐喻表达的基础，并证明这些概念隐喻，对达尔文理论的核心思想所引发的衍推和推论所用的隐喻表达所起的作用。

总之，隐喻认知的衍推和推论的过程，是一个隐喻概念的大脑心智整合集成过程，它的物质基础是大脑神经网络中代表各个概念的神经元连接，心智基础是在概念隐喻之上的不同概念域的映射与整合，最后全脑相关区域汇总所有文字和图式的信息，拼合成一个隐喻认知总图。

参考文献

[1] Lakoff, G., & Johnson, M. (1980). *Metaphors We Live By*. Chicago: The University of Chicago Press.

[2] Fauconnier, G., & Turner, M. (2006). Rethinking Metaphor. In R., Gibbs (Eds.), *Cambridge Handbook of Metaphor and Thought*. Cambridge, Eng.: Cambridge University Press.

[3] Fauconnier, G., & Turner, M. (1998). Conceptual integration networks. *Cognitive Science, 22*, 133—187.

[4] Fauconnier, G., & Turner, M. (1994). Conceptual Projection and Middle Spaces. *Cognitive Science Report*, 9401.

[5] Fauconnier, G., & Turner, M. (1996). Blending as a Central Process of Grammar. In A., Goldberg (Eds.), *Conceptual Structure and Discourse, and Language*. Stanford: CSLI Publications.

[6] Fauconnier, G. & Turner, M. (2008). Rethinking Metaphor. In R., Gibbs, (Eds.), *Cambridge Handbook of Metaphor and Thought*. US: Cambridge University Press.

[7] Rumelhert, D. E., Mcclelland, J. L., & the PDP Research Group. (1986). *Parallel distributed processing*. Cambridge, MA: The MIT Press.

[8] 葛鲁嘉 . (1994). 联结主义 : 认知过程的新解释和认知科学的新发 . 心理科学 , 17, 237—241.

[9] 孙久荣 . (2001). 脑科学导论 . 北京 : 北京大学出版社 .

[10] 程琪龙 . (2001). 认知语言学概论 . 北京 : 外语教学与研究出版社 .

[11] 王益文，张文新 . (2001). 联结主义神经网络及其在心理学中的应用 . 心理学 动态 , 9, 368—375.

[12] 朱永生 . (2007). 多模态话语分析的理论基础与研究方法，外语学刊 , 138, 82—86.

[13] Baldry, A. & Thilbault, P. J. (2006). Multimodal transcription and text analysis: A multimedia toolkit and coursebook. London: Equinox.

[14] Forceville, C. (2006). Non-verbal and multimodal metaphor in a cognitivist framework: Agendas for research. In G., Kristiansen (Eds.), *Cognitive Linguistics: Current Applications and Future Perspectives* (pp. 379—402). Berlin/New York: Mouton de Gruyter.

[15] Forceville, C.(2009). The role of non-verbal sound and music in multimodal metaphor. In C. J., Forceville, & E., Urios-Aparisi (Eds.). *Multimodel Metaphor.* Berlin: Mouton de Gruyter.

[16] Caballero, R. (2009). Cutting across the senses: Imagery in winespeak and audiovisual promotion. In C. J., Forceville & E., Urios-Aparisi(Eds.). *Multimodel Metaphor.* Berlin: Mouton de Gruyter.

[17] Yu, N. (2009). Nonverbal and multimodal manifestations of metaphors and metonymies: A case study. In C. J., Forceville & E., Urios-Aparisi (Eds.), *Multimodel Metaphor.* Berlin: Mouton de Gruyter.

[18] Yus, F. (2009). Visual metaphor versus verbal metaphor: A unified account. In C. J., Forceville, & E., Urios-Aparisi (Eds.). *Multimodel Metaphor.* Berlin: Mouton de Gruyter.

[19] Sperber, D., & Wilson, D. (1995). *Relevance: Communication and Cognition (2nd edition).* Oxford: Blackwell.

[20] Fodor, J. (1983). *The modularity of mind.* Cambridge, MA: MIT Press.

[21] Schilperoord, J., & Maes, A. (2009). Visual metaphoric conceptualization in editorial cartoons. In C. J., Forceville, & E., Urios-Aparisi, (Eds.), *Multimodel*

Metaphor. Berlin: Mouton de Gruyter.

[22] Ortony, A. (1979). Beyond literal similarity. *Psychological Review, 86*, 161—180.

[23] Forceville, C. (2005). Cognitive linguistics and multimodal metaphor. In K., Sachs-Hombach, (Eds.), *Bildwissenschaft: Zwischen Reflektion und Anwendung* (pp. 264—284), Cologne: Von Halem.

[24] Shinohara, K., & Matsunaka, Y. (2009). Pictorial metaphors of emotion in Japanese comics. In C. J., Forceville & E., Urios-Aparisi (Eds.), *Multimodel Metaphor*. Berlin: Mouton de Gruyter.

[25] Zbikowski, L. M. (2009). Music, language, and multimodal metaphor. In C. J., Forceville, & E., Urios-Aparisi, (Eds.). *Multimodel Metaphor*. Berlin: Mouton de Gruyter.

[26] Rohdin, M. (2009). Multimodal metaphor in classical film theory from the 1920s to the 1950s. In C. J., Forceville & E., Urios-Aparisi (Eds.), *Multimodel Metaphor*. Berlin: Mouton de Gruyter.

[27] Eggertsson, G. T., & Forceville, C. (2009). Multimodal Expressions of the HUMAN VICTIM IS ANIMAL Metaphor in Horror Films, In C. J., Forceville, & E., Urios-Aparisi, (Eds.). *Multimodel Metaphor* (pp. 429—449). Berlin: Mouton de Gruyter.

[28] Cienki, A. & Müller, C. (Eds.). (2008). *Metaphor and Gesture*. Amsterdam / Philadelphia: John Benjamins Publishing Company.

[29] Mittelberg, I., & Waugh, L. R. (2009). Metonymy first, metaphor second: A cognitive semiotic approach to multimodal figures of thought in co-speech gesture. In C. J., Forceville & E., Urios-Aparisi (Eds.), *Multimodel Metaphor*. Berlin: Mouton de Gruyter.

[30] Müller, C. & Cienki, A. (2009). Words, gestures, and beyond: Forms of multimodal metaphor in the use of spoken langua. In C. J., Forceville & E., Urios-Aparisi (Eds.), *Multimodel Metaphor*. Berlin: Mouton de Gruyter.

[31] Schnitzer, M. L. & Pedreira, M. A. (2005). A neuropsychological theory of metaphor.

Language Sciences, 27, 31—49.

[32] Burgess C. & Chiarello C. (1996). Neurocognitive mechanisms underlying metaphor comprehension and other figurative language. *Metaphor and Symbolic Activity, II*, 67—84.

[33] Coulson, S., & Wu, Y. C. (2005). Right hemisphere activation of joke-related information: an event-related brain potential study. *Journal of Cognitive Neuroscience, 17*, 494—506.

[34] Mitchell, R. L., & Crow, T. J. (2005). Right hemisphere language functions and schizophrenia: the forgotten hemisphere? *Brain, 128*, 963—978.

[35] Coulson, S. & Van Petten, C. (2007). A special role for the right hemisphere in metaphor comprehension? ERP evidence from hemifield presentation. *Brain Research, 1146*, 128—145.

[36] Rapp, A. M., Leube, D. T., Erb, M., Grodd, W., & Kircher, T. T. (2007). Laterality in metaphor processing: Lack of evidence from functional magnetic resonance imaging for the right hemisphere theory. *Brain and Language, 100*, 142—149.

[37] Eisenson, J. (1962). Language and intellectual modifications associated with right cerebral damage. *Language and Speech, 5*, 49—53.

[38] Gardner, H., Brownell, H. H., Wapner, W., & Michelow, D. (1983). Missing the point: the role of the right hemisphere in the processing of complex linguistic materials. In E., Perecman (Eds.), *Cognitive Processing in the Right Hemisphere* (pp. 169—191). New York: Academic Press.

[39] Hirst, W., LeDoux, J., & Stein, S. (1984). Constraints on the processing of indirect speech acts: evidence from aphasiology. *Brain and Language, 23*, 26—33.

[40] Code, C. (1987). *Language, Aphasia and the Right Hemisphere.* Chichester: John Wiley.

[41] Bryan, K. L. (1988). Assessment of language disorders after right hemisphere damage. *British Journal of Disorders of Communication, 23*, 111—125.

[42] Winner, E., & Gardner, H. (1977). The comprehension of metaphor in brain-damaged patients. *Brain, 100*, 719—727.

[43] Brownell, H. (1988). Appreciation of metaphoric and connotative word meaning by brain damaged patients. In C., Chiarello (Eds.), *Right Hemisphere Contributions to Lexical Semantics* (pp. 19—31). New York: Springer-Verlag.

[44] Brownell, H. (2000). Right hemisphere contributions to understanding lexical connotation and metaphor. In Grodzinsky, Y., Shapiro, L. P., and Swinney, D. (Eds.), *Language and the Brain: Representation and Processing* (pp. 185—201). San Diego, CA: Academic Press.

[45] Brownell, H., & Stringfellow, A. (1999). Making requests: Illustrations of how right-hemisphere brain damage can affect discourse production. *Brain and Language, 68*, 442—465.

[46] Brownell, H., Potter, H., Michelow, D, & Gardner, H. (1984). Sensitivity to lexical denotation and connotation in brain-damaged patients: a double dissociation? *Brain and Language, 22*, 253—265.

[47] Brownell, H., Simpson, T., Bihrle, A., & Potter, H. (1990). Appreciation of metaphoric alternative word meanings by left and right brain-damaged patients. *Neuropsychologia, 28*, 375—383.

[48] van Lancker, D., & Kempler, D. (1987). Comprehension of familiar phrases by left- but not by right-hemisphere damaged patients. *Brain and Language, 32*, 265—277.

[49] Anaki, D., Faust, M., & Kravetz, S. (1998). Cerebral hemisphere asymmetries in processing lexical metaphors, *Neuropsychologia, 36*, 691—700.

[50] Faust, M., & Mashal, N. (2007). The role of the right cerebral hemisphere in processing novel metaphoric expressions taken from poetry: a divided visual field study. *Neuropsychologia, 45*, 860—870.

[51] Bottini, G., Corcoran, R., Sterzi, R., Paulesu, E., Schenone, P., Scarpa, P., et al.(1994). The role of the right hemisphere in the interpretation of figurative aspects of language: a positron emission tomography activation study. *Brain, 117*, 1241—1253.

[52] Sotillo, M., Carretie, L., Hinojosa, J. A., Tapia, M., Mercado, F., Lopez-Martin,

S., & Albert, J. (2005). Neural activity associated with metaphor comprehension: spatial analysis. *Neuroscience Letters, 373*, 5—9.

[53] Rinaldi, M. C., Marangolo, P., & Baldassarri, F. (2004). Metaphor comprehension in right brain—damaged patients with visuo-verbal and verbal material: a dissociation (re)considered. *Cortex, 40*, 479—490.

[54] Giora, R., Zaidel, E., Soroker, N. G., & Kasher, A. (2000). Differential effect of right-and left-hemisphere damage on understanding sarcasm and metaphor. *Metaphor and Symbol, 15*, 63—83.

[55] Giora, R. (2003). *On our mind: Salience, Context and Figurative Language. Oxford*: Oxford University Press.

[56] Mashal, N., Faust, M., & Hendler, T. (2005). The role of the right hemisphere in processing nonsalient metaphorical meanings: Application of principal components analysis to fMRI data. *Neuropsychologia, 43*, 2084—2100.

[57] Lee, S. S., & Dapretto, M. (2006). Metaphorical vs. literal word meanings: fMRI evidence against a selective role of the right hemisphere. *NeuroImage, 29*, 536—544.

[58] Shibata, M., Abe, J., Terao, A., & Miyamoto, T. (2007). Neural mechanisms involved in the comprehension of metaphoric and literal sentences: An fMRI study. *Brain Research, 1166*, 92—102.

[59] Ahrens, K., Liu, H. L., Lee, C. Y., Gong, S. P., Fang, S. Y., & Hsu, Y. Y. (2007). Functional MRI of conventional and anomalous metaphors in Mandarin Chinese. *Brain and Language, 100*, 163—171.

[60] Rapp, A. M., Leube, D. T., Erb, M., Grodd, W., & Kircher, T. T. (2004). Neural correlates of metaphor processing. *Cognitive Brain Research, 20*, 392—402.

[61] Spence, S., Zaidel, E., & Kasher, A. (1990). The right hemisphere communication battery: Results from commissurotomy patients and normal subjects reveal only partial right hemisphere contribution. *Journal of Comparative and Experimental Neuropsychology, 12*, 42.

[62] Zaidel, E., Kasher, A., Soroker, N., & Batory, G. (2002). Effects of right and left hemisphere damage on performance of the "Right Hemisphere Communication Battery". *Brain and Language, 80*, 510—535.

[63] Faust, M., & Weisper, S. (2000). Understanding metaphoric sentences in the two cerebral hemispheres. *Brain and Cognition, 43*, 186—191.

[64] Gagnon, L., Goulet, P., Giroux, F., & Joanette, Y. (2003). Processing of metaphoric and non-metaphoric alternative meanings of words after right-and left-hemispheric lesion. *Brain and Language, 87*, 217—226.

[65] Kacinik, N. A., & Chiarello, C. (2007). Understanding metaphoric language: is the right hemisphere uniquely involved? *Brain and Language, 100*, 188—207.

[66] Schmidt, G. L., DeBuse, C. J., & Seger, C. A. (2007). Right hemisphere metaphor processing? Characterizing the lateralization of semantic processes. *Brain and Language, 100*, 127—141.

[67] Proverbio, A. M., Crotti, N., Zani, A., & Adorni, R. (2009). The role of left and right hemispheres in the comprehension of idiomatic language: an electrical neuroimaging study. *BMC Neuroscience, 10*, 116.

[68] 王小潞. (2009). 汉语隐喻认知与 ERP 神经成像. 北京：高等教育出版社.

[69] Darwin, C. (1858/1993). *The Origin of Species*, New York: Random House, Inc.

[70] Al-Zahrani, A. (2008). Darwin's Metaphors Revisited: Conceptual Metaphors, Conceptual Blends, and Idealized Cognitive Models in the Theory of Evolution. *Metaphor and Symbol, 23*, 50—82.

论教师课堂语码转换的集成性

王　琳[*]

1　引言

一般集成论（general integratics）指出，"集成现象是复杂系统的普遍现象"[1]。集成现象在自然界、技术领域和人类社会中广泛存在，例如，物理世界中的各种凝聚现象、通信技术中的互联网集成技术和教育领域中的多元教育的集成。人类语言中也存在着丰富的集成现象，语码转换就是其中一种集成现象，它是双语或多语者混合使用两种或多种语言变体的话语形式。语码转换是社会进步、科学发展，人类交流日益频繁的产物。它的产生和存在具有特定的社会背景，它不仅是一种语言现象，而且是一种社会认知现象，它是参与语码转换的语言成分之间，以及它们与外部的社会、文化、心理认知等因素集成作用的结果。

一般集成论是研究集成现象一般规律的理论，它作为一门学科，具有确定的研究目标、研究对象、研究内容和核心概念：它以自然界、技术领域和人类社会中的集成现象为研究对象，以建立一门新的学科为目标，并且以各种集成现象的共性作为主要的研究内容。一般集成论的主要概念是集成，"集成是过程，是大量集成成分基于它们之间的相互作

---

[*]　王琳，浙江大学语言与认知研究中心博士。

用建构具有新功能的集成统一体的过程。"[1]在集成过程中，集成成分在一定环境中，通过它们之间的相互作用以及它们和环境之间的相互作用，组织成为协调活动的统一体；集成是一种动态的过程，这个过程就是各集成成分，在集成环境中组织成为集成统一体的过程；集成又是一种发展的过程，集成成分在这个动态和发展的过程中，构建成为具有一定新功能的集成统一体[1]。与集成现象有关的重要概念有全局和模块、还原和综合、绑定和联合、重建和优化、临界和涌现、互补和协调、符合和同步、适应和同化以及集大成和大统一。一般集成论还为我们提供了方法论的指导，集成是观察世界和研究事物的一种观点，也是处理事件和解决问题的一种方法[1]。我们可以运用集成的观点和方法，来分析教师课堂语码转换这种语言中的集成现象。

本文在一般集成论的指导下，以教师课堂语码转换为研究对象，探讨教师课堂语码转换的集成性。

2 教师课堂语码转换的集成性

一般集成论指出："对于复杂事物，要从多个方面考察它们所包含的各种集成现象，特别是其中的集成成分、集成作用、集成过程和形成的集成统一体。"[1]教师课堂语码转换是教师在课堂中使用的重要语言策略之一，它是一种复杂的语言集成现象，它是语码转换的集成成分通过它们之间以及与集成环境之间的集成作用而形成集成统一体的动态过程。具体而言，教师课堂语码转换具有特定的集成成分；各种集成成分之间存在相互作用，而且集成成分与集成环境之间也存在相互作用；经过动态集成过程，它们最终形成一个集成统一体。

2.1 语码转换的界定和集成成分

要理清语码转换这一核心概念首先要考证语码转换的缘起和发端，

语码转换最早起源于 1952 年 Jakobson、Fant 和 Halle 合著的《话语分析入门：区别性特征及其相关性》(Preliminaries to Speech Analysis: the Distinctive Feature and Their Correlates)[2]。Jakobson 在 Fant 的信息理论和 Fant 与 Halle 的"共现音位体系"(coexistent phonemic systems）理论的基础上，首次使用语码转换的动名词形式（switching code）来指称该现象[3]。据于国栋（2001）[4] 考证，Hans Vogt 在 1954 年首次使用了语码转换（codeswitching）一词，从此语码转换正式进入了人们的研究视野。Jakobson 在 1952 年他的专著中指出，语言的混杂使用增加了语言理解的难度，由于语言交际者频频"转换语码"或语言学家的"多种音位体系的共现"而使解码的难度不断增加。从语码转换的起源研究可以看出，研究者最初就关注到语言中的这种集成现象，"多种音位系统的共现"可以理解为多种音位系统的集成，多种音位系统的体现形式，如音素构成语码转换的集成成分。

语码（code）指用于交际的任意符号系统，它可以是一种语言，也可以是一种方言、语体或语域[5]。语码转换的研究由来已久，研究者们根据自身的研究目的和研究方法对该现象进行定义，所以至今对语码转换的界定仍没有统一的认识。其中，主要争论的焦点是语码转换（code-switching）和语码混用（code-mixing）的区别和定义。目前，主要存在三种观点：认为语码转换和语码混用之间存在区别，认为语码转换和语码混用之间没有区别和对两者是否有差别不置可否。语码转换是两种或多种语言或语言变体集成使用的结果，以 Auer 为代表的区分论者认为有必要区分语码转换和语码混用，他们的区分标准是两种语码共现位置的差异，他们用语码转换来指称句间的转换（inter-sentential switching），用语码混用来指称句内的转换（intra-sentential switching）；Appeal 和 Muysken 为代表的等同论者放弃语码转换和语码混用的区别；Tay 等学者则对两者的区别不置可否，认为他们理论上有区别，但实际操作中却很难有明确的界定[6]。我们这里采用 Jake 和 Myers-Scotton（2009）[7] 的定义"从话语（discourse）到小句（clause）层面包括两种或两种以上语言变体的语言运用", 由此定义可知, 语码转换的集成成分就是构成语码转换的两种或多种语言变体。

语码转换的分类对于深入和准确地研究语码转换的集成成分之间的组合关系具有重要的意义。目前, 大致有三种分类方式, Poplack (1980)[8] 区分了 3 种类型的语码转换: 句间语码转换 (inter-sentential switching)、句内语码转换 (intra-sentential switching) 和附加语码转换 (tag switching)。Auer (1984)[9] 将语码转换分为两类: 与语篇相关的转换 (discourse-related alternation) 和与交际者相关的转换 (participant-related alternation)。Muysken (2000)[10] 提出了另一种分类方式: 交替 (alternation)、插入 (insertion) 和词汇等同 (congruent lexicalization)。

我们重点介绍 Paplack 提出的三种语码转换类型, 他的分类标准是语码的集成位置或组合方式, 这种分类可以清楚地区分语码转换在语言表层中的集成特征, 也是研究者们普遍采用的一种分类方式。Poplack 将句间语码转换定义为: 发生在两个句子或分句的边界处, 而且各个句子或分句都分别属于不同语言的语码转换, 例如句子 (1); 句内语码转换是指发生在句子内部的语码转换, 例如句子 (2) 和 (3); 附加语码转换是指在一种语言的句子中插入另一种语言表达的附加成分, 如句子 (4)。

(1) W: 你今天下午能不能帮我请个假? I have something urgent.

(2) 可能大家觉得哲学是很深奥的事情, 其实它是生活中最简单的一些道理, 我希望通过我的音乐可以传达出一些 love and peace 的感觉。

(3) 然后, 我第二天就停止写 E-mail, 也不上 ICR, 连 hand phone 都关掉了。

(4) 我们是好朋友, I mean, 我们从小一起长大, 彼此非常了解。

综上所述, 研究者根据自己的研究目的和方法对语码转换以不同的定义和分类, 不论是语码转换还是语码混用, 不论是句间语码转换还是句内语码转换, 它们都是各集成成分之间, 即不同的语言变体之间, 通过音位或句法等的相互作用协调运作而构建的集成统一体。我们认为在语法或句法研究中区分语码转换和语码混用是有意义的，而在语码转换的功能研究中，它们的区别可以不予考虑，因此我们这里统一使用语码转换来指代这种语言现象。

2.2 教师课堂语码转换的集成过程

一般集成论认为，集成是一个动态过程，是集成统一体内许多集成成分之间以及与环境之间相互作用的过程[1]。教师课堂语码转换也是一个动态过程，它是两种或多种语言变体相互作用，以及这些集成成分与集成环境之间相互作用而组成集成统一体的过程。图 1 表示教师语码转换的集成过程。我们将教师语码转换的集成过程，放在外语课堂的整体运行中分析，因为语码转换，是教师在外语课堂中使用的重要语言策略，它是外语课堂教学的组成部分。如图 1 所示，在外语课堂中，为了实现多种教学目的，教师充当不同的角色，如知识的传授者、学生的指导者、课堂活动的协调者等；在实现特定教学目的的过程中，他们会选择或结合使用语言形式和手势，或多媒体设备等非语言形式，当采用语言形式进行交际时，教师可以选择两种或多种语言变体，语码转换就是两种或多种语言变体之间，或者它们与环境之间相互作用的结果。语言变体就是语码转换的集成成分，它们之间通过音位或者句法等规则相互发生作用；各集成成分与集成环境之间也发生作用，我们将集成环境分为课堂环境、语言现实、教师角色和教师的心理意图，语码转换的集成成分与集成环境之间，通过顺应发生集成作用，教师采用语码转换，就是为了顺应各种集成环境，从而实现特定的教学和交际目的；经过集成作用之后形成的不同形式、不同层次语码转换的集成统一体具有多种变异形式，它可以体现为词汇、短语或小句等；教师语码转换的多种变异形式，最终被学生所理解和接收并用于交际。

在教师课堂语码转换的集成过程中，集成成分之间以及集成成分与环境之间的集成作用，对集成过程的完成起着重要的作用。语码转换集成成分之间的相互作用主要受句法规则的制约，集成成分与环境之间的作用主要体现为顺应。在下一小节中，我们将根据一般集成论中的重要概念——顺应，论述教师语码转换中的集成成分与环境之间的作用，具体而言，教师在混合使用两种或多种语言变体，是为了顺应不同的环境因素而实现相应的教学和交际目的。

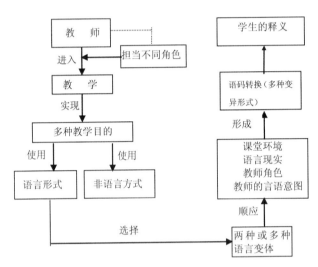

图 1　教师课堂语码转换的集成过程

3　教师语码转换的顺应性

适应是一般集成论中的重要概念[1]。适应是与环境集成有关的一个概念。适应就是适合环境；各种事物都处于它周围的环境之中，环境是不断变化的，事物也要不断调整以适应不断变化的环境需求；适应同时也是生物集成和社会集成的概念[1]；与环境集成相关的另外两个概念是同化（assimilation）和顺应（accommodation），"同化和顺应都是认知适应的方式。同化是把新信息纳入已有的认知结构之中，顺应是改变已有的认知结构来适应新的环境和信息"[1]。同化和顺应的概念不仅适用于环境集成过程的讨论，而且可以应用于理论集成、社会集成等方面。

顺应的概念在语言学领域也有具体应用，Verschueren（1995）[11] 从语用综观的视角提出了语言顺应论。如图 2 所示，Verschueren 认为语言交际过程中要综观语言、物理、社交和心智等因素，与顺应性相关的语境成分有语言性语境、物理世界、社交世界和心理世界。王琳（2006）[12] 探讨了教师语码转换的语用顺应性模式，将教师语码转换具体分析为对语言现实、教师角色和教师言语意图的顺应。根据一般集成论，顺应是与环境集成相关的重要概念，而课堂环境是教师语码转换形成的重要组成部分，为了更完整地论述语码转换的集成成分与环境之间的相互作用，我们将教师语码转换的顺应性扩展为四项，具体而言，教师课堂语码转换顺应的具体环境为：课堂环境、语言现实、教师角色和教师的言语意图。

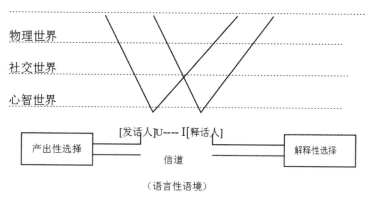

图 2 顺应性的语境相关成分 [11]

3.1 顺应课堂环境

课堂教学是有机的集成体，包括教师和学生的互动、语言和非语言符号的协调运作，多种媒体设备在课堂中的综合应用，教学各个环节的组合和连贯等等。外语课堂教学是教和学的集成体，教师的指导、反馈和学生的学习、活动组成有机的集成体；课堂教学又是多媒体、多模态教学综合作用的集成体，各种模态的相互作用促进课堂教学的顺利进行；特别是在外语课堂中，教师的话语策略直接影响着课堂教学的质量和进程，教师话语策略（如语码转换）既是多种话语功能的集成体，又是多种语言形式的集成体。

课堂是师生交流的场所，课堂环境有教师、学生、教学设施和设备共同组成。学生是课堂的中心，教师的授课行为直接与学生反应和参与相关。教师的话语也直接受到课堂环境的影响。通过调研可知，特别是在小学英语课上，由于授课对象年龄小、注意力持续时间短，所以创造和维持良好的课堂氛围和秩序对于教师能否有效地授课十分重要，而语码转换就是教师所采用的话语策略之一。如例5，在这堂课上，教师提问时，发现有些孩子注意力不太集中，没有积极回答问题，为了有效地维持课堂秩序，教师从英文转向了汉语以引起学生的注意使授课顺利进行，因此，教师就是为了顺应课堂环境的变化而采用了这种言语策略。

（5）教师："Everybody, what's your favorite color? David?"

学生："Red."

教师："Good! And What about you...Oh, John, Sam, 你们两个坐下来，回答问题。"

3.2 顺应语言现实

语言现实是指某种语言的特有存在形式或特性。在外语课堂中，教师往往选择两种或多种语言变体进行话语交际，作为对于语言现实顺应的语码转换指由于某种语言特性的制约，教师采用语码转换以达到一定的教学目的。例如句子（6），在这堂课上，教师讲解和训练学生的写作技巧和能力，他没有将这些写作策略翻成汉语，而是直接采用了英文术语的表达。因为"writing in an idea bank"，"brainstorming" 和 "clustering"没有对应的汉语翻译，"free writing" 翻译为"自由写作"也不能准确表达意义，因为它还有另一层含义"to write without stopping for five minutes about anything that comes into your mind"[12]。教师在解释"brainstorming"这一写作策略时，同样采用了语码转换的方式以准确表达其含义。

（6）"我们了解到要提高英文写作能力，就要有意识地使用一些写
作策略和方法，如 writing in an idea bank, brainstorming, free
writing, listing 和 clustering 这些都是很好的方法，第一个……
brainstorming 的含义就是 your group members try to find as many
good ideas as possible spontaneously about the given topic..."

3.3 顺应教师角色

作为对教师角色顺应的语码转换指教师为了符合他们的社会形
象——"宏观角色"或课堂中的各种角色——"微观"角色的变化而
使用的语码转换。我们将教师的角色分为两类：一是教师的社会角
色，即他们为人师表、受人尊重的社会形象，我们称之为教师的"宏
观角色"；二是教师在课堂中的角色[12]。Harmer（1991）[13] 曾指出：
教师在课堂中可以是控制者（controller）：控制课堂的整体进程和各
项活动；评价者（assessor）：对学生的表现给予反馈和评价；组织者
（organizer）：组织、指导课堂活动；促进者（prompter）：鼓励学生参
与和完成活动并提供建议；参加者（participant）：作为其中一员参与活
动；指导者（tutor）当学生自主完成任务时，教师给予必要的指导和建
议；我们将这类角色称为教师的"微观"角色[12]。

教师是人类心灵的工程师，为人师表、礼貌文明的社会形象始终是
教师角色体现。教师在课堂授课中也始终会采取不同的策略以维护他们
的"宏观"形象。如例（7），这堂课上，教师通过一个生动有趣的例子
讲解两个词组以加深学生的印象，但教师的社会角色决定他们必须文明
用语，因此教师为了顺应这一"宏观"角色而转换成 nonsense 以削弱可
能带来的负面影响[12]。

（7）"好，顺便是说一下上次课提到的这两个词组 pass the water, pass
the wind。以前我上学时，老师讲到《红楼梦》中王熙凤一段骂
人的话，让大家翻译，实际上它就是 nonsense 的意思，但老师

让填空 what the wind（写在黑板上"___the wind"），经过深思熟虑，终于有位同学说 'break'，老师笑着说：'Good! 但你使那么大劲干嘛？……你用 pass the wind 就行了'"。

教师在课堂的不同环节中往往充当不同的"微观"角色，而且随着师生互动和课堂情景的变化，教师可能随时由一种角色变化为另一种角色。如例（8），在这堂课上，教师要求学生观察英文地图，了解澳大利亚的地形和主要城市，教师作为一名参加者（participant）和学生进行讨论，但是提问之后学生没有回应，此时，教师需要打破沉默帮助学生参与到活动中来，教师的角色就要从参与者转变成促进者（prompter）以完成教学活动。什么是促进者呢？ Harmer[13] 曾说："在课堂交际活动中，当学生保持沉默或不愿参与活动时，教师要给予必要的提示以鼓励学生参与"。教师就是为了顺应这一角色的变化而选择了语码转换。

（8）教师："Could you find the location of Darwin in the map?"

学生：（沉默，没有反馈）

教师："location, you know?……找到位置？"

学生："...Oh. Darwin is in the north of Australia."

3.4 顺应教师的言语意图

言语意图一直是心理语言学研究的基本内容之一，它指"为了达到某种交际目的而进行的言语活动的心理倾向"[14]。言语意图是言语生成的重要组成部分。吴本虎（1998）[14] 对言语生成的研究表明，它通常要经历四个阶段：形成言语动机、产生言语意图、制定言语计划和执行言语计划，其中言语意图"决定说什么"的问题；言语意图的产生往往与一定的目的相关联。因此，教师在课堂教学过程中为了达到特定的教学或交际目的而产生一定的言语意图，为了顺应这些言语意图，他们会采用语码转换这一语言策略。例如句子（9），教师在阅读和讲解课文时，为了强调并引起学生注意，他使用语码转换。语码转换就是为了顺应教师当时的心理意图——强调，而使用的言语策略。在解释课文时，经常会遇到一些结构复杂的长句子，在这种情况下，教师往往转换成汉语来分析句子结构。在例（10）中，为什么教师要转换成汉语表达呢？因为复杂长句子的理解必须先分析清楚句子结构和成分，而对于非英语专业的学生来说，他们并不熟悉英文的语法术语，如果用英文来讲解，学生会感觉到很困难，因此为了顺应教师此时的心理动机：帮助学生理解复杂的句子结构，他使用语码转换这一策略。

（9）"'A widow and retired school teacher' 这里提醒大家注意 retired 前面没有 the，所以这是一个人 and go on ...in this sentence, the writer give us this person's physical appearance."

（10）"'Curbs on business-method claims would be a dramatic about-face, because it was the Federal Circuit itself that introduced such patcnts with its 1998 dccision in the so-called State Street Bank case, approving a patent on a way of pooling mutual-fund assets.' 这个句子的结构较复杂，大家先看一下一共有几个分句以及主句的句子结构……"

在课堂交际中，教师要对学生的表现进行评价和反馈，为了避免伤害对方的面子，教师往往采用语码转换这一交际策略。例如句子（11），是教师经常使用的反馈方式，她首先肯定了学生的表现，接着，她采用句间语码转换方式来指出学生的不足。教师采用语码转换就是为了顺应教师当时的心理意图——保全学生的面子而采用的言语策略。作为对教师心理意图的顺应的语码转换，还可以产生幽默的效果，这里就不再赘述。

（11）"你回答得很不错。But if you can improve your pronunciation and intonation, that's better。"

总之，教师课堂语码转换具有顺应性，语码转换顺应的对象包括语言现实、课堂环境、教师角色和教师的心理意图。以上四种类型的语码转换是在不同意识程度的控制下完成的。意识是复杂的脑与心智活动，意识包括有意识和无意识的活动。意识是脑的功能系统中许多脑区协同活动的结果[15]。通过调研和访谈，我们得知：作为对语言现实顺应和对课堂环境顺应的语码转换的意识程度较低，对教师角色顺应和对教师心理意图顺应的语码转换，具有较高的意识程度。教师语码转换的意识性问题，值得我们进一步深入讨论。

4 教师语码转换的集成统一体

一般集成论指出，"在自然界、科学技术领域和人类社会中，不同层次和不同种类的集成成分，基于它们之间的各种相互作用，集成为不同层次、不同形式的集成统一体，并且在一定条件下涌现新的特性"[1]。语码转换现象是语言中的一种集成现象，它是功能的集成，是话语形式的集成。具体而言，在课堂中，教师选择的两种或多种语言变体，通过它们之间的相互作用以及它们和环境之间的相互作用，最终形成语码转换的集成统一体，这一集成统一体可以体现在不同的语言层次和形式：字母、词汇、短语、分句甚至整个句子，也就是说，经过语码转换之后，教师的话语形式呈现出不同程度的变异性。于国栋（2000）[16]曾经讨论过语码转换的变异性："从语言的变异性角度来看，语码转换者在进行语码转换的过程中，会用各种各样的语言单位和语言结构，来表达自己的思想，他会用两种或两种以上的语言或方言来进行言语交际；在选定的语言或方言当中，他还可以选择各种各样的语言成分。双语者在语言的变异性方面比单语者有更大的选择空间"。可见，语言的变异性特征具有一般集成论的思想，语码转换可以体现为多种话语的集成形式，在集成之后它会具有特定的功能和特性。语码转换，可以体现为句内语码转换或句间语码转换；可以体现为分句形式、短语形式或者各种词类，如名词、动词或形容词等。

句间语码转换，是教师课堂语码转换话语中较为常见的一种类型。例（12）是一堂小学外语课上，教师为了提醒孩子们参与活动而从英语转换为汉语，集成成分均为完整的句子，它们之间通过句间关系结合，并且语码转换的这种结合方式可以有效地实现教师的心理意图。如例（13）在一堂中学外语课上，教师给给学生扩展文化背景知识，由于学生对"希腊神话故事"的英语表达不熟悉，所以他使用语码转换以帮助学生理解，两种语言变体的结合方式仍然为句间语码转换。

（12）"Now everybody, first, I'd like to check your homework, ready? 第四组的小朋友怎么少了两个？"

（13）教师："It is a short passage. In this passage, we have learned several important words, phrases and sentence patterns, especially, 'cover', 'cost'. Do you have any questions?"

学生："No."

教师："Ok, let's continue. 好，现在我们讲一个希腊神话故事。"

句内语码转换，是语码转换发生在句子内部的现象。这种类型的语码转换不胜枚举，在教师课堂语码转换现象中非常普遍。例（14）就是个很好的例子，教师在介绍这种考试时，多次使用语码转换。英语和汉语两种语言变体在句子内部结合，主体语言框架为汉语，英语插入汉语框架中，受到汉语句法关系的制约，集成成分之间的转换很顺畅，教师使用语码转换是为了顺应英语的语言现实，因为转用 proficiency test 可以比较准确地表达这类考试的性质。

（14）"这类考试是 proficiency test，试卷分为五个 sections，大家在做每个 section 时，都要严格遵照考试要求进行。"

根据语言单位来划分，语码转换可以以分句的形式、短语的形式或者单词的形式来转换。例（15）就是分句形式的语码转换，句子前一分句用英文表达，而后一分句转换为汉语以引起大家注意。例（16）中出现了短语形式（by the way）和单词形式（handwriting）的语码转换现象。

（15）Oh, my dear students, there are so many interesting things you want to communicate, 但是，还是等到下课再说吧。

（16）T："本课中我们重点讲解了这几项翻译技巧，大家回去要多加练习，by the way, 有些同学的 handwriting 要注意了。"

5 结语

一般集成论是在向脑学习的基础上发展的理论，它不仅是一般性的原理，而且是研究事物的观点，还是解决问题的方法[1]。教师课堂语码转换，是语言的一种复杂的集成现象。根据一般集成论，我们从集成成分、集成作用、集成过程和形成的集成统一体等方面，考察教师课堂语码转换的集成性。它是两种或多种语言变体，通过它们之间的相互作用以及它们和环境之间的顺应作用，而形成集成统一体的过程；语码转换的集成成分之间，通过音位或句法规则发生作用，语言变体之间的转换，是为了顺应课堂环境、语言现实、教师角色和教师言语意图；最终形成的集成统一体可以体现在不同的语言形式，如词汇、短语和句子等。

参考文献

[1] 唐孝威. (2011). 一般集成论——向脑学习. 杭州：浙江大学出版社.

[2] Jakobson, R., Fant, C. G. M., Halle, M. (1969). *Preliminaries to speech analysis: the distinctive features and their correlates*. Cambridge, MA: MIT Press.

[3] Alvarez-Caccamo, C. (1998). From 'Switching code' to 'code-switching': Towards a reconceptualisation of communicative codes. In P. Auer (Eds.), *Codeswitching in Conversation: Language, Interaction and Identity* (pp.29—50). New York: Routledge.

[4] 于国栋. (2001). 英汉语码转换的语用学研究. 太原：山西人民出版社.

[5] Wardhaugh, R. (1998). *An introduction to sociolinguistics*. Oxford: Publishers LtD.

[6] 何自然, 于国栋. (2001). 语码转换研究述评. 现代外语, 1, 86—95.

[7] Jake, J., Myers-Scotton, C. (2009). Which language? Participation potentials across lexical categories in code-switching. In L. Isurin, D. Winford & K. Bot (Eds.), *Multidisplinary Approaches to Code Switching*(pp. 207—242). Philadelphia: John Benjamins Publishing Company.

[8] Poplack, S. (1980). Sometimes I start a sentence in Spanish y ternimo en espanol: toward a typology of codeswitching. *Linguistics, 18*, 581—618.

[9] Auer, P. (1984). *Bilingual Conversation*. Amsterdam: Benjamins.

[10] Muysken, P. (2000). *Bilingual speech：a typology of code-mixing*. Cambridge: Cambridge University Press.

[11] Verschueren, J. (1995). *Understanding Pragmatics*. New York: Arnold.

[12] 王琳. (2006). 教师语码转换研究的顺应性模式. 教学与管理, 33, 67—69.

[13] Harmer, J. (1991). *The Practice of English Language Teaching. London*. New York: Longman.

[14] 吴本虎. (1998). 教学语言交际中的言语意图——教育心理语言学分析之四. 浙江师范大学学报, 6, 94—97.

[15] 唐孝威. (2008). 脑与心智. 杭州：浙江大学出版社.

[16] 于国栋. (2000). 语码转换的语用学研究. 外国语, 6, 22—27.

(原载《教学与管理》2006 年第 33 期, 第 67—69 页, 选入本论文集时有改动)